Jürgen Dassow

Logik für Informatiker

Jürgen Dassow

Logik für Informatiker

B. G. Teubner Stuttgart · Leipzig · Wiesbaden

Bibliografische Information der Deutschen Bibliothek
Die Deutsche Bibliothek verzeichnet diese Publikation in der Deutschen Nationalbibliografie; detaillierte bibliografische Daten sind im Internet über <http://dnb.ddb.de> abrufbar.

Prof. Dr. Jürgen Dassow
Geboren 1947 in Burg Stargard (Meckl.). Von 1966 bis 1970 Studium, von 1970 bis 1972 Forschungsstudium, 1972 Promotion mit einer Arbeit zur algebraischen Geometrie und 1978 Habilitation in Mathematik an der Universität Rostock. Von 1980 bis 1992 Dozent und Professor für Algebra an der Technischen Universität in Magdeburg. Seit 1992 Professor für Theoretische Informatik, insbesondere Automaten und formale Sprachen, an der Otto-von-Guericke-Universität Magdeburg. Arbeitsgebiete: Theorie formaler Sprachen und Automatentheorie.

1. Auflage April 2005

Lektorat: Jürgen Weiß

Der B. G. Teubner Verlag ist ein Unternehmen von Springer Science+Business Media.
www.teubner.de

Umschlaggestaltung: Ulrike Weigel, www.CorporateDesignGroup.de

Gedruckt auf säurefreiem und chlorfrei gebleichtem Papier.

ISBN-13: 978-3-519-00518-6 e-ISBN-13: 978-3-322-80085-5
DOI: 10.1007/978-3-322-80085-5

Vorwort

Logik (griech. Lehre vom Denken) wird als Wissenschaft bereits seit der griechischen Antike vor allem innerhalb der Mathematik und der Philosophie betrieben. Es hat sich aber in den letzten 30 Jahren gezeigt, dass die Logik auch im Zusammenhang mit der Informatik ständig an Bedeutung gewonnen hat. Heute ist die Logik eine der wesentlichen Grundlagen für die Informatik. Das Spektrum der Anwendungsgebiete reicht von logischen Schaltungen und Booleschen Ausdrücken in Programmiersprachen, über die logische Programmierung, das automatische Beweisen und andere Aspekte der Künstlichen Intelligenz bis zur Verifikation von Programmen und der Semantik von Programmiersprachen. Daher ist die Logik zu einem wichtigen Bestandteil des Curriculums für den Studiengang Informatik und die meisten informatiknahen Studiengänge wie zum Beispiel Wirtschafts-, Ingenieur- und Medieninformatik oder Computervisualistik geworden.

Das vorliegende Buch ist aus einem Kurs im Umfang von 4 Semesterwochenstunden hervorgegangen, den ich in den letzten Jahren mehrfach an der Otto-von-Guericke-Universität Magdeburg gehalten habe, und wendet sich auch in erster Linie an Studierende der Informatik und anderer Studiengänge mit einem hohen Informatikanteil. Es behandelt wesentliche Teile der Logik aus der Sicht der Informatik, d. h. es geht neben der Vermittlung der grundlegenden Begriffe vor allem um algorithmische Aspekte der Logik, die erst die Behandlung logischer Fragen mittels Computern ermöglichen. Daher werden für jede Logik zuerst die grundlegenden Definitionen gegeben und dann Fragen der Entscheidbarkeit von logischen Problemen diskutiert. Neben der klassischen Aussagenlogik und der Prädikatenlogik werden kurz auch Logiken behandelt, die erst in den letzten Jahrzehnten entstanden sind und von besonderer Relevanz für die Informatik sind. Dazu gehören insbesondere die temporale Logik, die dynamische oder Programm-Logik und die modale Logik.

Entsprechend dem angedachten Leserkreis werden für das Verständnis des Buches im Wesentlichen nur ein Grundverständnis mathematischer Begriffe (insbesondere der Mengenlehre) und die Kenntnis elementarer Algorithmen und Datenstrukturen vorausgesetzt. Algorithmen werden im Buch verbal oder in einer an der Programmiersprache JAVA angelehnten Notation angegeben. Üblicherweise wird dieser Inhalt durch andere Vorlesungen in den ersten beiden Semestern bereitgestellt. Ausnahmen bilden nur die Beweise der NP-Vollständigkeit und Unentscheidbarkeit des Erfüllbarkeitsproblems der Aussagen- bzw. Prädikatenlogik, die auf Kenntnissen der Theorie der Berechenbarkeit und Komplexität basieren. Die meisten der benötigten Begriffe sind in sehr komprimierter Form im Anhang zusammengefasst.

Um der Leserin/dem Leser die Orientierung bei Verweisen so einfach wie möglich zu machen, sind Definitionen, Sätze, Beispiele usw. durchgehend nummeriert worden. Lemmata geben Aussagen wider, die in ihrer Bedeutung schwächer als Sätze sind; Folgerungen sind in der Regel direkte Konsequenzen aus vorherigen Aussagen. Das Ende eines Beweises wird durch □ gekennzeichnet. Wird eine Aussage ohne anschließenden Beweis gegeben, so steht □ schon am Ende der Aussage.

Am Zustandekommen dieses Buches waren mehrere Mitarbeiter und Studierende der Magdeburger Universität beteiligt. Ich danke Frau Bianca Truthe und den Herren Dr. Bernd Reichel, Dr. Ralf Stiebe und Dr. Henning Bordihn sowohl für ihre kritischen Anmerkungen zur inhaltlichen Gestaltung und Stoffauswahl als auch für das sehr sorgfältige Lesen des Manuskripts. Den Studenten Michael Hentze und Frank Ruppin danke ich für ihre vielfältigen Korrekturhinweise. Frau Truthe und Dr. Reichel gilt mein Dank für die sehr gelungene Einbettung des Textes in LaTeX.

Dem Teubner-Verlag und insbesondere Herrn Jürgen Weiß in Leipzig gilt mein Dank für die hervorragende und stets konstruktive Zusammenarbeit.

Lostau, im Februar 2005 Jürgen Dassow

Inhaltsverzeichnis

Kapitel 1

Aussagenlogik

Wir betrachten die drei folgenden Sätze

Die Sonne kreist um die Erde.
Heute ist schönes Wetter.
x ist eine Primzahl.

und untersuchen ihren jeweiligen Wahrheitswert. Beim ersten Satz ist dies einfach. Er ist falsch. Beim zweiten Satz ist der Wahrheitswert nicht so einfach angebbar, denn er hängt davon ab, welcher Tag gerade ist und wie man den unscharfen Begriff „schön" interpretiert. Beim dritten Satz ist der Wahrheitswert nur angebbar, wenn wir wissen, welchen Wert x annimmt; für $x = 5$ wird der Satz wahr, für $x = 12$ dagegen falsch.

In der Aussagenlogik beschäftigen wir uns nur mit Aussagen. Darunter verstehen wir sprachliche oder gedankliche Gebilde, denen genau einer der Wahrheitswerte wahr oder falsch zukommt. Es gelten also zwei fundamentale Prinzipien für Aussagen:

Prinzip der Zweiwertigkeit: Jede Aussage ist wahr oder falsch.

Prinzip vom ausgeschlossenen Widerspruch: Es gibt keine Aussage, die sowohl wahr als auch falsch ist.

Man kann dies zur Feststellung *Jede Aussage ist entweder wahr oder falsch* zusammenfassen. Der erste obige Satz ist also eine Aussage. Dagegen sind der zweite und dritte obige Satz keine Aussagen. Wir bemerken, dass der Satz

Es gibt unendlich viele Primzahlzwillinge[1].

eine Aussage ist, denn er ist entweder wahr oder falsch, auch wenn bis heute der Menschheit nicht bekannt ist (nicht bewiesen wurde), welchen Wahrheitswert dieser Satz annimmt.

Unsere Sprache ist in der Lage, aus Einzelaussagen kompliziertere Aussagen zu konstruieren. Zum Beispiel entsteht aus den Einzelaussagen

24 *ist durch* 2 *teilbar.*
24 *ist durch* 3 *teilbar.*
24 *ist durch* 6 *teilbar.*

[1]Zwei Primzahlen heißen Primzahlzwillinge, wenn der Absolutbetrag ihrer Differenz 2 ist. So sind 17 und 19 bzw. 101 und 103 Primzahlzwillinge.

die zusammengesetzte Aussage

Wenn 24 *durch* 2 *teilbar ist und* 24 *durch* 3 *teilbar ist, so ist* 24 *durch* 6 *teilbar.*

Hauptgegenstand der Aussagenlogik ist zu untersuchen, wie sich der Wahrheitswert der zusammengesetzten Aussage aus den Wahrheitswerten der einfachen Aussagen ergibt. Dabei abstrahieren wir von dem eigentlichen Inhalt der Aussage und betrachten nur das Verhalten der Wahrheitswerte.

In den späteren Kapiteln werden wir Logiken betrachten, die die Behandlung des zweiten und dritten obigen Satzes ermöglichen.

1.1 Aussagenlogische Ausdrücke

1.1.1 Definition und Wertberechnung

Wir betrachten die Menge V aus den Symbolen

$$(,\ ),\ \neg,\ \wedge,\ \vee,\ \rightarrow,\ \leftrightarrow$$

und den (abzählbar unendlich vielen) Variablen der Menge

$$var = \{p_1, p_2, p_3, \ldots, p_n, \ldots\}.$$

Als Elemente einer Menge sind die Symbole aus V inhaltslose Zeichen. Wir werden ihnen erst später eine Bedeutung zuweisen.

Wir definieren aussagenlogische Ausdrücke als spezielle Wörter über V, die nach gewissen Regeln aufgebaut sein müssen.

Definition 1.1

i) Jede Variable $p_i \in var$, $i \in \mathbb{N}$, ist ein aussagenlogischer Ausdruck über V.

ii) Sind A und B aussagenlogische Ausdrücke über V, so sind auch

$$\neg A,\ (A \wedge B),\ (A \vee B),\ (A \rightarrow B),\ (A \leftrightarrow B)$$

aussagenlogische Ausdrücke über V.

iii) Ein Wort über V ist nur dann ein aussagenlogischer Ausdruck über V, falls dies aufgrund endlich oftmaliger Anwendung von i) und ii) der Fall ist.

Wir bezeichnen die Menge aller aussagenlogischen Ausdrücke mit *ausd*.

Ein Teilwort eines aussagenlogischen Ausdrucks A, das selbst ein aussagenlogischer Ausdruck ist, heißt *Teilausdruck* von A.

Entsprechend Definition 1.1 ist die Menge *ausd* eine induktive Struktur (siehe Definition A.2). Damit steht uns das Induktionsprinzip als Beweismethode zur Verfügung, um nachzuweisen, dass eine Aussage für alle aussagenlogischen Ausdrücke gilt.

Beispiel 1.2

(a) $((p_3 \vee \neg p_1) \rightarrow (p_2 \leftrightarrow p_3))$ ist ein aussagenlogischer Ausdruck über V. Dies ist wie folgt zu sehen: Zuerst sind nach Bedingung i) die Variablen p_1, p_2 und p_3 aussagenlogische Ausdrücke über V. Nach ii) gilt dies damit auch für $A = \neg p_1$ und für $B = (p_2 \leftrightarrow p_3)$. Ebenfalls nach ii) ist daher $C = (p_3 \vee A) = (p_3 \vee \neg p_1)$ ein aussagenlogischer Ausdruck über V. Nach ii) ist dann auch $(C \rightarrow B)$ ein aussagenlogischer Ausdruck über V. Damit ist unsere Behauptung gezeigt, da $(C \rightarrow B)$ gerade das zu untersuchende Wort ist.

(b) $\neg\neg\neg p_1$ ist ebenfalls ein aussagenlogischer Ausdruck über V, da nach i) p_1 ein aussagenlogischer Ausdruck ist und dann jeweils nach ii) $\neg p_1$, $\neg\neg p_1$ und letztlich das gegebene Wort aussagenlogische Ausdrücke über V sind.

(c) $\neg p_1 \vee p_2$ ist kein aussagenlogischer Ausdruck über V. Das folgt daraus, dass mit jeder Einführung von $\vee$ entsprechend ii) auch Klammern eingeführt werden müssen. Das gegebene Wort enthält aber $\vee$ und keine Klammern.

(d) $(\rightarrow p_1)$ ist kein aussagenlogischer Ausdruck über V. Um dies zu sehen, zeigen wir folgende Aussage: *Jeder aussagenlogische Ausdruck über V beginnt mit einem Wort W über $\{(, \neg\}$, dem dann eine Variable folgt.* Offenbar besitzt das gegebene Wort diese Eigenschaft nicht und kann daher kein aussagenlogischer Ausdruck über V sein.
Wir beweisen nun die Aussage. Nach dem Induktionsprinzip reicht es zu zeigen, dass die Wörter nach i) diese Eigenschaft haben und bei Anwendung von ii) in jedem Fall diese Eigenschaft erhalten bleibt. Für Ausdrücke nach i) ist dies gesichert, indem wir W als das leere Wort wählen. Gilt die Aussage aber schon für A, d. h. wir haben $A = Wp_iU$ für ein Wort W über $\{\neg, (\}$, eine Variable p_i und ein Wort U über V, so erhalten wir $\neg A = \neg Wp_iU$ und $(A \wedge B) = (Wp_iU \vee B)$, womit die Aussage auch für die ersten beiden Möglichkeiten nach ii) gilt. Für $(A \vee B)$, $(A \rightarrow B)$ und $(A \leftrightarrow B)$ folgt die Aussage analog.
Wir machen darauf aufmerksam, dass aber nicht jedes Wort mit der angegebenen Eigenschaft ein aussagenlogischer Ausdruck ist. So hat z. B. $(\neg(p_1 \vee$ die Eigenschaft, ist aber offenbar kein aussagenlogischer Ausdruck, was analog zu c) gezeigt werden kann.

Nach Definition 1.1 sind jede Variable p_i und deren Negation $\neg p_i$ aussagenlogische Ausdrücke. Da diese speziellen Ausdrücke zukünftig eine besondere Rolle spielen werden, wollen wir für sie eine Bezeichnung einführen.

Definition 1.3 *Ein aussagenlogischer Ausdruck heißt* Literal, *wenn er die Form p_i oder $\neg p_i$ hat, wobei p_i, $i \in \mathbb{N}$, eine Variable ist.*

Wir wollen nun die im Teil d) von Beispiel 1.2 benutzte Methode verfeinern, um ein Kriterium zu erhalten, mittels dessen wir nachweisen können, dass ein Wort ein aussagenlogischer Ausdruck ist.

Satz 1.4 *Ein Wort A ist genau dann ein aussagenlogischer Ausdruck über V, wenn es die folgenden fünf Bedingungen (gleichzeitig) erfüllt:*

1. *Das Wort A beginnt mit einer Variablen oder mit $\neg$ oder mit $($.*

2. *Auf eine Variable oder) folgt in A eines der Symbole*), $\wedge$, $\vee$, $\rightarrow$, *oder* $\leftrightarrow$, *oder die Variable bzw.) ist das letzte Symbol des Wortes.*
3. *Auf ein Element aus* $\{(, \neg, \wedge, \vee, \rightarrow, \leftrightarrow\}$ *folgt in A eine Variable oder* $\neg$ *oder* (.
4. $\#_((A) = \#_)(A) = \#_{\{\wedge,\vee,\rightarrow,\leftrightarrow\}}(A)$.
5. *An jeder Stelle in A, an der (steht, d. h.* $A = W(W'$, *gibt es ein Wort B mit folgenden Eigenschaften:*
   - $A = W(BW''$,
   - *für jedes echte Anfangsstück U von (B gilt* $\#_((U) \neq \#_)(U)$,
   - $\#_(((B) = \#_)((B) = \#_{\{\wedge,\vee,\rightarrow,\leftrightarrow\}}((B)$.

Beweis. Wir zeigen zuerst, dass jeder aussagenlogische Ausdruck die Bedingungen 1 – 5 erfüllt.

Bedingung 1 ist ein Spezialfall der in Beispiel 1.2 (d) bewiesenen Aussage.

Wir zeigen nun die zweite Aussage für Variable. Wir verwenden wieder Induktion über den Aufbau der aussagenlogischen Ausdrücke. Ist der aussagenlogische Ausdruck nach i) aus Definition 1.1 konstruiert, so besteht er nur aus einer Variablen, und damit ist die Variable der letzte Buchstabe des Wortes. Es sei nun der aussagenlogische Ausdruck nach ii) aus Definition 1.1 konstruiert. Dann hat er die Form $\neg A$ oder $(A \circ B)$ mit $\circ \in \{\wedge, \vee, \rightarrow, \leftrightarrow\}$. Im ersten Fall kommt die Variable in A vor, und damit ist nach Induktionsannahme die Bedingung 2 erfüllt, da A ein aussagenlogischer Ausdruck ist. Im zweiten Fall gilt Bedingung 2 erneut, falls die Variable in A oder B vorkommt und nicht der letzte Buchstabe von A bzw. B ist. Falls die Variable der letzte Buchstabe von A ist, folgt ihr $\circ$; und falls die Variable der letzte Buchstabe von B ist, folgt ihr). Damit ist auch in diesem Fall stets Bedingung 2 erfüllt.

Bedingung 2 für) und Bedingung 3 beweist man analog.

Wir beweisen nun (erneut mittels Induktion) die vierte Bedingung. Falls der Ausdruck nach i) aus Definition 1.1 gebildet wurde, so ist die Häufigkeit des Vorkommens von (bzw. von) bzw. von einem Element aus $\{\wedge, \vee, \rightarrow, \leftrightarrow\}$ jeweils 0, und damit ist die Bedingung erfüllt. Es sei nun der aussagenlogische Ausdruck von der Form $\neg A$ oder $(A \circ B)$ mit $\circ \in \{\wedge, \vee, \rightarrow, \leftrightarrow\}$. Nach Induktionsvoraussetzung bestehen die Relationen

$$\#_((A) = \#_)(A) = \#_{\{\wedge,\vee,\rightarrow,\leftrightarrow\}}(A) \quad \text{und} \quad \#_((B) = \#_)(B) = \#_{\{\wedge,\vee,\rightarrow,\leftrightarrow\}}(B). \tag{1.1}$$

Ferner haben wir

$$\#_((\neg A) = \#_((A), \quad \#_)(\neg A) = \#_)(A), \quad \#_{\{\wedge,\vee,\rightarrow,\leftrightarrow\}}(\neg A) = \#_{\{\wedge,\vee,\rightarrow,\leftrightarrow\}}(A),$$
$$\#_(((A \circ B)) = \#_((A) + \#_((B) + 1, \quad \#_)((A \circ B)) = \#_)(A) + \#_)(B) + 1,$$
$$\#_{\{\wedge,\vee,\rightarrow,\leftrightarrow\}}((A \circ B)) = \#_{\{\wedge,\vee,\rightarrow,\leftrightarrow\}}(A) + \#_{\{\wedge,\vee,\rightarrow,\leftrightarrow\}}(B) + 1.$$

Mit (1.1) erhalten wir sofort

$$\#_((\neg A) = \#_)(\neg A) = \#_{\{\wedge,\vee,\rightarrow,\leftrightarrow\}}(\neg A)$$

und

$$\#_(((A \circ B)) = \#_)((A \circ B)) = \#_{\{\wedge,\vee,\rightarrow,\leftrightarrow\}}((A \circ B)).$$

Bedingung 5 kann man ebenfalls mit Induktion beweisen (allerdings ist der Beweis technisch aufwändiger).

Wir kommen nun zur umgekehrten Richtung. Wir haben zu zeigen, dass jedes Wort W, das den Bedingungen 1 – 5 genügt, ein aussagenlogischer Ausdruck ist. Dafür verwenden wir Induktion über die Länge des Wortes. Wir haben also zu zeigen, dass die Aussage für alle Wörter der Länge 1 gilt und dass aus der Gültigkeit für Wörter der Länge höchstens k auch die Gültigkeit für Wörter der Länge $k+1$ folgt.

Da wegen Bedingung 3 jedes von einer Variablen oder) verschiedene Symbol von einem weiteren Buchstaben gefolgt wird, kann ein Wort der Länge 1 nur aus einer Variablen oder nur aus einer schließenden Klammer bestehen. Der zweite Fall ist unmöglich, da dann Bedingung 4 nicht erfüllt ist. Damit bleibt übrig, dass das Wort nur aus einer Variablen besteht und damit nach i) aus Definition 1.1 ein aussagenlogischer Ausdruck ist.

Es sei nun die Länge des Wortes $k+1$ mit $k \geq 1$. Das Wort hat dann die Form $W = xA$, wobei x ein Buchstabe und A ein nichtleeres Wort ist. Da Bedingung 1 erfüllt ist, muss $x = \neg$ sein oder x eine Variable sein oder $x = ($ gelten.

Fall 1: $x = \neg$. Nach Bedingung 3 kann auf $\neg$ nur ein Symbol folgen, das nach Bedingung 1 auch am Anfang stehen kann. Damit erfüllt A ebenfalls die Bedingungen 1 – 5. Nach Induktionsannahme (A hat die Länge k) ist A ein aussagenlogischer Ausdruck. Nach ii) aus Definition 1.1 ist damit auch das gegebene Wort $W = \neg A$ ein aussagenlogischer Ausdruck.

Fall 2: x ist eine Variable. Dieser folgt nach Bedingung 2 ein Element y aus der Menge $\{\wedge, \vee, \rightarrow, \leftrightarrow,)\}$, da A nicht das leere Wort ist. Wir betrachten das erste Vorkommen von (in dem Wort. Ein solches muss es geben, da sonst Bedingung 4 verletzt wäre. Ferner betrachten wir nun das zu diesem Vorkommen von (nach Bedingung 5 gehörende Wort B_1. Damit hat das Wort die Form $W = xyA_1(B_1U_1$, wobei in A_1 keine öffnende Klammer vorkommt. Analog betrachten wir nun das erste Vorkommen von (in U_1 und das zugehörige Wort B_2 aus Bedingung 5. Dann ergibt sich $W = xyA_1(B_1A_2(B_2U_2$. Wir setzen diese Konstruktion weiter fort, bis sich im Restwort keine öffnende Klammer (mehr befindet. Dann hat das Wort die Form

$$W = xyA_1(B_1A_2(B_2A_3(B_3 \ldots A_r(B_rU_r$$

für ein gewisses $r \in \mathbb{N}$, wobei die Wörter $A_1, A_2, A_3, \ldots, A_r$ und U_r kein (enthalten. Wegen Bedingung 5 gilt

$$\#_{(}((B_i) = \#_{)}((B_i) = \#_{\{\wedge,\vee,\rightarrow,\leftrightarrow\}}((B_i) \quad \text{für} \quad 1 \leq i \leq r.$$

Wir bezeichnen die Häufigkeiten der Vorkommen von (oder) oder von Elementen aus $\{\wedge, \vee, \rightarrow, \leftrightarrow\}$ in $(B_i$ mit a_i, $1 \leq i \leq r$. Damit gilt

$$\#_{(}((B_1(B_2 \ldots (B_r) = \#_{)}((B_1(B_2 \ldots (B_r) = \#_{\{\wedge,\vee,\rightarrow,\leftrightarrow\}}((B_1(B_2 \ldots (B_r) = a_1 + a_2 + \cdots + a_r.$$

Daher gelten auch $\#_{(}(W) = a_1 + a_2 + \cdots + a_r$, $\#_{)}(W) \geq a_1 + a_2 + \cdots + a_r$ und $\#_{\{\wedge,\vee,\rightarrow,\leftrightarrow\}}(W) \geq a_1 + a_2 + \cdots + a_r$. Wegen $y \in \{\wedge, \vee, \rightarrow, \leftrightarrow,)\}$ muss sogar

$$\#_{)}(W) > a_1 + a_2 + \cdots + a_r \text{ oder } \#_{\{\wedge,\vee,\rightarrow,\leftrightarrow\}}(W) > a_1 + a_2 + \cdots + a_r$$

sein. Damit ist aber Bedingung 4 für W verletzt. Dieser Fall kann also nicht eintreten.

Fall 3: $x = ($. Wegen Bedingung 5 hat das Wort dann die Struktur $(BW''$. Aufgrund der zweiten und dritten Forderung von Bedingung 5 ist das letzte Symbol von B eine schließende Klammer). Damit gilt $W = (B')W''$. Falls W'' nicht das leere Wort ist, so beginnt W'' wegen Bedingung 2 mit einer schließenden Klammer oder mit einem logischen Operator. In beiden Fällen können wir wie in Fall 2 einen Widerspruch herleiten. Damit muss W'' das leere Wort sein. Folglich haben wir $W = (B')$.

Wir ermitteln nun das kürzeste Wort B_1 mit folgenden Eigenschaften:

- $B' = B_1B''$, d. h. B_1 beginnt mit dem zweiten Symbol von W.
- B_1 enthält ein Variable .
- $\#_((B_1) = \#_)(B_1)$, d. h. die Anzahl der öffnenden Klammern in B_1 stimmt mit der Anzahl der schließenden Klammern in B_1 überein (diese Anzahl kann aber auch Null sein).

Es sei zuerst $\#_((B_1) = 0$. Dann enthält B_1 auch keine schließende Klammer. Da B_1 das kürzeste Wort mit den angegebenen Eigenschaften sein soll, darf B_1 nur eine Variable enthalten, und diese ist das letzte Symbol von B_1. Damit kann B_1 auch keinen logischen Operator enthalten, da dieser auf eine schließende Klammer oder auf eine Variable folgen muss, was nach den Bedingungen 1 - 3 nicht möglich ist.

Es sei nun $\#_((B_1) > 0$. Wegen Bedingung 3 und der Minimalität von B_1 hinsichtlich der Länge beginnt B_1 mit einigen (möglicherweise null) Symbolen $\neg$, denen eine öffnende Klammer folgt. Beachten wir für diese öffnende Klammer Bedingung 5, so erhalten wir wie oben, dass B_1 auf eine Klammer endet und $\#_((B_1) = \#_{\{\wedge,\vee,\rightarrow,\leftrightarrow\}}(B_1) = \#_)(B_1)$ gilt.

In beiden Fällen haben wir, dass wegen Bedingung 2 auf B_1 eine schließende Klammer oder ein logischer Operator folgt. Im ersten Fall können wir wie bei Fall 2 einen Widerspruch herleiten. Somit gilt $W = (B_1 \circ B_2)$ mit $\circ \in \{\wedge, \vee, \rightarrow, \leftrightarrow\}$. Man prüft leicht nach, dass sowohl B_1 als auch B_2 alle Bedingungen 1 - 5 erfüllen. Nach Induktionsvoraussetzung sind also B_1 und B_2 aussagenlogische Ausdrücke. Dann gilt das aber nach Bedingung 2 aus Definition 1.1 auch für W. □

Wir wollen nun einen Algorithmus angeben, mit dem wir feststellen können, ob ein gegebenes Wort A ein aussagenlogischer Ausdruck ist. Wir werden in jedem Schritt des Algorithmus vier Fälle unterscheiden, die den Möglichkeiten für den ersten Buchstaben (nach der ersten Bedingung aus Satz 1.4) entsprechen:

Fall 1: A beginnt mit einer Variablen.

Dann kann kein Schritt ii) aus der Definition 1.1 des aussagenlogischen Ausdrucks angewendet worden sein, und folglich darf A nur aus der Variablen bestehen, um ein Ausdruck zu sein. Besteht A nicht nur aus der Variablen, so ist A kein aussagenlogischer Ausdruck.

Fall 2: A beginnt mit $\neg$.

Dann hat A die Form $A = \neg A'$, und A ist genau dann ein aussagenlogischer Ausdruck, wenn A' einer ist. Folglich streichen wir einfach das Symbol $\neg$ und untersuchen das Wort A', dessen Länge echt kleiner als die von A ist.

Fall 3: A beginnt mit (.

Dann muss A von der Form $A = (A_1 \circ A_2)$ sein. Ferner ist A genau dann ein aussagenlogischer Ausdruck, falls A_1 und A_2 aussagenlogische Ausdrücke sind und $\circ \in \{\wedge, \vee, \rightarrow, \leftrightarrow\}$ gilt. Außerdem ist A_1 das kürzeste Wort mit folgenden drei Eigenschaften:

- $A = (A_1B$, d. h. A_1 beginnt mit dem zweiten Symbol von A.
- A_1 enthält ein Variable (sonst ist A_1 nach Definition 1.1 kein Ausdruck).

- $\#_((A_1) = \#_)(A_1)$, d. h. die Anzahl der öffnenden Klammern in A_1 stimmt mit der Anzahl der schließenden Klammern in A_1 überein.

(Man siehe hierzu Fall 3 im Beweis von Satz 1.4.) Wir bemerken zuerst, dass es nach Satz 1.4 ein Wort mit diesen Eigenschaften gibt, falls A ein Ausdruck ist. Dann ist $\circ$ das auf A_1 folgende Symbol, und A_2 ist das sich daran anschließende Wort (mit Ausnahme der letzten schließenden Klammer). Nun setzen wir mit der Untersuchung der Wörter A_1 und A_2 fort, die erneut echt kürzer als A sind.

Fall 4: A beginnt mit einem Buchstaben, der weder eine Variable noch (noch $\neg$ ist. Dann ist A kein aussagenlogischer Ausdruck.

Da die zu untersuchenden Wörter in jedem Schritt kürzer werden, bricht der Algorithmus nach endlich vielen Schritten ab, und wir wissen, ob A ein aussagenlogischer Ausdruck ist.

Wir demonstrieren den Algorithmus an den Wörtern aus Beispiel 1.2 (a) und (c).

Ist $A = ((p_3 \vee \neg p_1) \to (p_2 \leftrightarrow p_3))$, so beginnt A mit einer öffnenden Klammer und wir verfahren nach Fall 3. Offensichtlich gelten

$$\#_((U) > \#_)(U) \text{ für } U \in \{(,\ (p_3,\ (p_3 \vee,\ (p_3 \vee \neg,\ (p_3 \vee \neg p_1\}$$

und

$$\#_(((p_3 \vee \neg p_1)) = \#_)((p_3 \vee \neg p_1)),$$

woraus sich $A_1 = (p_3 \vee \neg p_1)$ ergibt. Ferner erhalten wir dann $\circ = \to$ und $A_2 = (p_2 \leftrightarrow p_3)$.

Wir haben nun $A_1 = (p_3 \vee \neg p_1)$ zu untersuchen. Wir erhalten $A_1 = (A_{11} \vee A_{12})$ mit $A_{11} = p_3$ und $A_{12} = \neg p_1$. Nach Fall 1 ist A_{11} ein aussagenlogischer Ausdruck. Nach Fall 2 ergibt sich $A_{12} = \neg A'_{12}$ mit $A'_{12} = p_1$. Nach Fall 1 ist A'_{12} ein Ausdruck.

Für A_2 erhalten wir nach Fall 3 den Ausdruck $(A_{21} \leftrightarrow A_{22})$ mit $A_{21} = p_2$ und $A_{22} = p_3$. Entsprechend Fall 1 sind diese beiden Wörter aussagenlogische Ausdrücke.

Damit ist A ein aussagenlogischer Ausdruck.

Es sei nun $A = \neg p_1 \vee p_2$. Entsprechend Fall 2 müssen wir $A' = p_1 \vee p_2$ untersuchen. Dieses Wort beginnt mit der Variablen p_1, d. h. wir gehen nach Fall 1 vor. Der Ausdruck A' besteht aber nicht nur aus der Variablen p_1. Daher ist A' und damit auch A kein aussagenlogischer Ausdruck.

Wir bemerken, dass der Algorithmus nicht nur die Antwort auf die Frage gibt, ob ein aussagenlogischer Ausdruck vorliegt, sondern darüberhinaus auch rückwärts die jeweiligen Schritte zur Konstruktion des Ausdrucks entsprechend Definition 1.1 gibt.

Wir merken an, dass für einen Ausdruck A, der als ein Wort über der Menge $\{(,),\neg,\wedge,\vee,\to,\leftrightarrow\} \cup var$ die Länge t hat, der Algorithmus höchstens t^2 Schritte erfordert. Dies ist mittels Induktion über die Länge leicht zu sehen. Falls das Wort aus nur einem Buchstaben besteht, so sieht man an diesem Buchstaben sofort, ob das Wort ein Ausdruck ist oder nicht. Daher brauchen wir auch nur einen Schritt. Es sei nun $t \geq 2$. Beginnt A mit einem $\neg$, so streichen wir diesen Buchstaben und müssen untersuchen, ob das verbleibende Wort der Länge $t-1$ ein Ausdruck ist, wofür wir nach Induktionsannahme höchstens $(t-1)^2$ Schritte benötigen. Als Gesamtaufwand für A ergibt sich daher, dass die Anzahl der Schritte höchstens $1 + (t-1)^2 = t^2 - 2t + 2 \leq t^2$ ist. Beginnt A mit (, so können wir durch einen Lauf über A die zu untersuchenden Teilwörter A_1 und A_2 ermitteln. Diese mögen die Längen t_1 und t_2 haben. Dann gilt, dass die Untersuchung von A höchstens $t+t_1^2+t_2^2$ Schritte erfordert. Wegen $t = t_1+t_2+3$ ergibt sich $t+t_1^2+t_2^2 \leq (t_1+t_2+3)^2 = t^2$ und damit die Behauptung.

In den nachfolgenden Betrachtungen und Beispielen werden wir anstelle der indizierten Variablen aus V auch einfach Symbole p, q, r, s, t usw. (notfalls wieder mit Indices) verwenden. Ferner lassen wir den Zusatz „über V" meist fort, da wir innerhalb dieses Kapitels immer V als Basismenge verwenden.

Mit $var(A)$ bezeichnen wir die Menge der im aussagenlogischen Ausdruck A vorkommenden Variablen.

Wir interpretieren nun die Variablen $p_1, p_2, \ldots$ als Aussagen und die Operatoren $\neg$, $\wedge$, $\vee$, $\rightarrow$ und $\leftrightarrow$ als Verknüpfungen von Aussagen, die umgangssprachlich den Verbindungen durch „nicht", „und", „oder", „wenn, so" bzw. „genau dann, wenn" entsprechen. Dabei interessieren uns nun nicht die Aussagen selbst, sondern nur deren Wahrheitswerte und das Verhalten der Wahrheitswerte bei den Verknüpfungen. Ferner benutzen wir 1 anstelle von *wahr* und 0 anstelle von *falsch* zur Bezeichnung der Wahrheitswerte.

Wir fassen die Interpretation der Variablen als Funktion σ auf, bei der jeder Variablen p eine Aussage $\sigma(p)$ zugeordnet wird. Nun kommt jeder Aussage A genau ein Wahrheitswert $W(A)$ zu. Da wir uns nicht für die Aussagen selbst, sondern nur für deren Wahrheitswert interessieren, können wir einer Variablen p direkt den Wahrheitswert $W(\sigma(p))$ zuordnen, der durch die Hintereinanderausführung der Funktionen σ und W entsteht (im Folgenden verwenden wir die Bezeichnung α für die Komposition $\sigma \circ W$). Die folgende Definition, durch die den Variablen und den Verknüpfungen der Variablen jeweils Wahrheitswerte zugeordnet werden, formalisiert dieses Vorgehen.

Definition 1.5

i) Unter einer Belegung *verstehen wir eine Funktion*

$$\alpha : var \rightarrow \{0, 1\}.$$

ii) Der Wert $w_\alpha(C)$ *eines aussagenlogischen Ausdruck C unter der Belegung α ist induktiv wie folgt definiert:*

- *Ist $C = p_i$ für eine Variable p_i, $i \in \mathbb{N}$, so gilt $w_\alpha(C) = w_\alpha(p_i) = \alpha(p_i)$.*
- *Ist $C = \neg A$, so gilt $w_\alpha(C) = 0$ genau dann, wenn $w_\alpha(A) = 1$ gilt.*
- *Ist $C = (A \wedge B)$, so gilt $w_\alpha(C) = 1$ genau dann, wenn $w_\alpha(A) = w_\alpha(B) = 1$ gilt.*
- *Ist $C = (A \vee B)$, so gilt $w_\alpha(C) = 0$ genau dann, wenn $w_\alpha(A) = w_\alpha(B) = 0$ gilt.*
- *Ist $C = (A \rightarrow B)$, so gilt $w_\alpha(C) = 0$ genau dann, wenn $w_\alpha(A) = 1$ und $w_\alpha(B) = 0$ gelten.*
- *Ist $C = (A \leftrightarrow B)$, so gilt $w_\alpha(C) = 1$ genau dann, wenn $w_\alpha(A) = w_\alpha(B)$ gilt.*

Durch eine Belegung wird jeder Variablen $p_i \in var$ genau einer der Werte 0 oder 1 zugeordnet.

Wir bezeichnen $\neg A$ auch als Negation von A und $(A \wedge B)$, $(A \vee B)$, $(A \rightarrow B)$ und $(A \leftrightarrow B)$ als Konjunktion, Alternative oder Disjunktion, Implikation bzw. Äquivalenz von A und B.

Für die Konjunktion $(A \wedge B)$ ist die Definition ihres Wahrheitswertes aus der Umgangssprache klar: Eine durch „und" entstandene Aussage ist nur dann wahr, wenn beide

Teilaussagen wahr sind. Für die Alternative $(A \vee B)$ wird ein nichtausschließendes „oder" benutzt (und nicht das „entweder oder"), da sie auch dann wahr ist, falls nur eine der Teilaussagen wahr ist. Die Implikation $(A \to B)$ wird nur falsch, wenn aus einer wahren Aussage A auf eine falsche Aussage B geschlossen wird; man beachte insbesondere, dass bei einer falschen Aussage A die Implikation immer wahr ist. Die Äquivalenz ist genau dann wahr, wenn beide Teilaussagen wahr oder beide Teilaussagen falsch sind, d. h. Wahrheit liegt vor, wenn beide Teilaussagen den gleichen Wahrheitswert haben (sie sind also bez. des Wahrheitswertes äquivalent).

Da in einem Ausdruck stets nur endlich viele Variable vorkommen – denn wir können die Bildungsschritte aus Definition 1.1 nur endlich oftmal anwenden – reicht es, zur Bestimmung des Wertes des Ausdrucks A die Belegung auf den in A vorkommenden Variablen zu kennen.

Beispiel 1.6

(a) Wir bestimmen den Wert von $A = ((p_3 \vee \neg p_1) \to (p_2 \leftrightarrow p_3))$ unter der Belegung α mit $\alpha(p_1) = \alpha(p_3) = 1$ und $\alpha(p_2) = 0$. Entsprechend der Konstruktion von A, die wir in Beispiel 1.2 ermittelt haben, ergeben sich

$$\begin{aligned}
&w_\alpha(p_1) = 1,\ w_\alpha(p_2) = 0,\ w_\alpha(p_3) = 1,\\
&w_\alpha(\neg p_1) = 0,\\
&w_\alpha((p_3 \vee \neg p_1)) = 1,\\
&w_\alpha((p_2 \leftrightarrow p_3)) = 0,\\
&w_\alpha(A) = w_\alpha(((p_3 \vee \neg p_1) \to (p_2 \leftrightarrow p_3))) = 0.
\end{aligned}$$

(b) Wir betrachten nun den Ausdruck $\neg\neg\neg p_1$ aus Beispiel 1.2. Für die Belegung α mit $\alpha(p_1) = 0$ ergeben sich

$$w_\alpha(p_1) = 0,\ w_\alpha(\neg p_1) = 1,\ w_\alpha(\neg\neg p_1) = 0,\ w_\alpha(\neg\neg\neg p_1) = 1.$$

Für die Belegung β mit $\beta(p_1) = 1$ erhalten wir analog

$$w_\beta(p_1) = 1,\ w_\beta(\neg p_1) = 0,\ w_\beta(\neg\neg p_1) = 1,\ w_\beta(\neg\neg\neg p_1) = 0.$$

Bisher haben wir einem aussagenlogischen Ausdruck unter einer Belegung genau einen Wahrheitswert (aus $\{0,1\}$) zugeordnet. Wir wollen dies nun dahingehend erweitern, dass wir einem Ausdruck A mit n Variablen mittels verschiedener Belegungen eine Funktion $f_A : \{0,1\}^n \to \{0,1\}$ zuordnen. Dafür machen wir folgende Vorüberlegungen.

Durch eine Belegung α wird eindeutig ein n-Tupel $(\alpha(p_1), \alpha(p_2), \ldots, \alpha(p_n)) \in \{0,1\}^n$ festgelegt. Umgekehrt liefert jedes n-Tupel $(x_1, x_2, \ldots, x_n) \in \{0,1\}^n$ mittels $\alpha(p_i) = x_i$ für $1 \le i \le n$ eine Belegung der Variablen $p_1, p_2, \ldots, p_n$ (woraus durch beliebige Wahl von $\alpha(p_j) \in \{0,1\}$ für die Variablen p_j mit $j > n$ eine Belegung definiert werden kann). Daher gibt es eine eineindeutige Beziehung zwischen Belegungen auf der Menge $\{p_1, p_2, \ldots, p_n\}$ und Tupeln aus $\{0,1\}^n$.

Definition 1.7 *Es sei $n \in \mathbb{N}$. Unter einer n-stelligen Booleschen Funktion*[2] *f verstehen wir eine Funktion von $\{0,1\}^n$ in $\{0,1\}$.*

[2]benannt nach dem britischen Mathematiker GEORGE BOOLE (1815 – 1864)

Wir beschreiben im Folgenden Boolesche Funktionen durch Wertetabellen, in deren erster Spalte die Tupel $(x_1, x_2, \ldots, x_n) \in \{0,1\}^n$ stehen und in deren zweiter Spalte der jeweils zugehörige Wert $f(x_1, x_2, \ldots, x_n)$ steht. Die Auflistung der Tupel in der ersten Spalte erfolgt dabei so, dass das Tupel $(x_1, x_2, \ldots, x_n)$ an $(m+1)$-ter Stelle steht, wenn $x_n 2^0 + x_{n-1}2^1 + x_{n-2}2^2 + \cdots + x_1 2^{n-1} = m$ gilt, d. h. wenn $x_1 x_2 \ldots x_n$ die Dual- oder Binärdarstellung der Zahl m ist.

Man beachte, dass die hierdurch gegebene Funktion $\{0,1\}^n \to \{0,1,\ldots,2^n-1\}$ eineindeutig ist. Als Beispiel hierzu geben wir folgende Wertetabelle:

x_1	x_2	x_3	f
0	0	0	1
0	0	1	0
0	1	0	1
0	1	1	1
1	0	0	0
1	0	1	1
1	1	0	0
1	1	1	1

Satz 1.8 *Für $n \in \mathbb{N}$ gibt es 2^{2^n} Boolesche Funktionen.*

Beweis. Wir haben den Wert für 2^n mögliche Tupel anzugeben. Damit entspricht die Spalte einer Funktion einer Folge aus 2^n Elementen aus $\{0,1\}$ und damit einer Dualzahl aus 2^n Ziffern. Hierfür gibt es 2^{2^n} Möglichkeiten, da die Zahlen zwischen

$$0 \cdot 2^0 + 0 \cdot 2^1 + 0 \cdot 2^2 + \cdots + 0 \cdot 2^{2^n-1} = 0$$

und

$$1 \cdot 2^0 + 1 \cdot 2^1 + 1 \cdot 2^2 + \cdots + 1 \cdot 2^{2^n-1} = 2^{2^n} - 1$$

liegen können und liegen müssen. □

Wir ordnen nun – wie oben angekündigt – aussagenlogischen Ausdrücken Boolesche Funktionen zu.

Definition 1.9 *Es sei A ein aussagenlogischer Ausdruck A mit $var(A) \subseteq \{p_1, p_2, \ldots, p_n\}$. Die von A* induzierte *n-stellige Boolesche Funktion $f_{A,n}$ ist durch*

$$f_{A,n}(x_1, x_2, \ldots, x_n) = w_\alpha(A) \text{ mit } \alpha(p_i) = x_i \text{ für } 1 \le i \le n$$

definiert.

Entsprechend dieser Definition ordnen wir jedem Tupel eine Belegung zu und berechnen für diese den Wert des Ausdrucks.

Gilt $var(A) = \{p_1, p_2, \ldots, p_n\}$, so schreiben wir kurz f_A anstelle von $f_{A,n}$.

Beispiel 1.10 Für die Konjunktion, Alternative, Implikation und Äquivalenz erhalten wir durch einfaches Ausrechnen der Werte mit $x_1 = \alpha(p_1)$ und $x_2 = \alpha(p_2)$ die folgenden Funktionen:

x_1	x_2	$f_{(p_1 \wedge p_2)}(x_1, x_2)$	$f_{(p_1 \vee p_2)}(x_1, x_2)$	$f_{(p_1 \to p_2)}(x_1, x_2)$	$f_{(p_1 \leftrightarrow p_2)}(x_1, x_2)$
0	0	0	0	1	1
0	1	0	1	1	0
1	0	0	1	0	0
1	1	1	1	1	1

Wir betrachten nun die beiden Ausdrücke aus Beispiel 1.2 (a) und (b). Für

$$A = ((p_3 \vee \neg p_1) \to (p_2 \leftrightarrow p_3))$$

ergeben sich mit

$$B = \neg p_1,\ C = (p_3 \vee B),\ D = (p_2 \leftrightarrow p_3) \text{ und } A = (C \to D)$$

die Werte aus Tabelle 1.1.

$x_1 = \alpha(p_1)$	$x_2 = \alpha(p_2)$	$x_3 = \alpha(p_3)$	$w_\alpha(B)$	$w_\alpha(C)$	$w_\alpha(D)$	$w_\alpha(A)$
0	0	0	1	1	1	1
0	0	1	1	1	0	0
0	1	0	1	1	0	0
0	1	1	1	1	1	1
1	0	0	0	0	1	1
1	0	1	0	1	0	0
1	1	0	0	0	0	1
1	1	1	0	1	1	1

Tabelle 1.1: Berechnung der Booleschen Funktion zu $((p_3 \vee \neg p_1) \to (p_2 \leftrightarrow p_3))$

Für $\neg\neg\neg p_1$ ergeben sich die Werte aus Tabelle 1.2.

$x_1 = \alpha(p_1)$	$w_\alpha(\neg p_1)$	$w_\alpha(\neg\neg p_1)$	$w_\alpha(\neg\neg\neg p_1)$
0	1	0	1
1	0	1	0

Tabelle 1.2: Berechnung der Booleschen Funktion zu $\neg\neg\neg p_1$

Im Allgemeinen können wir durch Umbenennen dafür sorgen, dass die Variablen des Ausdrucks mit n Variablen gerade $p_1, p_2, \ldots, p_n$ sind, damit die Stelligkeit der Funktion mit der Anzahl der Variablen des Ausdrucks übereinstimmt. Diese Umbenennung wird in der Praxis aber häufig nicht explizit vorgenommen, denn es reicht eigentlich, eine eineindeutige Beziehung zwischen den n Variablen (unabhängig von deren Bezeichnung) und den Komponenten des Tupels $(x_1, x_2, \ldots, x_n)$ herzustellen.

Da die Bezeichnung der Variablen nicht wesentlich ist, schreiben wir kurz $f_\neg$ anstelle von $f_{\neg p_1}$ und $f_\circ$ anstelle von $f_{(p_1 \circ p_2)}$ für $\circ \in \{\wedge, \vee, \to, \leftrightarrow\}$.

1.1.2 Semantische Äquivalenz

Aus der Tabelle 1.2 ersehen wir, dass die Ausdrücke p_1 und $\neg\neg p_1$ sowie $\neg p_1$ und $\neg\neg\neg p_1$ für jede Belegung der Variablen den gleichen Wahrheitswert annehmen. Wir können also verschiedene Ausdrücke haben, die aber für jede Belegung gleiche Wahrheitswerte annehmen. Dies kann man als eine Gleichwertigkeit derartiger Ausdrücke ansehen, so dass man zwischen beiden Ausdrücken nicht unterscheiden müsste.

Wir formalisieren diesen Ansatz. Dabei werden wir eine Äquivalenzrelation erhalten, bei der in einer Äquivalenzklasse genau die Ausdrücke liegen, die bei gleichen Belegungen auch gleiche Werte annehmen. Die Äquivalenzklassenbildung entspricht damit der obigen intuitiven Gleichsetzung von Ausdrücken.

Definition 1.11 *Ein aussagenlogischer Ausdruck A heißt* semantisch äquivalent *zu einem aussagenlogischen Ausdruck B (in Zeichen $A \equiv B$), wenn für jede Belegung α die Beziehung $w_\alpha(A) = w_\alpha(B)$ gilt.*

Um festzustellen, ob A semantisch äquivalent zu B ist, reicht es offenbar, für alle möglichen Belegungen der endlich vielen Variablen aus $var(A) \cup var(B)$ die zugehörigen Werte zu berechnen und zu vergleichen.

Satz 1.12 *Die semantische Äquivalenz ist eine Äquivalenzrelation auf der Menge der aussagenlogischen Ausdrücke.*

Beweis. *Reflexivität:* Wegen $w_\alpha(A) = w_\alpha(A)$ für jede Belegung α gilt $A \equiv A$.

Symmetrie: Offenbar gilt für eine Belegung α mit $w_\alpha(A) = w_\alpha(B)$ auch die Gleichheit $w_\alpha(B) = w_\alpha(A)$. Daher folgt aus $A \equiv B$ die Äquivalenz $B \equiv A$.

Transitivität: Aus $A \equiv B$ und $B \equiv C$ folgen $w_\alpha(A) = w_\alpha(B)$ und $w_\alpha(B) = w_\alpha(C)$ für jede Belegung α. Damit gilt auch $w_\alpha(A) = w_\alpha(C)$ für jede Belegung α. Dies bedeutet $A \equiv C$. □

Wegen Satz 1.12 können wir auch einfach sagen, dass zwei aussagenlogische Ausdrücke semantisch äquivalent sind (und auf eine Reihenfolge wie in Definition 1.11 verzichten).

Lemma 1.13 *Es seien A und B zwei aussagenlogische Ausdrücke und $n \in \mathbb{N}$ eine natürliche Zahl, so dass $var(A) \cup var(B) \subseteq \{p_1, p_2, \ldots, p_n\}$ gilt. Dann sind A und B genau dann semantisch äquivalent, wenn $f_{A,n} = f_{B,n}$ gilt.*

Beweis. Es gelte $f_{A,n} = f_{B,n}$. Ferner sei α eine beliebige Belegung. Außerdem sei das Tupel $(x_1, x_2, \ldots, x_n) \in \{0,1\}^n$ jenes Tupel mit $x_i = \alpha(p_i)$ für $1 \le i \le n$. Nach Voraussetzung gilt

$$f_{A,n}(x_1, x_2, \ldots, x_n) = f_{B,n}(x_1, x_2, \ldots, x_n).$$

Hieraus folgt unter Beachtung von

$$f_{A,n}(x_1, x_2, \ldots, x_n) = w_\alpha(A) \quad \text{und} \quad f_{B,n}(x_1, x_2, \ldots, x_n) = w_\alpha(B)$$

sofort $w_\alpha(A) = w_\alpha(B)$, womit $A \equiv B$ gezeigt ist.

Es gelte nun $w_\alpha(A) = w_\alpha(B)$ für jede Belegung α. Ferner sei $(x_1, x_2, \ldots, x_n)$ ein beliebiges Tupel aus $\{0,1\}^n$. Dann gibt es eine Belegung α mit $x_i = \alpha(p_i)$ für $1 \le i \le n$ und $\alpha(p_j) = 0$ für $j > n$. Dann gilt

$$f_{A,n}(x_1, x_2, \ldots, x_n) = w_\alpha(A) = w_\alpha(B) = f_{B,n}(x_1, x_2, \ldots, x_n).$$

Hieraus folgt die Gleichheit von $f_{A,n}$ und $f_{B,n}$. □

Definition 1.14

i) Ein aussagenlogischer Ausdruck A heißt Tautologie *oder* allgemeingültig, *falls $w_\alpha(A) = 1$ für jede Belegung α gilt.*

ii) Ein aussagenlogischer Ausdruck A heißt Kontradiktion *oder* unerfüllbar, *falls für jede Belegung α die Beziehung $w_\alpha(A) = 0$ gilt.*

iii) Ein aussagenlogischer Ausdruck A heißt erfüllbar, *falls A keine Kontradiktion ist.*

Offenbar ist ein aussagenlogischer Ausdruck A genau dann erfüllbar, wenn es eine Belegung α mit $w_\alpha(A) = 1$ gibt.

Wir bemerken, dass man – analog zum Testen auf semantische Äquivalenz – durch einen Algorithmus feststellen kann, ob A eine Tautologie, eine Kontradiktion oder erfüllbar ist, indem man alle möglichen Belegungen der Variablen durchgeht.

Wir benutzen nun den Begriff der Tautologie zu einer weiteren Charakterisierung der semantischen Äquivalenz.

Lemma 1.15 *Zwei aussagenlogische Ausdrücke A und B sind genau dann semantisch äquivalent, wenn der Ausdruck $(A \leftrightarrow B)$ eine Tautologie ist.*

Beweis. Die Ausdrücke A und B seien semantisch äquivalent. Nach Definition 1.11 gilt dann $w_\alpha(A) = w_\alpha(B)$ für jede Belegung α. Nach Definition der Wertberechnung ergibt sich daraus $w_\alpha((A \leftrightarrow B)) = 1$ für jede Belegung α. Daher folgt, dass $(A \leftrightarrow B)$ eine Tautologie ist.

Um die umgekehrte Richtung zu beweisen, haben wir alle Schlüsse einfach umzukehren. □

Im folgenden Lemma geben wir einige aussagenlogische Ausdrücke an, die Tautologien sind. Wir weisen darauf hin, dass wegen Lemma 1.15 dadurch auch – bis auf die letzten vier Tautologien – jeweils ein Paar semantisch äquivalenter aussagenlogischer Ausdrücke gegeben ist.

Lemma 1.16 *Die folgenden aussagenlogischen Ausdrücke sind Tautologien:*

i)	$(\neg\neg p_1 \leftrightarrow p_1)$	*(doppelte Verneinung)*
ii)	$((p_1 \wedge p_1) \leftrightarrow p_1)$	*(Idempotenz der Konjunktion)*
iii)	$((p_1 \vee p_1) \leftrightarrow p_1)$	*(Idempotenz der Disjunktion)*
iv)	$((p_1 \wedge p_2) \leftrightarrow (p_2 \wedge p_1))$	*(Kommutativität der Konjunktion)*
v)	$((p_1 \vee p_2) \leftrightarrow (p_2 \vee p_1))$	*(Kommutativität der Disjunktion)*
vi)	$((p_1 \leftrightarrow p_2) \leftrightarrow (p_2 \leftrightarrow p_1))$	*(Kommutativität der Äquivalenz)*
vii)	$(((p_1 \wedge p_2) \wedge p_3) \leftrightarrow (p_1 \wedge (p_2 \wedge p_3)))$	*(Assoziativität der Konjunktion)*
viii)	$(((p_1 \vee p_2) \vee p_3) \leftrightarrow (p_1 \vee (p_2 \vee p_3)))$	*(Assoziativität der Disjunktion)*
ix)	$(((p_1 \wedge p_2) \vee p_3) \leftrightarrow ((p_1 \vee p_3) \wedge (p_2 \vee p_3)))$	*(Distributivgesetz)*
x)	$(((p_1 \vee p_2) \wedge p_3) \leftrightarrow ((p_1 \wedge p_3) \vee (p_2 \wedge p_3)))$	*(Distributivgesetz)*
xi)	$((p_1 \wedge p_2) \leftrightarrow \neg(\neg p_1 \vee \neg p_2))$	*(de Morgan-Regel)*
xii)	$((p_1 \vee p_2) \leftrightarrow \neg(\neg p_1 \wedge \neg p_2))$	*(de Morgan-Regel)*
xiii)	$((p_1 \rightarrow p_2) \leftrightarrow (\neg p_2 \rightarrow \neg p_1))$	*(Kontraposition)*
xiv)	$((p_1 \rightarrow p_2) \leftrightarrow (\neg p_1 \vee p_2))$	
xv)	$((p_1 \leftrightarrow p_2) \leftrightarrow ((p_1 \rightarrow p_2) \wedge (p_2 \rightarrow p_1)))$	

xvi) $(p_1 \vee \neg p_1)$

xvii) $\neg(p_1 \wedge \neg p_1)$

xviii) $((p_1 \wedge (p_1 \rightarrow p_2)) \rightarrow p_2)$ *(modus ponens)*

xix) $(((p_1 \rightarrow p_2) \wedge (p_2 \rightarrow p_3)) \rightarrow (p_1 \rightarrow p_3))$ *(Transitivität der Implikation)*

Beweis. Der Beweis kann stets durch Berechnung der Booleschen Funktion erbracht werden. In Abbildung 1.1 sind die Berechnungen für i), xi), xiv) und xviii) gegeben. Für die anderen Ausdrücke wird analog vorgegangen. □

p_1	$\neg p_1$	$\neg\neg p_1$	i)
0	1	0	1
1	0	1	1

p_1	p_2	$(p_1 \wedge p_2)$	$\neg p_1$	$\neg p_2$	$(\neg p_1 \vee \neg p_2)$	$\neg(\neg p_1 \vee \neg p_2)$	xi)
0	0	0	1	1	1	0	1
0	1	0	1	0	1	0	1
1	0	0	0	1	1	0	1
1	1	1	0	0	0	1	1

p_1	p_2	$(p_1 \rightarrow p_2)$	$\neg p_1$	$(\neg p_1 \vee p_2)$	xiv)
0	0	1	1	1	1
0	1	1	1	1	1
1	0	0	0	0	1
1	1	1	0	1	1

p_1	p_2	$(p_1 \rightarrow p_2)$	$(p_1 \wedge (p_1 \rightarrow p_2))$	xviii)
0	0	1	0	1
0	1	1	0	1
1	0	0	0	1
1	1	1	1	1

Abbildung 1.1: Tabellen zu den Ausdrücken i), xi), xiv) und xviii) aus Lemma 1.16

Eine Methode, um aus Tautologien, Kontradiktionen oder semantisch äquivalenten Ausdrücken weitere Tautologien, Kontradiktionen oder semantisch äquivalente Ausdrücke zu erhalten, besteht darin, in den Ausdrücken Teilausdrücke zu ersetzen. Zum Beispiel ist intuitiv einleuchtend, dass $((p_1 \wedge p_1) \leftrightarrow p_1)$ nicht nur für die Variable p_1, sondern für jede (andere) Variable und darüber hinaus für jeden aussagenlogischen Ausdruck A gilt, d. h. $((A \wedge A) \leftrightarrow A)$ ist eine Tautologie. Wir formalisieren nun dieses Vorgehen und beweisen seine Korrektheit.

Für zwei aussagenlogische Ausdrücke A und B und eine Variable p bezeichnen wir mit $psub(A, p, B)$ das Wort, das aus A entsteht, indem man *jedes* Vorkommen von p in A durch B ersetzt. Es handelt sich hierbei um eine parallele Substitution (woraus auch die Abkürzung *psub* resultiert). Wir bemerken, dass $psub(A, p, B)$ stets ein Ausdruck ist. Dies folgt einfach daraus, dass der induktive Aufbau von $psub(A, p, B)$ genauso wie der von A erfolgt; der Unterschied besteht darin, dass immer B anstelle von p verwendet wird. Man beachte, dass $A = psub(A, p, B)$ gilt, wenn p in A nicht vorkommt.

Lemma 1.17 *Es seien A und B aussagenlogische Ausdrücke, p eine Variable und α eine Belegung. Ferner sei die Belegung β durch*

$$\beta(q) = \begin{cases} \alpha(q) & \text{für } q \neq p, \\ w_\alpha(B) & \text{für } q = p \end{cases}$$

definiert. Dann gilt

$$w_\alpha(psub(A, p, B)) = w_\beta(A).$$

Beweis. Wir beweisen das Lemma erneut mittels Induktion über den Aufbau von A.

Induktionsanfang: A ist eine Variable. Wenn $A = p$ gilt, ergibt sich $psub(A, p, B) = B$, und wir erhalten

$$w_\alpha(psub(A, p, B)) = w_\alpha(B) = \beta(p) = w_\beta(p) = w_\beta(A).$$

Ist $A = q \neq p$, so ergibt sich $psub(A, p, B) = A$ und aufgrund der Definition von β

$$w_\alpha(psub(A, p, B)) = w_\alpha(A) = \alpha(q) = \beta(q) = w_\beta(A).$$

Damit ist der Induktionsanfang bewiesen.

Induktionsschritt: Es sei $A = \neg A'$. Dann gilt

$$psub(A, p, B) = \neg psub(A', p, B). \tag{1.2}$$

Damit erhalten wir

$$\begin{aligned} w_\alpha(psub(A, p, B)) &= w_\alpha(\neg psub(A', p, B)) \quad \text{(wegen (1.2))} \\ &= f_\neg(w_\alpha(psub(A', p, B))) \\ &= f_\neg(w_\beta(A')) \quad \text{(nach Induktionsvoraussetzung)} \\ &= w_\beta(\neg A') \\ &= w_\beta(A). \end{aligned}$$

Es sei nun $A = (A_1 \wedge A_2)$. Dann ergibt sich zuerst

$$psub(A, p, B) = (psub(A_1, p, B) \wedge psub(A_2, p, B)). \tag{1.3}$$

Damit erhalten wir

$$\begin{aligned} w_\alpha(psub(A, p, b)) &= w_\alpha((psub(A_1, p, B) \wedge psub(A_2, p, B))) \quad \text{(wegen (1.3))} \\ &= f_\wedge(w_\alpha(psub(A_1, p, B)), w_\alpha(psub(A_2, p, B))) \\ &= f_\wedge(w_\beta(A_1), w_\beta(A_2)) \quad \text{(nach Induktionsvoraussetzung)} \\ &= w_\beta((A_1 \wedge A_2)) \\ &= w_\beta(A). \end{aligned}$$

Für $A = (A_1 \vee A_2)$, $A = (A_1 \rightarrow A_2)$ und $A = (A_1 \leftrightarrow A_2)$ führen wir den Induktionsschritt analog durch. □

Satz 1.18 *Sind A eine Tautologie und p eine Variable, so ist für jeden aussagenlogischen Ausdruck B auch $psub(A,p,B)$ eine Tautologie.*

Beweis. Für jede Belegung α gilt wegen Lemma 1.17 $w_\alpha(psub(A,p,B)) = w_\beta(A) = 1$, woraus die Behauptung folgt. □

Satz 1.19 *Sind A und A' zwei semantisch äquivalente Ausdrücke und p eine Variable, so sind für jeden aussagenlogischen Ausdruck B auch die Ausdrücke $psub(A,p,B)$ und $psub(A',p,B)$ semantisch äquivalent.*

Beweis. Wegen $psub((A \leftrightarrow A'),p,B) = (psub(A,p,B) \leftrightarrow psub(A',p,B))$ folgt die Behauptung aus Lemma 1.15 und Satz 1.18. □

Wir behandeln nun eine weitere Substitutionsart.

Für aussagenlogische Ausdrücke A und B und einen Teilausdruck C von A bezeichnen wir mit $ssub(A,C,B)$ die Menge der Wörter, die aus A entsteht, indem wir *ein* Vorkommen von C in A durch B ersetzen. Will man alle – sagen wir m – Vorkommen von C in A ersetzen, so muss man m Substitutionen der Reihe nach ausführen, d. h. ein sequentieller Prozess ist vonnöten. Daher handelt es sich bei *ssub* um eine sequentielle Substitution. Wie man sich leicht überlegt, ist jedes Wort aus $ssub(A,C,B)$ ein aussagenlogischer Ausdruck.

Beispiel 1.20 Wir betrachten den Ausdruck

$$A = ((p_1 \leftrightarrow p_2) \leftrightarrow ((p_1 \to p_2) \land (p_2 \to p_1))),$$

seinen Teilausdruck $C = p_1$ und den Ausdruck $B = (p_3 \lor p_4)$. Dann ergibt sich

$$\begin{aligned} ssub(A,C,B) = \{&(((p_3 \lor p_4) \leftrightarrow p_2) \leftrightarrow ((p_1 \to p_2) \land (p_2 \to p_1))),\\ &((p_1 \leftrightarrow p_2) \leftrightarrow (((p_3 \lor p_4) \to p_2) \land (p_2 \to p_1))),\\ &((p_1 \leftrightarrow p_2) \leftrightarrow ((p_1 \to p_2) \land (p_2 \to (p_3 \lor p_4))))\}. \end{aligned}$$

Im Gegensatz dazu ist

$$psub(A,C,B) = (((p_3 \lor p_4) \leftrightarrow p_2) \leftrightarrow (((p_3 \lor p_4) \to p_2) \land (p_2 \to (p_3 \lor p_4)))).$$

Satz 1.21 *Es seien A und B zwei Ausdrücke und C ein Teilausdruck von A, der semantisch äquivalent zu B ist. Dann ist A zu jedem Ausdruck aus $ssub(A,C,B)$ semantisch äquivalent.*

Beweis. Wir beweisen die Aussage erneut durch Induktion über den Aufbau von A.

Induktionsanfang: Es sei $A = p$ für eine Variable p. Dann muss auch $C = p$ und damit $A = C$ gelten. Weiterhin ist $ssub(A,C,B) = \{B\}$. Damit erhalten wir wegen Satz 1.12 $A \equiv C \equiv B$ und somit die Behauptung.

Induktionsschritt: Es seien $A = (A_1 \land A_2)$ und $A' \in ssub(A,C,B)$. Wir betrachten zuerst den Fall $C = A$. Dann gilt $ssub(A,C,B) = \{B\}$ und damit auch $A \equiv C \equiv B$.

Ist $A \neq C$, so muss C ein (echter) Teilausdruck von A_1 oder A_2 sein. Wir betrachten nur den Fall, dass ein Vorkommen von C in A_1 ersetzt wird; der Fall, dass ein Vorkommen von C in A_2 ersetzt wird, ist analog zu behandeln. Dann gilt $A' = (A_1' \land A_2)$ für einen

Ausdruck $A'_1 \in ssub(A_1, C, B)$. Weiterhin sind nach Induktionsvoraussetzung A_1 und A'_1 semantisch äquivalent, d. h. für jede Belegung α gilt $w_\alpha(A_1) = w_\alpha(A'_1)$. Damit ergibt sich

$$w_\alpha(A) = f_\wedge(w_\alpha(A_1), w_\alpha(A_2)) = f_\wedge(w_\alpha(A'_1), w_\alpha(A_2)) = w_\alpha((A'_1 \wedge A_2)) = w_\alpha(A').$$

Daher sind A und A' auch in diesem Fall semantisch äquivalent.

Die Fälle $A = \neg A_1$, $A = (A_1 \circ A_2)$ mit $\circ \in \{\vee, \rightarrow, \leftrightarrow\}$ lassen sich analog behandeln. □

Satz 1.22 *Es seien A eine Tautologie, B ein Ausdruck und C ein Teilausdruck von A, der semantisch äquivalent zu B ist. Dann ist jeder Ausdruck aus $ssub(A, C, B)$ eine Tautologie.*

Beweis. Nach Satz 1.21 ist jeder Ausdruck A' aus $ssub(A, C, B)$ zu A semantisch äquivalent. Damit nimmt jeder Ausdruck A' aus $ssub(A, C, B)$ nach Lemma 1.13 auf jeder Belegung α den Wert 1 an, womit A' als Tautologie nachgewiesen ist. □

Wir illustrieren nun die vorstehenden Aussagen durch ein Beispiel.

Beispiel 1.23 Aus Lemma 1.16 xiv) und xv) erhalten wir die semantischen Äquivalenzen

$$(p_1 \rightarrow p_2) \equiv (\neg p_1 \vee p_2) \tag{1.4}$$

und

$$(p_1 \leftrightarrow p_2) \equiv ((p_1 \rightarrow p_2) \wedge (p_2 \rightarrow p_1)). \tag{1.5}$$

Wir ersetzen zuerst alle Vorkommen von p_1 durch den Ausdruck A und erhalten aus Satz 1.19

$$(A \rightarrow p_2) \equiv (\neg A \vee p_2).$$

Substituieren wir nun alle Vorkommen von p_2 durch B, so ergibt sich die semantische Äquivalenz

$$(A \rightarrow B) \equiv (\neg A \vee B). \tag{1.6}$$

Durch die gleichen Ersetzungen erhalten wir aus (1.5)

$$(A \leftrightarrow B) \equiv ((A \rightarrow B) \wedge (B \rightarrow A)). \tag{1.7}$$

Durch Ersetzen von $(A \rightarrow B)$ durch den nach (1.6) semantisch äquivalenten Ausdruck $(\neg A \vee B)$ erhalten wir nach Satz 1.21

$$((A \rightarrow B) \wedge (B \rightarrow A)) \equiv ((\neg A \vee B) \wedge (B \rightarrow A)).$$

Da die semantische Äquivalenz eine Äquivalenzrelation ist, liefert dies mit (1.7)

$$(A \leftrightarrow B) \equiv ((\neg A \vee B) \wedge (B \rightarrow A)). \tag{1.8}$$

Nehmen wir zuerst die Ersetzung aller Vorkommen von p_1 durch B und dann die von allen Vorkommen von p_2 durch A vor, erhalten wir aus (1.4)

$$(B \rightarrow A) \equiv (\neg B \vee A).$$

Wenden wir nun Satz 1.21 auf die Ersetzung von $(B \to A)$ durch $(\neg B \vee A)$ im Ausdruck $((\neg A \vee B) \wedge (B \to A))$ an, erhalten wir

$$((\neg A \vee B) \wedge (B \to A)) \equiv ((\neg A \vee B) \wedge (\neg B \vee A)),$$

woraus sich mit (1.8) dann

$$(A \leftrightarrow B) \equiv ((\neg A \vee B) \wedge (\neg B \vee A)) \tag{1.9}$$

ergibt.

Wir beenden diesen Abschnitt mit einem Lemma, dessen Aussagen einfach zu beweisen sind.

Lemma 1.24
i) Für einen Ausdruck A, eine Tautologie B und eine Kontradiktion C gelten

$$(A \wedge B) \equiv A \quad \textit{und} \quad (A \vee C) \equiv A.$$

ii) Für beliebige Ausdrücke A und B gelten

$$A \equiv (A \wedge (A \vee B)) \quad \textit{und} \quad A \equiv (A \vee (A \wedge B)).$$

1.1.3 Normalformen aussagenlogischer Ausdrücke

Die allgemeine Form einer quadratischen Gleichung über den reellen Zahlen ist durch

$$ax^2 + bx + c = 0 \tag{1.10}$$

gegeben, wobei a, b und c reelle Zahlen sind und überdies $a \neq 0$ gilt (da die Gleichung sonst nicht quadratisch wäre). Um die Lösungen dieser Gleichung zu finden, kann man wie folgt vorgehen. Zuerst dividieren wir die Gleichung durch a und erhalten die neue Gleichung

$$x^2 + \frac{b}{a}x + \frac{c}{a} = 0. \tag{1.11}$$

Diese Umformung ist gestattet, weil wir wissen, dass die beiden Gleichungen (1.10) und (1.11) genau die gleichen Lösungen besitzen. Durch die Setzungen $p = \frac{b}{a}$ und $q = \frac{c}{a}$ erhalten wir die uns geläufige Form $x^2 + px + q = 0$ der quadratischen Gleichung, für die wir aus der Schule die Lösungen

$$x_1 = -\frac{p}{2} + \sqrt{\frac{p^2}{4} - q} \quad \text{und} \quad x_2 = -\frac{p}{2} - \sqrt{\frac{p^2}{4} - q}$$

kennen. Durch Einsetzen unserer Werte für p und q erhalten wir die Lösungen

$$x_1 = -\frac{b}{2a} + \sqrt{\frac{b^2}{4a^2} - \frac{c}{a}} \quad \text{und} \quad x_2 = -\frac{b}{2a} - \sqrt{\frac{b^2}{4a^2} - \frac{c}{a}}.$$

Bei dieser Methode haben wir die allgemeine Gleichung (1.10) in eine spezielle Form (1.11) überführt, die allerdings die gleiche Lösungsmenge besitzt. Daher reicht es, die Lösungen dieser speziellen Form zu kennen, um die Lösung der allgemeinen Gleichung berechnen zu können.

Ein solches Vorgehen wird vielfach angewandt. Anstelle eines allgemeinen Problems betrachten wir ein spezielles Problem, das einfacher zu lösen ist und von dem wir aber wissen, dass beim Übergang zur speziellen Form keine Information über das Ausgangsproblem (z. B. keine Lösung) verloren geht. Eine derartige spezielle Form nennt man häufig Normalform für das Problem. Auch bei Beweisen kann man stets ohne Beschränkung der Allgemeinheit annehmen, dass das Problem in Normalform vorliegt.

Ziel dieses Abschnittes ist es, Normalformen für aussagenlogische Ausdrücke zu gewinnen, d. h. wir wollen spezielle Ausdrücke betrachten, die die Eigenschaft haben müssen, dass es zu jedem Ausdruck einen in Normalform gibt, der in einem gewissen Sinn aber gleichwertig zu dem gegebenen Ausdruck ist. Als gleichwertig wollen wir dabei Ausdrücke ansehen, die semantisch äquivalent sind. Wir suchen also eine spezielle Form von Ausdrücken, so dass zu jedem aussagenlogischen Ausdruck ein semantisch äquivalenter in Normalform vorliegt.

Wegen Lemma 1.16 iv), v), vii) und viii) und Übungsaufgabe 12 ist die Reihenfolge und Klammerung in Ausdrücken, zu deren Bildung nur Konjunktionen bzw. nur Disjunktionen (Alternativen) verwendet werden, nicht von Bedeutung. Daher schreiben wir im Folgenden nur abkürzend

$$(A_1 \wedge A_2 \wedge A_3 \wedge \cdots \wedge A_n) \text{ anstelle von } ((\ldots((A_1 \wedge A_2) \wedge A_3)\ldots) \wedge A_n).$$

Analog verfahren wir auch bei anderen Klammerungen und bei Alternativen. Zum Beispiel schreiben wir

$$(A_1 \vee A_2 \vee A_3 \vee A_4) \text{ anstelle von } ((A_1 \vee A_2) \vee (A_3 \vee A_4)).$$

Definition 1.25

i) Ein Ausdruck A ist in konjunktiver Normalform, *falls A die Form*

$$A = (A_1 \wedge A_2 \wedge \cdots \wedge A_m)$$

für ein $m \geq 1$ hat, wobei jeder der Ausdrücke A_i, $1 \leq i \leq m$, die Form

$$A_i = (A_{i,1} \vee A_{i,2} \vee \cdots \vee A_{i,n_i})$$

mit $n_i \geq 1$ hat, in der jeder Ausdruck $A_{i,j}$, $1 \leq i \leq m$, $1 \leq j \leq n_i$, ein Literal (d. h. eine Variable oder negierte Variable) ist.

ii) Ein Ausdruck A ist in disjunktiver Normalform, *falls A die Form*

$$A = (A_1 \vee A_2 \vee \cdots \vee A_m)$$

für ein $m \geq 1$ hat, wobei jeder der Ausdrücke A_i, $1 \leq i \leq m$, die Form

$$A_i = (A_{i,1} \wedge A_{i,2} \wedge \cdots \wedge A_{i,n_i})$$

mit $n_i \geq 1$ hat, in der jeder Ausdruck $A_{i,j}$, $1 \leq i \leq m$, $1 \leq j \leq n_i$, ein Literal ist.

Beispiel 1.26 Die Ausdrücke

$$((\neg p_1 \vee p_2) \wedge (p_1 \vee \neg p_2)) \text{ und } ((\neg p_1 \wedge \neg p_2) \vee (p_1 \wedge p_2))$$

sind in konjunktiver Normalform bzw. disjunktiver Normalform. Man rechnet leicht nach, dass beide Ausdrücke semantisch äquivalent zu $(p_1 \leftrightarrow p_2)$ sind (siehe auch Beispiel 1.23).

Der Einfachheit halber werden wir auch *„A ist (konjunktive/disjunktive) Normalform"* anstelle von *„A ist ein Ausdruck in (konjunktiver/disjunktiver) Normalform"* sagen.

Wir wollen nun zeigen, dass es zu jedem aussagenlogischen Ausdruck A eine zu A semantisch äquivalente konjunktive und disjunktive Normalform gibt. Wir beginnen mit einer Abschwächung, bei der nicht gefordert wird, dass die Negationen, Konjunktionen und Disjunktionen genauso wie bei den Normalformen benutzt werden.

Satz 1.27 *Zu jedem aussagenlogischen Ausdruck gibt es einen semantisch äquivalenten Ausdruck, bei dessen Konstruktion nur Negation, Konjunktion und Disjunktion (Alternative) benutzt werden.*

Beweis. Es sei A ein beliebiger aussagenlogischer Ausdruck. Wir ersetzen in A der Reihe nach jeden der Teilausdrücke der Form

$$(A_1 \rightarrow A_2) \quad \text{oder} \quad (A_1 \leftrightarrow A_2)$$

durch die semantisch äquivalenten Ausdrücke

$$(\neg A_1 \vee A_2) \quad \text{bzw.} \quad ((\neg A_1 \vee A_2) \wedge (A_1 \vee \neg A_2)).$$

Nach Satz 1.21 erhalten wir einen zu A semantisch äquivalenten Ausdruck A', der die Symbole $\rightarrow$ und $\leftrightarrow$ nicht mehr enthält. □

Satz 1.28 *Zu jedem aussagenlogischen Ausdruck A gibt es aussagenlogische Ausdrücke B in konjunktiver Normalform und C in disjunktiver Normalform, für die $A \equiv B$ und $A \equiv C$ gelten.*

Wir werden für diesen Satz zwei Beweise geben, aus denen unterschiedliche Verfahren zur Bestimmung der Normalformen folgen.

1. Beweis (von Satz 1.28). Sind A_1 und A_2 semantisch äquivalent und ist B eine zu A_2 semantisch äquivalente Normalform, so ist B wegen der Transitivität der semantischen Äquivalenz auch eine zu A_1 semantisch äquivalente Normalform. Nach Satz 1.27 reicht es daher, den Beweis für Ausdrücke zu geben, für deren Aufbau neben Variablen und Klammern nur $\neg$, $\wedge$ und $\vee$ benötigt werden.

Wir führen den Beweis wiederum durch Induktion über den Aufbau von A.

Induktionsanfang: $A' = p$ für eine Variable p. Offenbar ist p sowohl konjunktive als auch disjunktive Normalform ($m = 1$, $n_1 = 1$).

Induktionsschritt: $A = \neg A'$. Nach Induktionsvoraussetzung gibt es für A' eine disjunktive Normalform. Diese sei

$$((A_{1,1} \wedge A_{1,2} \wedge \cdots \wedge A_{1,n_1}) \vee (A_{2,1} \wedge A_{2,2} \wedge \cdots \wedge A_{2,n_2}) \vee \cdots \vee (A_{m,1} \wedge A_{m,2} \wedge \cdots \wedge A_{m,n_m})).$$

Dann erhalten wir

$$\begin{aligned}
A &\equiv \neg A' \\
&\equiv \neg((A_{1,1} \wedge A_{1,2} \wedge \cdots \wedge A_{1,n_1}) \vee (A_{2,1} \wedge A_{2,2} \wedge \cdots \wedge A_{2,n_2}) \\
&\qquad \vee \cdots \vee (A_{m,1} \wedge A_{m,2} \wedge \cdots \wedge A_{m,n_m})) \\
&\equiv (\neg(A_{1,1} \wedge A_{1,2} \wedge \cdots \wedge A_{1,n_1}) \wedge \neg(A_{2,1} \wedge A_{2,2} \wedge \cdots \wedge A_{2,n_2}) \\
&\qquad \wedge \cdots \wedge \neg(A_{m,1} \wedge A_{m,2} \wedge \cdots \wedge A_{m,n_m})) \\
&\qquad\qquad \text{(verallgemeinerte de Morgan-Regel, siehe Übungsaufgabe 11)} \\
&\equiv ((\neg A_{1,1} \vee \neg A_{1,2} \vee \cdots \vee \neg A_{1,n_1}) \wedge (\neg A_{2,1} \vee \neg A_{2,2} \vee \cdots \vee \neg A_{2,n_2}) \\
&\qquad \wedge \cdots \wedge (\neg A_{m,1} \vee \neg A_{m,2} \vee \cdots \vee \neg A_{m,n_m})) \\
&\qquad\qquad \text{(verallgemeinerte de Morgan-Regel).}
\end{aligned}$$

Falls $\neg A_{i,j} = \neg\neg p$ für gewisse i und j mit $1 \leq i \leq m$, $1 \leq j \leq n_j$ und eine Variable p gilt, so ersetzen wir $\neg A_{i,j}$ durch den semantisch äquivalenten Ausdruck p. Dann kommen im letzten zu A semantisch äquivalenten Ausdruck nur noch Variable und negierte Variable, also nur noch Literale, vor. Er ist damit eine konjunktive Normalform für A.

Analog erhalten wir eine disjunktive Normalform für A, wenn wir von einer konjunktiven Normalform für A' ausgehen.

$A = (R \vee S)$. Nach Induktionsvoraussetzung gibt es zu R bzw. S disjunktive Normalformen

$$(R_1 \vee R_2 \vee \cdots \vee R_m) \quad \text{und} \quad (S_1 \vee S_2 \vee \cdots \vee S_k). \tag{1.12}$$

Damit gilt

$$\begin{aligned}
A &\equiv (R \vee S) \\
&\equiv ((R_1 \vee R_2 \vee \cdots \vee R_m) \vee (S_1 \vee S_2 \vee \cdots \vee S_k)) \\
&\equiv (R_1 \vee R_2 \vee \cdots \vee R_m \vee S_1 \vee S_2 \vee \cdots \vee S_k)
\end{aligned}$$

womit die Existenz einer disjunktiven Normalform zu A gezeigt ist.

$A = (R \wedge S)$. Ausgehend von den disjunktiven Normalformen aus (1.12) erhalten wir durch mehrfache Anwendung des verallgemeinerten Distributivgesetzes

$$\begin{aligned}
A &\equiv (R \wedge S) \\
&\equiv ((R_1 \vee R_2 \vee \cdots \vee R_m) \wedge (S_1 \vee S_2 \vee \cdots \vee S_k)) \\
&\equiv ((R_1 \wedge (S_1 \vee S_2 \vee \cdots \vee S_k)) \\
&\qquad \vee ((R_2 \vee R_3 \vee \cdots \vee R_m) \wedge (S_1 \vee S_2 \vee \cdots \vee S_k))) \\
&\equiv ((R_1 \wedge S_1) \vee (R_1 \wedge S_2) \vee \cdots \vee (R_1 \wedge S_k) \\
&\qquad \vee ((R_2 \vee R_3 \vee \cdots \vee R_m) \wedge (S_1 \vee S_2 \vee \cdots \vee S_k))) \\
&\equiv ((R_1 \wedge S_1) \vee (R_1 \wedge S_2) \vee \cdots \vee (R_1 \wedge S_k) \\
&\qquad \vee (R_2 \wedge S_1) \vee (R_2 \wedge S_2) \vee \cdots \vee (R_2 \wedge S_k) \qquad (1.13) \\
&\qquad \vee \cdots \vee (R_m \wedge S_1) \vee (R_m \wedge S_2) \vee \cdots \vee (R_2 \wedge S_k)).
\end{aligned}$$

Da jeder Ausdruck R_i, $1 \leq i \leq m$, und S_j, $1 \leq j \leq k$, eine (mehrfache) Konjunktion von Literalen ist, trifft dies auch auf jeden Ausdruck der Form $(R_i \wedge S_j)$, $1 \leq i \leq m$, $1 \leq j \leq k$, zu. Folglich ist in (1.13) eine disjunktive Normalform von A angegeben worden.

Konjunktive Normalformen zu $A = (R \wedge S)$ und $A' = (R \vee S)$ gewinnt man analog. □

Bevor wir zum zweiten Beweis kommen, illustrieren wir die Methode anhand eines Beispiels.

Beispiel 1.29 Wir betrachten $A = (p_1 \leftrightarrow p_2)$. Die Beseitigung von $\leftrightarrow$ ergibt

$$(p_1 \leftrightarrow p_2) \equiv ((\neg p_1 \vee p_2) \wedge (p_1 \vee \neg p_2)). \tag{1.14}$$

Dies ist bereits eine konjunktive Normalform.

Wir konstruieren nun eine disjunktive Normalform. Dazu bemerken wir zuerst, dass $(p_1 \leftrightarrow p_2)$ entsprechend (1.14) durch folgende Schritte aufgebaut wird, wobei wir von der Negation von Variablen absehen, da bei Normalformen negierte Variable zugelassen sind:

$$A = (\neg p_1 \vee p_2), \quad B = (p_1 \vee \neg p_2) \quad \text{und} \quad (p_1 \leftrightarrow p_2) \equiv (A \wedge B).$$

Da A und B bereits als disjunktive Normalformen vorliegen ($m = 2$ und $n_1 = n_2 = 1$ in beiden Fällen), erhalten wir aus

$$\begin{aligned}(p_1 \leftrightarrow p_2) &\equiv (A \wedge B)\\ &\equiv ((\neg p_1 \vee p_2) \wedge (p_1 \vee \neg p_2))\\ &\equiv ((\neg p_1 \wedge p_1) \vee (\neg p_1 \wedge \neg p_2) \vee (p_2 \wedge p_1) \vee (p_2 \wedge \neg p_2))\end{aligned}$$

eine disjunktive Normalform zu $(p_1 \leftrightarrow p_2)$.

Da $(\neg p_1 \wedge p_1)$ und $(p_2 \wedge \neg p_2)$ Kontradiktionen sind (wie man leicht nachrechnet), erhalten wir mittels Lemma 1.24

$$((\neg p_1 \wedge p_1) \vee (\neg p_1 \wedge \neg p_2) \vee (p_2 \wedge p_1) \vee (p_2 \wedge \neg p_2)) \equiv ((\neg p_1 \wedge \neg p_2) \vee (p_2 \wedge p_1)),$$

und wegen der Transitivität der semantischen Äquivalenz ergibt sich

$$(p_1 \leftrightarrow p_2) \equiv ((\neg p_1 \wedge \neg p_2) \vee (p_2 \wedge p_1)).$$

Damit haben wir eine weitere disjunktive Normalform für $(p_1 \leftrightarrow p_2)$ erhalten.

Im Beispiel haben wir gesehen, dass die disjunktive Normalform zu einem aussagenlogischen Ausdruck nicht eindeutig bestimmt ist. Gleiches gilt auch für die konjunktive Normalform. Selbstverständlich sind alle konjunktiven und disjunktiven Normalformen zu einem Ausdruck semantisch äquivalent.

Bevor wir den zweiten Beweis geben, machen wir einige Vorbetrachtungen.
Die Funktion $neg : \{0,1\} \to \{0,1\}$ sei durch $neg(0) = 1$ und $neg(1) = 0$ definiert. Offenbar gilt $neg = f_\neg$.

Wir vereinbaren folgende Bezeichnungen für Ausdrücke in der Variablen p:

$$p^0 = \neg p \quad \text{und} \quad p^1 = p\,.$$

Offenbar gelten dann für $a \in \{0,1\}$

$$w_\alpha(p^a) = 1 \text{ genau dann, wenn } a = w_\alpha(p)$$

und

$$w_\alpha(p^{neg(a)}) = 0 \text{ genau dann, wenn } a = w_\alpha(p).$$

Es sei $n \in \mathbb{N}$. Für ein Tupel $\underline{b} = (a_1, a_2, \ldots, a_n) \in \{0,1\}^n$ definieren wir die Ausdrücke

$$m_{\underline{b}} = (p_1^{a_1} \wedge p_2^{a_2} \wedge \cdots \wedge p_n^{a_n})$$

und

$$s_{\underline{b}} = (p_1^{neg(a_1)} \vee p_2^{neg(a_2)} \vee \cdots \vee p_n^{neg(a_n)}).$$

Offenbar gelten für $m_{\underline{b}}$ und $s_{\underline{b}}$ die Beziehungen

$$\begin{aligned} w_\alpha(m_{\underline{b}}) = 1 \quad & \text{genau dann, wenn } w_\alpha(p_i^{a_i}) = 1 \text{ für } 1 \le i \le n \\ & \text{genau dann, wenn } w_\alpha(p_i) = a_i \text{ für } 1 \le i \le n \\ & \text{genau dann, wenn } (w_\alpha(p_1), w_\alpha(p_2), \ldots, w_\alpha(p_n)) = (a_1, a_2, \ldots, a_n) \\ & \text{genau dann, wenn } (\alpha(p_1), \alpha(p_2), \ldots, \alpha(p_n)) = (a_1, a_2, \ldots, a_n) \end{aligned}$$

und

$$\begin{aligned} w_\alpha(s_{\underline{b}}) = 0 \quad & \text{genau dann, wenn } w_\alpha(p_i^{neg(a_i)}) = 0 \text{ für } 1 \le i \le n \\ & \text{genau dann, wenn } w_\alpha(p_i) = a_i \text{ für } 1 \le i \le n \\ & \text{genau dann, wenn } (\alpha(p_1), \alpha(p_2), \ldots, \alpha(p_n)) = (a_1, a_2, \ldots, a_n). \end{aligned}$$

2. Beweis (von Satz 1.28). Für den gegebenen aussagenlogischen Ausdruck A sei

$$var(A) \subseteq \{p_1, p_2, \ldots, p_n\}.$$

Wir definieren M als die Menge aller Tupel $\underline{b} = (a_1, a_2, \ldots, a_n)$ mit $f_{A,n}(\underline{b}) = 1$. Nach Definition der Funktion $f_{A,n}$ gilt daher

$$\begin{aligned} w_\alpha(A) = 1 \quad & \text{genau dann, wenn } f_{A,n}(\alpha(p_1), \alpha(p_2), \ldots, \alpha(p_n)) = 1 \\ & \text{genau dann, wenn } (\alpha(p_1), \alpha(p_2), \ldots, \alpha(p_n)) \in M. \end{aligned}$$

Es sei

$$M = \{\underline{b_1}, \underline{b_2}, \ldots, \underline{b_k}\} \text{ mit } \underline{b_j} = (a_{j,1}, a_{j,2}, \ldots, a_{j,n}) \text{ für } 1 \le j \le k.$$

Wir setzen

$$C = (m_{\underline{b_1}} \vee m_{\underline{b_2}} \vee \cdots \vee m_{\underline{b_k}}).$$

Offenbar ist C ein Ausdruck in disjunktiver Normalform. Außerdem gilt

$$\begin{aligned} w_\alpha(C) = 1 \quad & \text{genau dann, wenn es ein } j \in \{1, 2, \ldots, k\} \text{ mit } w_\alpha(m_{\underline{b_j}}) = 1 \text{ gibt} \\ & \text{genau dann, wenn es ein } j \in \{1, 2, \ldots, k\} \text{ mit } \alpha(p_i) = a_{j,i} \\ & \qquad \text{für } 1 \le i \le n \text{ gibt} \\ & \text{genau dann, wenn es ein } j \in \{1, 2, \ldots, k\} \text{ mit} \\ & \qquad (\alpha(p_1), \alpha(p_2), \ldots, \alpha(p_n)) = \underline{b_j} \text{ gibt} \\ & \text{genau dann, wenn } (\alpha(p_1), \alpha(p_2), \ldots, \alpha(p_n)) \in M. \end{aligned}$$

Damit gelten

$$w_\alpha(A) = w_\alpha(C) = \begin{cases} 1 & \text{falls } (\alpha(p_1), \alpha(p_2), \ldots, \alpha(p_n)) \in M, \\ 0 & \text{falls } (\alpha(p_1), \alpha(p_2), \ldots, \alpha(p_n)) \notin M, \end{cases}$$

womit $A \equiv C$ gezeigt ist. Damit ist die Aussage des Satzes hinsichtlich der disjunktiven Normalform gezeigt.

Es sei $M' = \{0,1\}^n \setminus M$. Folglich ist M' die Menge aller Tupel $\underline{d} = (c_1, c_2, \ldots, c_n)$ mit $f_{A,n}(\underline{d}) = 0$. Nach Definition der Funktion $f_{A,n}$ gilt daher

$$\begin{aligned} w_\alpha(A) = 0 \quad & \text{genau dann, wenn} \quad f_{A,n}(\alpha(p_1), \alpha(p_2), \ldots, \alpha(p_n)) = 0 \\ & \text{genau dann, wenn} \quad (\alpha(p_1), \alpha(p_2), \ldots, \alpha(p_n)) \in M'. \end{aligned}$$

Es sei

$$M' = \{\underline{d_1}, \underline{d_2}, \ldots, \underline{d_r}\} \text{ mit } \underline{d_j} = (c_{j,1}, c_{j,2}, \ldots, c_{j,n}) \text{ für } 1 \leq j \leq r.$$

Wir setzen

$$B = (s_{\underline{d_1}} \wedge s_{\underline{d_2}} \wedge \cdots \wedge s_{\underline{d_r}}).$$

Offenbar ist B ein Ausdruck in konjunktiver Normalform. Außerdem gilt

$$\begin{aligned} w_\alpha(B) = 0 \quad & \text{genau dann, wenn} \quad \text{es ein } j \in \{1, 2, \ldots, r\} \text{ mit } w_\alpha(s_{\underline{d_j}}) = 0 \text{ gibt} \\ & \text{genau dann, wenn} \quad \text{es ein } j \in \{1, 2, \ldots, r\} \text{ mit } \alpha(p_i) = c_{j,i} \\ & \qquad\qquad\qquad\qquad\qquad \text{für } 1 \leq i \leq n \text{ gibt} \\ & \text{genau dann, wenn} \quad \text{es ein } j \in \{1, 2, \ldots, r\} \text{ mit} \\ & \qquad\qquad\qquad\qquad\qquad (\alpha(p_1), \alpha(p_2), \ldots, \alpha(p_n)) = \underline{d_j} \text{ gibt} \\ & \text{genau dann, wenn} \quad (\alpha(p_1), \alpha(p_2), \ldots, \alpha(p_n)) \in M'. \end{aligned}$$

Damit gelten

$$w_\alpha(A) = w_\alpha(B) = \begin{cases} 0 & \text{falls } (\alpha(p_1), \alpha(p_2), \ldots, \alpha(p_n)) \in M', \\ 1 & \text{falls } (\alpha(p_1), \alpha(p_2), \ldots, \alpha(p_n)) \notin M', \end{cases}$$

womit $A \equiv B$ gezeigt ist. Damit ist die Aussage des Satzes auch hinsichtlich der konjunktiven Normalform gezeigt. □

Wir illustrieren auch diesen Beweis durch Beispiele.

Beispiel 1.30 Wir betrachten zuerst den Ausdruck $(p_1 \leftrightarrow p_2)$. Die zugehörige Funktion $f_\leftrightarrow$ ist durch

x_1	x_2	$f_{(p_1 \leftrightarrow p_2)}(x_1, x_2)$
0	0	1
0	1	0
1	0	0
1	1	1

gegeben (siehe Beispiel 1.10). Damit ergeben sich

$$M = \{(0,0),(1,1)\} \quad \text{und} \quad M' = \{(0,1),(1,0)\}.$$

Folglich müssen wir

$$\begin{aligned} m_{(0,0)} &= (p_1^0 \wedge p_2^0) = (\neg p_1 \wedge \neg p_2), \\ m_{(1,1)} &= (p_1^1 \wedge p_2^1) = (p_1 \wedge p_2), \\ s_{(0,1)} &= (p_1^1 \vee p_2^0) = (p_1 \vee \neg p_2), \\ s_{(1,0)} &= (p_1^0 \vee p_2^1) = (\neg p_1 \vee p_2) \end{aligned}$$

betrachten, aus denen sich für $(p_1 \leftrightarrow p_2)$ die konjunktive bzw. disjunktive Normalform $(s_{(0,1)} \wedge s_{(1,0)}) = ((p_1 \vee \neg p_2) \wedge (\neg p_1 \vee p_2))$ bzw. $(m_{(0,0)} \vee m_{(1,1)}) = ((\neg p_1 \wedge \neg p_2) \vee (p_1 \wedge p_2))$ ergeben. Damit haben wir genau die Normalformen aus Beispiel 1.26 erhalten.

Als zweites behandeln wir den Ausdruck $((p_3 \vee \neg p_1) \rightarrow (p_2 \leftrightarrow p_3))$, dessen Funktion in Tabelle 1.1 gegeben ist. Wir erhalten

$$\begin{aligned} M &= \{(0,0,0),(0,1,1),(1,0,0),(1,1,0),(1,1,1)\}, \\ M' &= \{(0,0,1),(0,1,0),(1,0,1)\} \end{aligned}$$

und dann

$$\begin{aligned} m_{(0,0,0)} &= (p_1^0 \wedge p_2^0 \wedge p_3^0) = (\neg p_1 \wedge \neg p_2 \wedge \neg p_3), \\ m_{(0,1,1)} &= (p_1^0 \wedge p_2^1 \wedge p_3^1) = (\neg p_1 \wedge p_2 \wedge p_3), \\ m_{(1,0,0)} &= (p_1^1 \wedge p_2^0 \wedge p_3^0) = (p_1 \wedge \neg p_2 \wedge \neg p_3), \\ m_{(1,1,0)} &= (p_1^1 \wedge p_2^1 \wedge p_3^0) = (p_1 \wedge p_2 \wedge \neg p_3), \\ m_{(1,1,1)} &= (p_1^1 \wedge p_2^1 \wedge p_3^1) = (p_1 \wedge p_2 \wedge p_3), \\ s_{(0,0,1)} &= (p_1^1 \vee p_2^1 \vee p_3^0) = (p_1 \vee p_2 \vee \neg p_3), \\ s_{(0,1,0)} &= (p_1^1 \vee p_2^0 \vee p_3^1) = (p_1 \vee \neg p_2 \vee p_3), \\ s_{(1,0,1)} &= (p_1^0 \vee p_2^1 \vee p_3^0) = (\neg p_1 \vee p_2 \vee \neg p_3). \end{aligned}$$

Daraus ergeben sich die disjunktive Normalform

$$((\neg p_1 \wedge \neg p_2 \wedge \neg p_3) \vee (\neg p_1 \wedge p_2 \wedge p_3) \vee (p_1 \wedge \neg p_2 \wedge \neg p_3) \vee (p_1 \wedge p_2 \wedge \neg p_3) \vee (p_1 \wedge p_2 \wedge p_3))$$

und die konjunktive Normalform

$$((p_1 \vee p_2 \vee \neg p_3) \wedge (p_1 \vee \neg p_2 \vee p_3) \wedge (\neg p_1 \vee p_2 \vee \neg p_3)).$$

Durch Definition 1.9 haben wir jedem Ausdruck A mit $var(A) \subseteq \{p_1, p_2, \ldots, p_n\}$ eine n-stellige Funktion zugeordnet. Wir wollen nun zeigen, dass auch umgekehrt jeder Booleschen Funktion ein Ausdruck zugeordnet werden kann.

Folgerung 1.31 *Zu jeder n-stelligen Booleschen Funktion f gibt es einen aussagenlogischen Ausdruck A mit $var(A) = \{p_1, p_2, \ldots, p_n\}$ und $f = f_A$.*

Beweis. Beim Beweis von Satz 1.28 sind wir von Mengen M und M' ausgegangen, die durch $f_{A,n}$ bestimmt sind. Gehen wir nun von einer beliebigen Funktion aus, so erhalten wir einen Ausdruck A in konjunktiver Normalform, für den dann $f = f_A$ gilt. □

Man beachte, dass der einer Booleschen Funktion f zugeordnete Ausdruck nicht eindeutig ist (z. B. hat man mindestens die zwei verschiedenen Normalformen zur Verfügung).

1.2 Entscheidbarkeitsfragen in der Aussagenlogik

1.2.1 Problemstellung und ein elementarer Algorithmus

In diesem Abschnitt behandeln wir Algorithmen, um die folgenden Probleme zu entscheiden:

- *Erfüllbarkeitsproblem*: Ist ein gegebener aussagenlogischer Ausdruck erfüllbar?
- *Gültigkeitsproblem*: Ist ein gegebener aussagenlogischer Ausdruck eine Tautologie?
- *Unerfüllbarkeitsproblem*: Ist ein gegebener aussagenlogischer Ausdruck eine Kontradiktion?

Nach den Definitionen gelten die Beziehungen

Ein Ausdruck A ist genau dann eine Kontradiktion, wenn A nicht erfüllbar ist.

und

Ein Ausdruck A ist genau dann eine Tautologie, wenn $\neg A$ nicht erfüllbar ist.

Daher reicht es im Folgenden zu untersuchen, ob ein gegebener aussagenlogischer Ausdruck A erfüllbar ist.

Dabei wollen wir stets annehmen, dass genau n Variable in A vorkommen und A als konjunktive Normalform gegeben ist, d. h.

$$\begin{aligned}
&var(A) = \{p_1, p_2, \ldots, p_n\},\\
&A = (A_1 \wedge A_2 \wedge \cdots \wedge A_m),\\
&A_i = (A_{i,1} \vee A_{i,2} \vee \cdots \vee A_{i,n_i}) \text{ für } 1 \leq i \leq m,\\
&A_{i,j} \text{ ist Variable oder negierte Variable für } 1 \leq i \leq m,\ 1 \leq j \leq n_i.
\end{aligned}$$

Entsprechend der Definition ist A genau dann erfüllbar, wenn es eine Belegung α (der n Variablen von A) gibt, für die $w_\alpha(A) = 1$ gilt. Daher ist folgender Algorithmus nahe liegend, um zu entscheiden, ob A erfüllbar ist.

Es sei $i \in \mathbb{N}_0$ mit $0 \leq i < 2^n$. Wenn $b_{i,1}b_{i,2}\ldots b_{i,n}$ die Dualdarstellung von i ist (d. h. es gilt $b_{i,1}2^{n-1} + b_{i,2}2^{n-2} + \cdots + b_{i,n-1}2 + b_{i,n} = i$), bezeichnen wir mit α_i die Belegung vermöge $\alpha_i(p_j) = b_{i,j}$.

Definitionsbasierter Algorithmus zur Entscheidung der Erfüllbarkeit
Eingabe: Aussagenlogischer Ausdruck A
$m = 0$; $i = 0$;
while ($m == 0$ && $i < 2^n$) { $m = w_{\alpha_i}(A)$; $i = i + 1$; }
if ($m == 0$) Gib „A ist unerfüllbar“ aus;
else Gib „A ist erfüllbar“ aus.

Wir schätzen nun den Aufwand für diesen Algorithmus ab. Der ungünstigste Fall tritt ein, wenn A nicht erfüllbar ist. Dann müssen wir alle 2^n Belegungen durchprüfen. Damit sind mindestens 2^n Wertberechnungen erforderlich. Der Aufwand ist also mindestens exponentiell. Wir geben uns hier mit dieser sehr groben Abschätzung zufrieden.

1.2.2 Resolutionsmethode

Wir betrachten den Ausdruck

$$B = ((p_1 \vee p_2) \wedge (\neg p_1 \vee p_3)).$$

Es sei nun α eine Belegung mit $w_\alpha(B) = 1$. Dann gilt $w_\alpha((p_1 \vee p_2)) = w_\alpha((\neg p_1 \vee p_3)) = 1$. Falls $\alpha(p_1) = 0$ ist, so gilt schon $w_\alpha((\neg p_1 \vee p_3)) = 1$. Damit auch $w_\alpha((p_1 \vee p_2)) = 1$ ist, muss $\alpha(p_2) = 1$ sein. Ist dagegen $\alpha(p_1) = 1$, so ergibt sich analog, dass auch $\alpha(p_3) = 1$ sein muss. Damit erhalten wir, dass $w_\alpha((p_2 \vee p_3)) = 1$ gelten muss.

Gilt umgekehrt $w_\beta((p_2 \vee p_3)) = 1$ für eine Belegung β, so ist $\beta(p_2) = 1$ oder $\beta(p_3) = 1$. Im ersten Fall wählen wir $\beta(p_1) = 0$ und erhalten $w_\beta(B) = 1$. Im zweiten Fall wird durch die Wahl $\beta(p_1) = 1$ ebenfalls $w_\beta(B) = 1$ erreicht.

Dies bedeutet, dass B genau dann erfüllbar ist, wenn $(p_2 \vee p_3)$ erfüllbar ist. Intuitiv haben wir durch den Übergang von B zu $(p_2 \vee p_3)$ eine „Vereinfachung“ vorgenommen, da die Variable p_1 in $(p_2 \vee p_3)$ nicht mehr vorkommt, aber hinsichtlich der Erfüllbarkeit liegt der gleiche Status vor.

Diesen Grundgedanken wollen wir formalisieren und ihn zu einem Algorithmus erweitern, mit dem wir die Erfüllbarkeit eines aussagenlogischen Ausdrucks entscheiden können.

Dabei werden wir anstelle der Disjunktionen A_i, $1 \leq i \leq m$, einer konjunktiven Normalform Mengen betrachten, die in eineindeutiger Weise den Disjunktionen entsprechen.

Definition 1.32 *Eine (aussagenlogische)* Klausel *über* $\{p_1, p_2, \ldots, p_n\}$ *ist eine Menge*

$$K = \{p_{i_1}, p_{i_2}, \ldots, p_{i_r}, \neg p_{j_1}, \neg p_{j_2}, \ldots, \neg p_{j_s}\}$$

mit

$$\{p_{i_1}, p_{i_2}, \ldots, p_{i_r}\} \subseteq \{p_1, p_2, \ldots, p_n\} \text{ und } \{p_{j_1}, p_{j_2}, \ldots, p_{j_s}\} \subseteq \{p_1, p_2, \ldots, p_n\}.$$

Offenbar kann einer nichtleeren Klausel

$$K = \{p_{i_1}, p_{i_2}, \ldots, p_{i_r}, \neg p_{j_1}, \neg p_{j_2}, \ldots, \neg p_{j_s}\}$$

die Disjunktion

$$D_K = (p_{i_1} \vee p_{i_2} \vee \cdots \vee p_{i_r} \vee \neg p_{j_1} \vee \neg p_{j_2} \vee \cdots \vee \neg p_{j_s})$$

zugeordnet werden.

Umgekehrt kann man wegen Lemma 1.16 v) die Literale einer Alternative so umordnen, dass zuerst die Variablen und dann die negierten Variablen auftreten. Ferner können wir wegen Lemma 1.16 ii) annehmen, dass keine Variable und keine negierte Variable mehrfach auftritt. Damit hat die Disjunktion die Form

$$D = (p_{i_1} \vee p_{i_2} \vee \cdots \vee p_{i_r} \vee \neg p_{j_1} \vee \neg p_{j_2} \vee \cdots \vee \neg p_{j_s}).$$

Dieser können wir nun die Klausel

$$K_D = \{p_{i_1}, p_{i_2}, \ldots, p_{i_r}, \neg p_{j_1}, \neg p_{j_2}, \ldots, \neg p_{j_s}\}$$

zuordnen. Offenbar sind diese Zuordnungen (bis auf die Anordnung der Elemente) invers zueinander. Wir haben also eine eineindeutige Zuordnung zwischen Klauseln und (Klassen semantisch äquivalenter) Disjunktionen aus Literalen erhalten.

Wir können diese Zuordnung auf beliebige aussagenlogische Ausdrücke A in konjunktiver Normalform $A = (A_1 \wedge A_2 \wedge \cdots \wedge A_m)$ mittels

$$K_A = \{K_{A_1}, K_{A_2}, \ldots, K_{A_m}\}$$

(dies ist eine Menge von Klauseln, also eine Menge von Mengen) ausdehnen. Umgekehrt lässt sich jede Menge $K = \{K_1, K_2, \ldots, K_r\}$ von nichtleeren Klauseln als eine konjunktive Normalform

$$A_K = (D_{K_1} \wedge D_{K_2} \wedge \cdots \wedge D_{K_r})$$

interpretieren.

Die leere Menge ist auch eine Klausel, der wir aber keine Disjunktion zuordnen. Ist $\{\emptyset, K_1, K_2, \ldots, K_m\}$ eine Klauselmenge mit nichtleeren Klauseln K_i, $1 \leq i \leq m$, so ordnen wir ihr den gleichen Ausdruck wie $\{K_1, K_2, \ldots, K_m\}$ zu.[3]

Beispiel 1.33 Zuerst betrachten wir den Ausdruck $B = ((p_1 \vee p_2) \wedge (\neg p_1 \vee p_3))$ aus den einleitenden Bemerkungen dieses Abschnitts. Der Ausdruck B liegt in konjunktiver Normalform vor. Die zugehörige Klauselmenge ist

$$K_B = \{\{p_1, p_2\}, \{\neg p_1, p_3\}\}.$$

Als zweites betrachten wir wieder den Ausdruck $A = ((p_3 \vee \neg p_1) \rightarrow (p_2 \leftrightarrow p_3))$ aus Beispiel 1.2 (a), für den wir die konjunktive Normalform

$$((p_1 \vee p_2 \vee \neg p_3) \wedge (p_1 \vee \neg p_2 \vee p_3) \wedge (\neg p_1 \vee p_2 \vee \neg p_3))$$

in Beispiel 1.30 ermittelt haben. Hieraus ergibt sich die Klauselmenge

$$K_A = \{\{p_1, p_2, \neg p_3\}, \{p_1, p_3, \neg p_2\}, \{p_2, \neg p_1, \neg p_3\}\}.$$

Definition 1.34 *Es seien K_1, K_2 und R Klauseln. Die Klausel R heißt (aussagenlogische)* Resolvente *von K_1 und K_2, falls es eine Variable p derart gibt, dass*

- $p \in K_1$ *und* $\neg p \in K_2$ *und*
- $R = (K_1 \setminus \{p\}) \cup (K_2 \setminus \{\neg p\})$

gelten.

Durch die Forderung $p \in K_1$ und $\neg p \in K_2$ wird bei der Definition der Resolvente eigentlich von einem geordneten Paar (K_1, K_2) ausgegangen. Durch Vertauschung der Reihenfolge kann man natürlich auch die Resolvente bestimmen, falls $p \in K_2$ und $\neg p \in K_1$

[3] Weiter unten werden wir in Satz 1.40 zeigen, dass die leere Klausel Unerfüllbarkeit impliziert. Daher könnte man der leeren Klausel einen unerfüllbaren Ausdruck zuordnen; jedoch keine unerfüllbare Disjunktion, da jede nichtleere Disjunktion erfüllbar ist. Unsere Setzung für Klauselmengen mit leerer Klausel ist mit den nachfolgenden Ausführungen kompatibel, da bei unseren Voraussetzungen die leere Klausel nur durch Resolventenbildung (siehe Definition 1.34) in eine Klauselmenge kommen kann und dann Satz 1.38 gilt.

gelten. Wir werden zukünftig zwischen diesen Fällen nicht unterscheiden und einfach von Resolventen zu K_1 und K_2 sprechen.

Beispiel 1.33 (Fortsetzung) Wir betrachten die Klauseln $\{p_1, p_2\}$ und $\{\neg p_1, p_3\}$ aus K_B. Deren Resolvente ist $\{p_2, p_3\}$. Die zugehörige Alternative ist $(p_2 \vee p_3)$. Dies ist gerade die „Vereinfachung" von B, die wir einleitend in diesem Abschnitt vorgenommen haben. Die Resolventenbildung ist also die Formalisierung der dort vorgetragenen Idee.

Nun betrachten wir die Klauseln $K_1 = \{p_1, p_2, \neg p_3\}$ und $K_2 = \{p_1, p_3, \neg p_2\}$ aus K_A. Wegen $p_2 \in K_1$ und $\neg p_2 \in K_2$ ergibt sich die Resolvente $\{p_1, p_3, \neg p_3\}$. Es sind aber auch $p_3 \in K_2$ und $\neg p_3 \in K_1$. Hieraus resultiert die Resolvente $\{p_1, p_2, \neg p_2\}$.

Entsprechend der Definition können wir auch die Resolvente aus einer Klausel K mit sich selbst bilden, wenn es eine Variable p gibt, die sowohl negiert als auch unnegiert in K vorkommt. Dann gilt $K = \{p, \neg p\} \cup K'$ für eine gewisse Variable p. Als Resolvente ergibt sich $(\{\neg p\} \cup K') \cup (\{p\} \cup K')$. Es ist leicht zu sehen, dass die Resolvente also wieder K ist, d. h. bei Bildung von Resolventen aus einer Klausel mit sich selbst entstehen keine neuen Klauseln.

Definition 1.35 *Für eine Menge K von Klauseln setzen wir*

$$res(K) = K \cup \{R \mid R \text{ ist Resolvente zweier Klauseln aus } K\}$$

und

$$\begin{aligned} res^0(K) &= K, \\ res^{n+1}(K) &= res(res^n(K)) \quad \text{für} \quad n \geq 0, \\ res^*(K) &= \bigcup_{i \geq 0} res^i(K). \end{aligned}$$

Beispiel 1.36 Wir betrachten wieder den Ausdruck $A = ((p_3 \vee \neg p_1) \rightarrow (p_2 \leftrightarrow p_3))$, dessen Klauselmenge in Beispiel 1.33 als $K = \{K_1, K_2, K_3\}$ mit

$$K_1 = \{p_1, p_2, \neg p_3\}, \quad K_2 = \{p_1, p_3, \neg p_2\} \quad \text{und} \quad K_3 = \{p_2, \neg p_1, \neg p_3\}$$

ermittelt wurde. Dann ergeben sich

aus K_1 und K_2 die Resolventen $R_1 = \{p_1, p_3, \neg p_3\}$, $R_2 = \{p_1, p_2, \neg p_2\}$,
aus K_2 und K_3 die Resolventen $\{p_2, \neg p_2, p_3, \neg p_3\}, \{p_1, \neg p_1, p_3, \neg p_3\}, \{p_1, \neg p_1, p_2, \neg p_2\}$,
aus K_1 und K_3 die Resolvente $\{p_2, \neg p_3\}$.

Um die Menge $res(K)$ zu bilden, haben wir weiterhin die Resolventen aus K_i und K_i mit $1 \leq i \leq 3$ zu bilden. Nach Obigem liefert dies aber stets wieder nur K_i. Daher werden wir auch in Zukunft die Bildung von Resolventen aus Klauseln mit sich selbst nicht betrachten, wenn wir $res(K)$ bestimmen wollen. Damit erhalten wir

$$\begin{aligned} res(K) = \{&\{p_1, p_2, \neg p_3\}, \{p_1, p_3, \neg p_2\}, \{p_2, \neg p_1, \neg p_3\}, \\ &\{p_1, \neg p_2, p_2\}, \{p_1, p_3, \neg p_3\}, \\ &\{p_2, \neg p_2, p_3, \neg p_3\}, \{p_1, \neg p_1, p_2, \neg p_2\}, \{p_1, \neg p_1, p_3, \neg p_3\}, \\ &\{p_2, \neg p_3\}\}. \end{aligned}$$

Es sei $K' = \{K_1, K_2\}$. Dann ergeben sich nach Obigem

$$res^0(K') = K' = \{K_1, K_2\},$$
$$res^1(K') = res(K') = \{K_1, K_2, R_1, R_2\}.$$

Die wegen $res^2(K') = res(\{K_1, K_2, R_1, R_2\})$ zu ermittelnden Resolventen zu den möglichen Kombinationen von Klauseln aus $\{K_1, K_2, R_1, R_2\}$ sind in der folgenden Tabelle angegeben:

Klauseln	Resolventen
K_1 und K_2	R_1, R_2
K_1 und R_1	K_1
K_1 und R_2	K_1
K_2 und R_1	K_2
K_2 und R_2	K_2
R_1 und R_2	keine Resolvente.

Wir sehen, dass keine neue Klausel erzeugt wurde. Es gilt also

$$res^2(K') = res^1(K') = res(K').$$

Daraus erhalten wir

$$res^3(K') = res(res^2(K')) = res(res^1(K')) = res^2(K') = res(K').$$

Nehmen wir nun an, wir hätten schon $res^k(K') = res(K')$ gezeigt. Dann gilt

$$res^{k+1}(K') = res(res^k(K')) = res(res(K')) = res^2(K') = res(K').$$

Somit ergibt sich

$$res^k(K') = \begin{cases} \{K_1, K_2\} & \text{für } k = 0, \\ \{K_1, K_2, R_1, R_2\} & \text{für } k \geq 1. \end{cases}$$

Folglich gilt auch

$$res^*(K') = \bigcup_{i \geq 0} res^i(K) = \{K_1, K_2, R_1, R_2\}.$$

Am Beispiel haben wir gesehen, dass von einer Stelle an die Mengen $res^k(K')$ keine Änderung beim Wachsen von k erfahren haben. Wir wollen nun nachweisen, dass dies für beliebige endliche Klauselmengen gilt.

Satz 1.37 *Es sei K eine endliche Menge von Klauseln. Dann gibt es eine natürliche Zahl $k \geq 0$ derart, dass*

$$res^{k+n}(K) = res^k(K) \text{ für } n \geq 0 \quad \text{und} \quad res^*(K) = res^k(K)$$

gelten.

Beweis. Wir wählen s so, dass jede Klausel von K eine Klausel über $P = \{p_1, p_2, \ldots, p_s\}$ ist. Dann sind auch die Resolventen, die bei der Konstruktion von $res^t(K)$, $t \geq 1$, gebildet werden, Klauseln über P. Da es nur 2^s Teilmengen von $\{p_1, p_2, \ldots, p_s\}$ und nur 2^s Teilmengen von $\{\neg p_1, \neg p_2, \ldots, \neg p_s\}$ gibt, existieren nur $2^s \cdot 2^s = 4^s$ mögliche Klauseln über P. Deshalb gibt es höchstens $2^{(4^s)}$ verschiedene Mengen von Klauseln über P. Damit gibt es nach dem Schubfachprinzip natürliche Zahlen k und j mit $0 \leq k < j \leq 2^{(4^n)}$ und $res^k(K) = res^j(K)$. Da außerdem $res^t(K) \subseteq res^{t+1}(K)$ für $t \geq 0$ gilt, erhalten wir

$$res^k(K) \subseteq res^{k+1}(K) \subseteq res^{k+2}(K) \subseteq \cdots \subseteq res^j(K) = res^k(K),$$

woraus sofort

$$res^k(K) = res^{k+1}(K) = res^{k+2}(K) = \cdots = res^j(K)$$

folgt. Damit ist die Aussage für $0 \leq n \leq j - k$ bewiesen.

Es sei $res^{k+n}(K) = res^k(K)$ nun schon für alle $n \leq m$ bewiesen. Dann ergibt sich

$$\begin{aligned} res^{k+(m+1)}(K) &= res^{(k+m)+1}(K) = res(res^{k+m}(K)) \\ &= res(res^k(K)) \quad = res^{k+1}(K) \\ &= res^k(K) \end{aligned}$$

und damit die Aussage für $n = m + 1$.

Aufgrund des Induktionsprinzips erhalten wir $res^{k+n}(K) = res^k(K)$ für alle $n \in \mathbb{N}_0$. Hieraus folgt nun sofort

$$\begin{aligned} res^*(K) &= res^0(K) \cup res^1(K) \cup \cdots \cup res^k(K) \cup res^{k+1}(K) \cup res^{k+2}(K) \cup \cdots \\ &= res^0(K) \cup res^1(K) \cup \cdots \cup res^k(K) \cup res^k(K) \cup res^k(K) \cup \cdots \\ &= res^0(K) \cup res^1(K) \cup \cdots \cup res^k(K). \end{aligned}$$

Beachten wir noch $res^l(K) \subseteq res^k(K)$ für $l \leq k$, ergibt sich $res^*(K) = res^k(K)$. □

Wir wollen nun zeigen, dass die zu den mittels des Operators *res* konstruierten Mengen $res^k(K)$, $k \geq 0$, und $res^*(K)$ gehörenden aussagenlogischen Ausdrücke semantisch äquivalent zu dem Ausdruck zu K sind. Wir zeigen dies zuerst für den einfachen Fall, dass eine Resolvente aus zwei Klauseln gebildet wird.

Lemma 1.38 *Es sei R die Resolvente von $K' \in K$ und $K'' \in K$. Dann ist der zur Klauselmenge $K = \{K', K''\}$ gehörende aussagenlogische Ausdruck $A = A_K = (D_{K'} \wedge D_{K''})$ semantisch äquivalent zu dem zur Klauselmenge $L = \{K', K'', R\}$ gehörenden Ausdruck $B = A_L = (D_{K'} \wedge D_{K''} \wedge D_R)$.*

Beweis. Es sei p die Variable mit $R = (K' \setminus \{p\}) \cup (K'' \setminus \{\neg p\})$.

Es sei α eine Belegung. Wir zeigen, dass $w_\alpha(A) = 1$ genau dann gilt, wenn $w_\alpha(B) = 1$ gilt. Hieraus folgt sofort $w_\alpha(A) = w_\alpha(B)$ für alle Belegungen α und damit die semantische Äquivalenz von A und B.

Es sei zuerst $w_\alpha(B) = 1$. Dann gelten nach der Definition des Wertes einer Konjunktion $w_\alpha(D_R) = 1$, $w_\alpha(D_{K'}) = 1$ und $w_\alpha(D_{K''}) = 1$. Damit ist erneut nach der Definition $w_\alpha(A) = 1$.

Es sei nun $w_\alpha(A) = 1$. Hieraus folgt $w_\alpha(D_{K'}) = w_\alpha(D_{K''}) = 1$. Daher reicht es zum Nachweis von $w_\alpha(B) = 1$ zu zeigen, dass $w_\alpha(D_R) = 1$ gilt. Wir unterscheiden zwei Fälle.

Fall 1: $\alpha(p) = 1$. Wegen $w_\alpha(D_{K''}) = 1$ und $w_\alpha(\neg p) = 0$ muss es eine Variable q, $q \neq p$, geben, für die entweder

$$q \in K'' \quad \text{und} \quad \alpha(q) = 1 \tag{1.15}$$

oder

$$\neg q \in K'' \quad \text{und} \quad \alpha(q) = 0 \tag{1.16}$$

gelten. Gilt (1.15), so ist wegen $q \in K'' \setminus \{\neg p\} \subseteq R$ auch $w_\alpha(D_R) = 1$. Gilt (1.16), so ist wegen $\neg q \in R$ ebenfalls $w_\alpha(D_R) = 1$.

Fall 2: $\alpha(p) = 0$. Dann muss K' eine Variable q oder $\neg q$ enthalten, für die wir analog zum Fall 1 schließen können und erneut $w_\alpha(B) = 1$ erhalten. □

Beachten wir, dass die Mengen $res^k(K)$ durch iterierte Anwendung des Operators res gebildet werden und dass $res(K)$ aus K durch Hinzufügen von Resolventen zu K entsteht, so ergibt sich durch mehrfache Anwendung des Resolutionslemmas 1.38 der folgende Sachverhalt.

Lemma 1.39 *Für eine endliche Menge K von nichtleeren Klauseln sind die zu K, $res^t(K)$ für $t \geq 0$ und $res^*(K)$ gehörenden Ausdrücke semantisch äquivalent zueinander.* □

Der folgende Satz stellt den Zusammenhang zwischen der Resolventenkonstruktion und der Entscheidung der Erfüllbarkeit her.

Satz 1.40 *Der zu einer endlichen Klauselmenge K von nichtleeren Klauseln gehörende Ausdruck ist genau dann unerfüllbar, wenn $\emptyset \in res^*(K)$ gilt.*

Beweis. Es sei zuerst $\emptyset \in res^*(K)$. Nach Definition gilt $\emptyset \in res^k(K)$ für ein $k \geq 1$. Die leere Menge ist also die Resolvente zweier Klauseln K_1 und K_2 aus $res^{k-1}(K)$. Nach Definition der Resolventen können wir ohne Beschränkung der Allgemeinheit annehmen, dass $K_1 = \{p\}$ und $K_2 = \{\neg p\}$ für eine Variable p sind (da etwaige weitere Variable auch noch in der Resolvente vorhanden wären). Die zu K_1 und K_2 gehörenden Ausdrücke sind somit $A_1 = p$ bzw. $A_2 = \neg p$. Der zu $res^{k-1}(K)$ gehörende Ausdruck enthält folglich sowohl die Alternative, die nur aus p besteht, als auch die Alternative, die nur aus $\neg p$ besteht. Er hat also die Form $(p \wedge \neg p \wedge A)$ für einen gewissen Ausdruck A in konjunktiver Normalform. Da für jede Belegung α entweder $w_\alpha(A_1) = w_\alpha(p) = 0$ oder $w_\alpha(A_2) = w_\alpha(\neg p) = 0$ gilt, ist der zu $res^{k-1}(K)$ gehörende Ausdruck $(p \wedge \neg p \wedge A)$ nicht erfüllbar. Da die zu $res^{k-1}(K)$ und K gehörenden Ausdrücke nach Lemma 1.39 äquivalent sind, ist auch der zu K gehörende Ausdruck unerfüllbar.

Wir beweisen nun, dass für Klauselmengen K, deren zugehöriger Ausdruck unerfüllbar ist, die leere Menge in $res^*(K)$ liegt. Wir beweisen dies mittels vollständiger Induktion über die Anzahl der (negierten oder einfachen, d. h. unnegierten) Variablen in den Klauseln von K.

Es sei $n = 1$. Dann sind $K_1 = \{p\}$, $K_2 = \{\neg p\}$ und $K_3 = \{p, \neg p\}$ die einzigen nichtleeren Klauseln über $\{p\}$. Damit der zugehörige Ausdruck unerfüllbar ist, muss K mindestens die Klauseln K_1 und K_2 enthalten. Deren Resolvente ist die leere Menge.

Wir führen nun den Induktionsschluss von $n-1$ auf n durch.
Es sei K eine Menge von nichtleeren Klauseln über der Menge $\{p_1, p_2, \ldots, p_n\}$ von n Variablen, deren zugehöriger Ausdruck A_K unerfüllbar ist. Wir konstruieren wie folgt eine Menge K' von Klauseln: K' entstehe aus K, indem wir zuerst alle Klauseln von K streichen, in denen $\neg p_n$ vorkommt und in den verbleibenden Klauseln von K jedes Vorkommen von p_n streichen. Offenbar ist K' eine Klauselmenge über $\{p_1, p_2, \ldots, p_{n-1}\}$.

Wir illustrieren diese Konstruktion durch ein Beispiel. Es seien $n = 3$ und

$$K = \{\{p_1, p_3, \neg p_3\}, \{\neg p_1, p_2, p_3\}, \{\neg p_1, \neg p_3\}, \{\neg p_2, p_1\}\}.$$

Dann haben wir zuerst die erste und dritte Klausel aus K zu streichen, da in diesen $\neg p_3$ vorkommt. Dann müssen wir in den verbleibenden zweiten und vierten Klauseln die eventuellen Vorkommen von p_3 streichen. Somit ergibt sich

$$K' = \{\{\neg p_1, p_2\}, \{\neg p_2, p_1\}\}.$$

Wir bemerken zuerst, dass K' nicht die leere Menge ist. Wäre nämlich K' die leere Menge, so würde jede Klausel von K das Element $\neg p_n$ enthalten. Dann wird für die Belegung α mit $\alpha(p_n) = 0$ der Wert aller zu Klauseln von K gehörenden Alternativen 1. Damit gilt auch $w_\alpha(A_K) = 1$ im Widerspruch zur vorausgesetzten Unerfüllbarkeit von A_K.

Wir diskutieren jetzt den Fall, dass die leere Klausel zu K' gehört. Da K die leere Klausel nicht enthält, kann die leere Klausel nur beim Streichen von p_n entstanden sein. Daher gilt $\{p_n\} \in K$. Damit haben wir auch $\{p_n\} \in res^m(K)$ für alle $m \geq 0$ und $\{p_n\} \in res^*(K)$

Wir betrachten nun den Fall, dass K' aus nichtleeren Klauseln besteht. Als erstes stellen wir fest, dass der zu K' gehörende Ausdruck $A_{K'}$ auch unerfüllbar ist. Wäre dies nämlich nicht der Fall, so gäbe es eine Belegung β derart, dass $w_\beta(D_{B'}) = 1$ für alle zu Klauseln $B' \in K'$ gehörenden Disjunktionen gilt. Da die Klauseln von K' nach Konstruktion über $\{p_1, p_2, \ldots, p_{n-1}\}$ definiert sind, sind nur die Werte $\beta(p_i)$ für $0 \leq i \leq n-1$ hierdurch festgelegt. Wir betrachten nun eine Belegung, bei der zusätzlich noch $\beta(p_n) = 0$ gilt. Dann gilt $w_\beta(D_C) = 1$ für alle zu Klauseln $C \in K$ mit $\neg p_n \in C$ gehörenden Disjunktionen. Ist $B \in K$ und $\neg p_n \notin B$, so gilt $B' = B \setminus \{p_n\} \in K'$. Wegen $w_\beta(D_{B'}) = 1$ ist auch $w_\beta(B) = 1$. Damit haben wir auch $w_\beta(A_K) = 1$, womit wir erneut einen Widerspruch zur Unerfüllbarkeit von A_K haben. Nach Induktionsvoraussetzung gilt damit $\emptyset \in res^*(K')$.

Wir zeigen nun, dass für $k \geq 0$ aus $L \in res^k(K')$ die Beziehung $L \cup \{p_n\} \in res^k(K)$ oder $L \in res^k(K)$ folgt. Für $k = 0$ gilt dies aufgrund der Konstruktion von K'. Es sei nun $L \in res^{k+1}(K')$. Gilt schon $L \in res^k(K')$, so erhalten wir aus der Induktionsvoraussetzung sofort $L \cup \{p_n\} \in res^k(K)$ oder $L \in res^k(K)$ und damit $L \cup \{p_n\} \in res^{k+1}(K)$ oder $L \in res^{k+1}(K)$. Falls $L \notin res^k(K')$, so entsteht L als Resolvente zweier Klauseln L_1 und L_2 aus $res^k(K')$. Nach Induktionsvoraussetzung sind dann $L_1 \cup \{p_n\}$ oder L_1 in $res^k(K)$ und $L_2 \cup \{p_n\}$ oder L_2 in $res^k(K)$. Die Resolvente dieser beiden Klauseln ist stets L oder $L \cup \{p_n\}$, womit $L \cup \{p_n\} \in res^{k+1}(K)$ oder $L \in res^{k+1}(K)$ gezeigt ist.

Da $\emptyset \in res^*(K')$ gilt, gibt es ein m mit $\emptyset \in res^m(K')$. Hieraus folgt $\{p_n\} \in res^m(K)$ oder $\emptyset \in res^m(K)$.

Wir konstruieren weiterhin die Klauselmenge K'' aus K, indem wir zuerst alle Klauseln von K streichen, in denen p_n vorkommt und in den verbleibenden Klauseln von K jedes

Vorkommen von $\neg p_n$ streichen. Analog zu Obigem zeigen wir, dass es ein $m' \geq 0$ gibt, für das $\{\neg p_n\} \in res^{m'}(K)$ oder $\emptyset \in res^{m'}(K)$ gilt.

Es sei m'' das Maximum von m und m'. Ist bereits $\emptyset \in res^{m''}(K)$ wegen $\emptyset \in res^{m}(K)$ oder $\emptyset \in res^{m'}(K)$, so haben wir auch $\emptyset \in res^*(K)$. Sonst gilt $\{p_n\} \in res^{m''}(K)$ und $\{\neg p_n\} \in res^{m''}(K)$. Damit liegt die leere Menge als deren Resolvente in $res^{m''+1}(K)$ und damit auch in $res^*(K)$. □

Hieraus resultiert der folgende Algorithmus für das Erfüllbarkeitsproblem.

Resolutionsalgorithmus für das Erfüllbarkeitsproblem

Eingabe: Klauselmenge K eines aussagenlogischen Ausdrucks A
(oder konjunktive Normalform zu A, aus der K dann direkt gewonnen wird)

$n = 1$; $R[0] = K$; $R[1] = res(K)$;
`while` ($\emptyset \notin R[n]$ && $R[n] \neq R[n-1]$) { $n = n + 1$; $R[n] = res(R[n-1])$; }
`if` ($\emptyset \in R[n]$) Gib „A ist unerfüllbar" aus;
`else` Gib „A ist erfüllbar" aus.

Zum Nachweis der Korrektheit des Algorithmus bemerken wir nur,

- dass $R[n] = res^n(K)$ gilt,
- die `while`-Schleife entweder abgebrochen wird, weil $\emptyset \in R[n]$ und damit auch $\emptyset \in res^*(K)$ gilt oder weil $R[n] = R[n+1] = res^*(K)$ gilt.

Beispiel 1.41 Wir betrachten zuerst die Klauselmenge

$$K' = \{\{p_1, p_2, \neg p_3\}, \{p_1, p_3, \neg p_2\}\},$$

von der wir in Beispiel 1.36

$$R[k] = \begin{cases} \{K_1, K_2\} & \text{für } k = 0, \\ \{K_1, K_2, R_1, R_2\} & \text{für } k \geq 1 \end{cases}$$

mit

$$K_1 = \{p_1, p_2, \neg p_3\},\ K_2 = \{p_1, p_3, \neg p_2\},\ R_1 = \{p_1, p_3, \neg p_3\},\ R_2 = \{p_1, p_2, \neg p_2\}$$

gezeigt haben. Folglich wird die Schleife wegen $R[1] = R[2]$ verlassen und wegen $\emptyset \notin R[2]$ wird ausgegeben, dass der Ausdruck zu K' erfüllbar ist.

Betrachten wir nun den aussagenlogischen Ausdruck

$$A = ((p \vee q \vee r) \wedge (\neg p \vee r) \wedge \neg q \wedge \neg r)$$

bzw. dessen Klauselmenge $K = \{K_1, K_2, K_3, K_4\}$ mit

$$K_1 = \{p, q, r\},\ K_2 = \{\neg p, r\},\ K_3 = \{\neg q\},\ K_4 = \{\neg r\}.$$

Wir erhalten

$$R[0] = K = \{K_1, K_2, K_3, K_4\}$$

und ermitteln die Resolventen

$$\begin{aligned} R_{1,1} &= \{q,r\} \quad \text{aus } K_1 \text{ und } K_2, \\ R_{1,2} &= \{p,r\} \quad \text{aus } K_1 \text{ und } K_3, \\ R_{1,3} &= \{p,q\} \quad \text{aus } K_1 \text{ und } K_4, \\ R_{1,4} &= \{\neg p\} \quad \text{aus } K_2 \text{ und } K_4 \end{aligned}$$

(bei K_2 und K_3 bzw. K_3 und K_4 ergeben sich keine Resolventen), womit sich

$$R[1] = \{K_1, K_2, K_3, K_4, R_{1,1}, R_{1,2}, R_{1,3}, R_{1,4}\}$$

ergibt. Zur Bestimmung von $R[2]$ reicht es, die neuen Resolventen aus $R_{1,i}$ und K_j bzw. $R_{1,j}$ zu ermitteln. Wir erhalten

$$\begin{aligned} R_{2,1} &= \{r\} && \text{aus } R_{1,1} \text{ und } K_3,\ R_{1,2} \text{ und } K_2, \text{ bzw. } R_{1,2} \text{ und } R_{1,4}, \\ R_{2,2} &= \{q\} && \text{aus } R_{1,1} \text{ und } K_4, \text{ bzw. } R_{1,3} \text{ und } R_{1,4}, \\ R_{2,3} &= \{p\} && \text{aus } R_{1,2} \text{ und } K_4, \text{ bzw. } R_{1,3} \text{ und } K_3, \\ R_{2,4} &= \{q,r\} = R_{1,1} && \text{aus } R_{1,3} \text{ und } K_2, \text{ bzw. } R_{1,4} \text{ und } K_1. \end{aligned}$$

Hieraus folgt

$$R[2] = \{K_1, K_2, K_3, K_4, R_{1,1}, R_{1,2}, R_{1,3}, R_{1,4}, R_{2,1}, R_{2,2}, R_{2,3}\}.$$

Nun betrachten wir die Resolventen aus den $R_{2,i}$ und einer anderen Klausel aus $R[2]$ und erhalten bei $R_{2,1}$ und K_4 die leere Menge. Damit wird die Schleife verlassen, und wir erhalten die Ausgabe, dass A unerfüllbar ist.

Gegenüber dem definitionsbasierten Algorithmus weist der Resolutionsalgorithmus einen entscheidenden Nachteil auf. Im Fall der Erfüllbarkeit gewinnen wir keine Information über eine Belegung, bei der der Ausdruck den Wert 1 annimmt. Der Vorteil der Resolutionsmethode besteht darin, dass sie auch im Fall der Prädikatenlogik (die im zweiten Kapitel dieser Vorlesung behandelt wird) – zumindest partiell – angewendet werden kann, während dies auf den definitionsbasierten Algorithmus nicht zutrifft.

Wir untersuchen nun noch die Komplexität des Resolutionsalgorithmus. Im Beweis von Satz 1.37 haben wir festgestellt, dass es höchstens 4^n verschiedene Klauseln gibt. Da die zu konstruierenden Mengen $res^i(K)$ stets echt größer werden oder der Algorithmus abbricht, sind höchstens 4^n derartige Mengen zu berechnen. Die Bestimmung von $res(K)$ erfordert im ungünstigsten Fall die Betrachtung aller Paare von Klauseln aus K bezüglich aller Variablen, d. h. höchstens $n \cdot (4^n)^2$ Schritte. Damit ergibt sich eine exponentielle obere Schranke für den Resolutionsalgorithmus.

Wir wollen nun zeigen, dass auch die untere Schranke exponentiell ist. Dazu betrachten für $n \geq 2$ die Klauseln

$$K_1 = \{p_1, p_2, \ldots, p_n\} \text{ und } K_2 = \{\neg p_1, \neg p_2, \ldots, \neg p_n\}$$

und die Klauselmenge $K = \{K_1, K_2\}$. Daraus gewinnen wir durch Resolventenbildung bezüglich der Variablen p_1 die Klausel

$$K_3 = \{p_2, p_3, \ldots, p_n, \neg p_2, \neg p_3, \ldots, \neg p_n\}.$$

Es sei nun M eine beliebige echte Teilmenge von $\{2, 3, \ldots, n\}$. Ferner sei

$$\{i_1, i_2, \ldots, i_r\} = \{2, 3, \ldots, n\} \setminus M.$$

Wir bilden nun die Resolvente aus K_3 und K_2 bezüglich p_{i_1} und erhalten

$$L_{i_1} = \{\neg p_1, \neg p_2, \ldots, \neg p_n\} \cup (\{p_2, p_3, \ldots, p_n\} \setminus \{p_{i_1}\}).$$

Die Resolvente aus L_{i_1} und K_2 bez. p_{i_2} ist dann

$$L_{i_1,i_2} = \{\neg p_1, \neg p_2, \ldots, \neg p_n\} \cup (\{p_2, p_3, \ldots, p_n\} \setminus \{p_{i_1}, p_{i_2}\}).$$

Wir fahren so fort, d. h. wir bilden stets die Resolvente aus $L_{i_1,i_2,\ldots,i_{j-1}}$, $2 \leq j \leq r$, und K_2 bez. p_{i_j}, und entfernen dadurch der Reihe nach noch die Variablen $p_{i_3}, p_{i_4}, \ldots, p_{i_r}$. Schließlich erhalten wir

$$L_{i_1,i_2,\ldots,i_r} = \{p_k \mid k \in M\} \cup \{\neg p_1, \neg p_2, \ldots, \neg p_n\}.$$

Alle diese Klauseln liegen in $res^*(\{K_1, K_2\})$. Folglich haben wir bei der Berechnung von $res^*(\{K_1, K_2\})$ mindestens so viele Schritte auszuführen, wie es echte Teilmengen von $\{p_2, p_3, \ldots, p_n\}$ gibt. Daher sind mindestens $2^{n-1} - 2$ und damit exponentiell viele Schritte erforderlich.

1.2.3 NP-Vollständigkeit des Erfüllbarkeitsproblems

Die beiden in den vorhergehenden Abschnitten behandelten Algorithmen zur Entscheidung des Erfüllbarkeitsproblems, die auf der Berechnung der Wertetabelle bzw. der Resolutionshülle basieren, haben eine exponentielle Komplexität. Daher stellt sich die Frage, ob es auch Algorithmen mit polynomialer Komplexität für dieses Problem gibt. Das Problem ist bis heute noch offen. Allerdings kann man davon ausgehen, dass polynomiale Algorithmen nicht existieren, denn das Erfüllbarkeitsproblem für aussagenlogische Ausdrücke ist $\mathbb{NP}$-vollständig.

Satz 1.42 *Das Erfüllbarkeitsproblem für aussagenlogische Ausdrücke ist* $\mathbb{NP}$*-vollständig.*

Beweis. Entsprechend der Definition $\mathbb{NP}$-vollständiger Probleme, müssen wir zum einen zeigen, dass das Erfüllbarkeitsproblem für aussagenlogische Ausdrücke in konjunktiver Normalform in $\mathbb{NP}$ liegt, und zum anderen haben wir zu zeigen, dass jede Sprache aus $\mathbb{NP}$ polynomial auf dieses Erfüllbarkeitsproblem transformierbar ist.

Es sei A ein aussagenlogischer Ausdruck mit n Variablen. Die Größe t des Problems ist durch die Länge von A über $\{(,), \neg, \wedge, \vee, \rightarrow, \leftrightarrow\} \cup var$ gegeben. Entsprechend dem Algorithmus aus Abschnitt 1.1.1 können wir in höchstens t^2 Schritten den induktiven Aufbau des Ausdrucks gewinnen.

Wir können nichtdeterministisch durch eine Turing-Maschine eine beliebige Belegung α für A erzeugen, indem die Maschine der Reihe nach für $1 \leq i \leq n$ nichtdeterministisch $\alpha(p_i)$ aus $\{0, 1\}$ wählt. Hierfür benötigen wir sicher nur n Schritte. Nun berechnen wir unter Verwendung des induktiven Aufbaus von A schrittweise den Wert $w_\alpha(A)$. Dies erfordert höchstens t Wertberechnungen für Ausdrücke der Form $\neg B$, $(B_1 \wedge B_2)$, $(B_1 \vee B_2)$,

$(B_1 \to B_2)$ oder $(B_1 \leftrightarrow B_2)$. Insgesamt lässt sich $w_\alpha(A)$ daher in $c \cdot t$ Schritten ermitteln, wobei c eine Konstante ist (die den Aufwand für die Berechnung des Wertes bei den Grundoperationen angibt).

Da A genau dann erfüllbar ist, wenn es eine Belegung α mit $w_\alpha(A) = 1$ gibt, reicht es, die Existenz einer solchen Belegung zu zeigen. Nichtdeterministisch ist dies nach Obigem in weniger als $t^2 + n + ct$ Schritten, d. h. in einer polynomialen Anzahl von Schritten, durchführbar. Damit liegt das Erfüllbarkeitsproblem für aussagenlogische Ausdrücke in der Klasse $\mathbb{NP}$.

Es sei L eine beliebige Sprache aus $\mathbb{NP}$. Dann gibt es eine nichtdeterministische Turing-Maschine $M = (X, Z, z_0, Q, \tau)$, die L in polynomialer Zeit akzeptiert, die also für eine Eingabe $w \in L$ höchstens $p(|w|)$ Schritte benötigt, wobei p ein Polynom ist. Es seien $X = \{a_1, a_2, \ldots, a_r\}$, $w = a_{i_1} a_{i_2} \ldots a_{i_n}$, $* = a_0$, $Z = \{z_0, z_1, \ldots, z_m\}$ und ohne Beschränkung der Allgemeinheit $Q = \{z_1\}$. Ferner sei

$$q = \max\{\#\tau(z, a) \mid z \in Z \setminus Q,\ a \in X \cup \{*\}\}.$$

Wir nummerieren die Zellen des Bandes mit ganzen Zahlen in der Weise, dass die Zelle mit der Nummer 1 zu Beginn der Arbeit den ersten Buchstaben von w enthält und setzen nach rechts (bzw. links) durch Addition (bzw. Subtraktion) von 1 die Nummerierung fort. Setzen wir noch $t = p(|w|) + 1$, so kann der Kopf während der Arbeit von M nur über den Zellen stehen, die mit einer Zahl k, $-t \le k \le t$, nummeriert sind.

Wir definieren nun einen aussagenlogischen Ausdruck, der die Arbeit von M auf der Eingabe w beschreibt. Als Variablen benutzen wir

$$\begin{aligned}
&Z_{ij},\ 1 \le i \le t,\ 0 \le j \le m,\\
&H_{ik},\ 1 \le i \le t,\ -t \le k \le t,\\
&S_{ikl},\ 1 \le i \le t,\ -t \le k \le t,\ 0 \le l \le r,
\end{aligned}$$

die folgende Bedeutung haben:

- Z_{ij} nimmt genau dann den Wert 1 an, wenn M zur Zeit i im Zustand z_j ist,
- H_{ik} nimmt genau dann den Wert 1 an, wenn der Kopf von M zur Zeit i über der Zelle k steht, und
- S_{ikl} nimmt genau dann den Wert 1 an, wenn zur Zeit i in der Zelle k auf dem Band von M der Buchstabe a_l steht.

Wir betrachten die folgenden Ausdrücke:

(1) $(Z_{i0} \vee Z_{i1} \vee \cdots \vee Z_{im})$ für $1 \le i \le t$,
(2) $(\neg Z_{ij} \vee \neg Z_{ij'})$ für $1 \le i \le t$, $0 \le j < j' \le m$,
(3) $(H_{i,-t} \vee H_{i,-t+1} \vee \cdots \vee H_{it})$ für $1 \le i \le t$,
(4) $(\neg H_{ik} \vee \neg H_{ik'})$ für $1 \le i \le t$, $-t \le k < k' \le t$,
(5) $(S_{ik0} \vee S_{ik1} \vee \cdots \vee S_{ikr})$ für $1 \le i \le t$, $-t \le k \le t$,
(6) $(\neg S_{ikl} \vee \neg S_{ikl'})$ für $1 \le i \le t$, $-t \le k \le t$, $0 \le l < l' \le r$,
(7) Z_{10},
(8) H_{11},
(9) $S_{11i_1}, S_{12i_2}, \ldots, S_{1ni_n}$ und S_{1k0} für $-t \le k \le t$, $k \notin \{1, 2, \ldots, n\}$,
(10) Z_{t1},

(11) $(\neg Z_{ij} \vee \neg H_{ik} \vee \neg S_{ikl} \vee (Z_{i+1,j_1} \wedge H_{i+1,k_1} \wedge S_{i+1,k,l_1}) \vee \cdots \vee (Z_{i+1,j_u} \wedge H_{i+1,k_u} \wedge S_{i+1,k,l_u}))$
für $1 \leq i \leq t-1$, $0 \leq j \neq 1 \leq m$, $-t \leq k \leq t$, $0 \leq l \leq r$,
$\delta(z_j, a_l) = \{(z_{j_1}, a_{l_1}, d_1), (z_{j_2}, a_{l_2}, d_2), \ldots, (z_{j_u}, a_{l_u}, d_u)\}$,
$k_p = k-1$ für $d_p = L$, $k_p = k$ für $d_p = N$, $k_p = k+1$ für $d_p = R$, $1 \leq p \leq u$,
(12) $(\neg Z_{i1} \vee \neg H_{ik} \vee \neg S_{ikl} \vee (Z_{i+1,1} \wedge H_{i+1,k} \wedge S_{i+1,k,l}))$
für $1 \leq i \leq t-1$, $-t \leq k \leq t$, $0 \leq l \leq r$,
(13) $(\neg S_{ikl} \vee \neg H_{ik'} \vee S_{i+1,k,l})$ für $1 \leq i \leq t-1$, $-t \leq k \neq k' \leq t$, $0 \leq l \leq r$.

Durch diese Wahl der Ausdrücke wird folgendes erreicht: (1) nimmt genau dann den Wert 1 an, wenn mindestens eine der Variablen Z_{ij}, $0 \leq j \leq m$, den Wert 1 annimmt, d. h. wenn sich die Maschine M zur Zeit i in mindestens einem Zustand z_j befindet. Die Alternative (2) nimmt genau dann den Wert 0 an, wenn Z_{ij} und $Z_{ij'}$ den Wert 1 annehmen, d. h. wenn sich M zur Zeit i sowohl im Zustand z_j als auch im Zustand $z_{j'}$ befindet. Die Alternativen (1) und (2) sind also genau dann beide wahr, wenn sich M zur Zeit i in genau einem Zustand befindet. Analog sichern (3) und (4), dass sich der Kopf von M zur Zeit i über genau einer Zelle befindet, und (5) und (6) bedeuten, dass in der Zelle k zur Zeit i genau ein Buchstabe steht.

Die Alternativen (7), (8) und (9) beschreiben die Anfangskonfiguration; (10) sichert das Erreichen einer Endkonfiguration.

Der Ausdruck (11) beschreibt das Verhalten der Maschine M, wenn noch kein Endzustand erreicht ist. Bei Wahrheit von Z_{ij}, H_{ik} und S_{ikl} muss eine der Konjunktionen $(Z_{i+1,j_p} \wedge H_{i+1,k_p} \wedge S_{i+1,k,l_p})$, $1 \leq p \leq u$, wahr werden. Wenn M zur Zeit i im Zustand z_j ist und das Symbol a_l in Zelle k liest, dann schreibt M das Symbol a_{l_p} in die Zelle k, geht in den Zustand z_{j_p} und bewegt den Kopf zur Zelle k_p. Folglich wird eine der möglichen Aktionen von M ausgeführt. Analog sichert (12), dass bei Erreichen eines Endzustandes keine Änderung mehr vorgenommen wird, d. h. wir setzen die Arbeit von M im Unterschied zur formalen Definition auch bei Erreichen des Endzustandes fort, um den Zeitpunkt t zu erreichen. Die Alternative (13) besagt, dass der Inhalt der Zelle nicht verändert wird, wenn sich der Kopf nicht über der Zelle befindet.

Es sei B die Konjunktion aller Ausdrücke aus (1) - (13). Aus obigen Bemerkungen folgt sofort, dass es genau dann eine Belegung der Variablen gibt, bei der alle Ausdrücke (1) - (13) den Wert 1 annehmen, wenn die Akzeptanz der Eingabe w höchstens $p(|w|)$ Schritte erfordert. Somit liegt eine Transformation von L auf das Erfüllbarkeitsproblem für aussagenlogische Ausdrücke vor.

Wir haben noch zu zeigen, dass diese Transformation polynomial ist. Dazu reicht es aus, festzustellen, dass der aus M und w konstruierte Ausdruck B höchstens die Länge

$$\begin{aligned} &(2m+4)t + 8 \cdot \frac{1}{2}m(m+1)t + (4t+4)t + 8 \cdot \frac{1}{2}(2t+1)2t^2 + (2r+4)(2t+1)t \\ &\quad + 8 \cdot \frac{1}{2}r(r+1)(2t+1)t + 2 \cdot 1 + 2 \cdot 1 + 2 \cdot (2t+1) + 2 \cdot 1 \\ &\quad + (8q+11)(m+1)(2t+1)(t-1)(r+1) + 10(r+1)(2t+1)2t^2 \\ &\leq (2r+8q+40)(m^2+1)(r^2+1)2t^2(2t+1) \end{aligned}$$

hat, wobei sich die ersten 10 Summanden aus den Längen der Alternativen der Typen (1) - (10) ergeben, der elfte Summand eine obere Abschätzung der Länge der Ausdrücke aus (11) und (12) ist und der letzte Summand die Länge der Alternativen vom Typ (13) ist (dabei gibt bei jedem Summanden der erste Faktor jeweils die um Eins vergrößerte Länge eines Ausdrucks der Form an, wobei die hinzugefügte Eins das in B dem Ausdruck folgende $\wedge$ erfasst; das Produkt der anderen Faktoren gibt die Anzahl der entsprechenden Ausdrücke an). □

1.2.4 Hornausdrücke

Die in den Abschnitten 1.2.1 und 1.2.2 behandelten Algorithmen, um festzustellen, ob ein aussagenlogischer Ausdruck erfüllbar ist, haben (im ungünstigsten Fall) exponentielle Komplexität. Im Abschnitt 1.2.3 haben wir überdies gezeigt, dass wegen der $\mathbb{NP}$-Vollständigkeit des Erfüllbarkeitsproblems auch nicht zu erwarten ist, dass Algorithmen mit polynomialer Komplexität zur Entscheidung der Erfüllbarkeit eines beliebigen Ausdrucks existieren.

Wir wollen in diesem Abschnitt zeigen, dass eine polynomiale Komplexität erreicht werden kann, wenn man nur spezielle aussagenlogische Ausdrücke betrachtet. Wir diskutieren hier den Fall der Hornausdrücke[4].

Definition 1.43 *Ein* Hornausdruck *ist ein aussagenlogischer Ausdruck in konjunktiver Normalform* $(A_1 \wedge A_2 \wedge \cdots \wedge A_m)$, *bei dem jede Alternative* A_i, $1 \leq i \leq m$, *höchstens eine nichtnegierte Variable enthält.*

Als Beispiel betrachten wir den Hornausdruck

$$A = (A_1 \wedge A_2 \wedge A_3 \wedge A_4 \wedge A_5 \wedge A_6) \tag{1.17}$$

mit

$$A_1 = (p \vee \neg q \vee \neg t), A_2 = (\neg s \vee q), A_3 = (\neg r \vee t), A_4 = (\neg r \vee s), A_5 = s, A_6 = t. \tag{1.18}$$

Dagegen ist $((\neg p \vee \neg q) \wedge (p \vee q))$ kein Hornausdruck, da die zweite Alternative mehr als eine nichtnegierte Variable enthält.

Wir bemerken, dass es für eine Alternative B eines Hornausdrucks nur drei Formen gibt:

$$B = p \text{ oder } B = (p \vee \neg q_1 \vee \neg q_2 \vee \cdots \vee \neg q_k) \text{ oder } B = (\neg q_1 \vee \neg q_2 \vee \cdots \vee \neg q_k) \tag{1.19}$$

für gewisses $k \geq 1$ und gewisse Variable $p, q_1, q_2, \ldots, q_k$.

Im Fall $B = p$ entspricht B der hinter p stehenden Aussage. Damit entspricht $w_\alpha(B) = 1$ der Forderung, dass die entsprechende Aussage wahr wird. Es wird also die Gültigkeit einer Aussage gefordert. Falls $B = (p \vee \neg q_1 \vee \neg q_2 \vee \cdots \vee \neg q_k)$ gilt, ist B semantisch äquivalent zu $((q_1 \wedge q_2 \wedge \cdots \wedge q_n) \rightarrow p)$ und entspricht daher einem logischen Schluss. Folglich entspricht $w_\alpha(B) = 1$ in diesen Fällen der Forderung, dass ein gewisser Schluss gültig ist.

In Abbildung 1.2 geben wir einen Algorithmus für das Erfüllbarkeitsproblem für Hornausdrücke.

[4]benannt nach dem amerikanischen Logiker Alfred Horn (1918–2001)

Algorithmus für das Erfüllbarkeitsproblem für Hornausdrücke
Eingabe: Hornausdruck $A = (A_1 \wedge A_2 \wedge \cdots \wedge A_m)$

```
M = ∅; b = 1;
for (i = 1; i ≤ m; i++)
    if (A_i == p) { M = M ∪ {p}; b = 0; }
while (b == 0)
    { b = 1;
      for (i = 1; i ≤ m; i++)
          if (A_i == (p ∨ ¬q_1 ∨ ¬q_2 ∨ ··· ∨ ¬q_k) && p ∉ M && q_j ∈ M für 1 ≤ j ≤ k)
              { M = M ∪ {p}; b = 0; }
    }
a = 1;
for (i = 1; i ≤ m; i++)
    { if (A_i == (¬q_1 ∨ ¬q_2 ∨ ··· ∨ ¬q_k) && q_j ∈ M für 1 ≤ j ≤ k) a = 0; }
if (a == 0) Gib „A ist unerfüllbar“ aus; else Gib „A ist erfüllbar“ aus.
```

Abbildung 1.2: Algorithmus für das Erfüllbarkeitsproblem für Hornausdrücke

Wir demonstrieren den Algorithmus anhand des Beispiels für den Hornausdruck aus (1.17) und (1.18). Wir erhalten folgende Situationen:

Setzungen von M und b	$b=1$	$M=\emptyset$	
erste `for`-Schleife	$b=0$	$M=\{s,t\}$	wegen A_5, A_6
erster Durchlauf der `while`-Schleife	$b=0$	$M=\{s,t,q\}$	wegen A_2
zweiter Durchlauf der `while`-Schleife	$b=0$	$M=\{s,t,q,p\}$	wegen A_1
dritter Durchlauf der `while`-Schleife	$b=1$	$M=\{s,t,q,p\}$	

Wegen $b = 1$ wird nun die `while`-Schleife verlassen. Wir setzen $a = 1$ und während des Durchlaufens der letzten `for`-Anweisung wird a in unserem Beispiel nicht verändert. Damit ergibt sich die Ausgabe „A ist erfüllbar“.

Wir bemerken, dass wir aus dem Algorithmus explizit keine Belegung α mit $w_\alpha(A) = 1$ erhalten. Jedoch werden wir jetzt beim Beweis der Korrektheit des Algorithmus zeigen, dass eine solche durch den Algorithmus implizit geliefert wird.

Satz 1.44 *Der Algorithmus für das Erfüllbarkeitsproblem für Hornausdrücke ist korrekt.*

Beweis. Durch den Algorithmus wird eine Menge M berechnet. Wir zeigen, dass für eine Belegung α mit $w_\alpha(A) = 1$ die Beziehung $\alpha(p) = 1$ für alle $p \in M$ gültig ist. Durch die erste `for`-Schleife werden alle die Variablen p in M aufgenommen, für die eine Alternative in A existiert, die nur aus p besteht. Da aus $w_\alpha(A) = 1$ auch $w_\alpha(A_i) = 1$ für alle Alternativen folgt, muss also $w_\alpha(p) = \alpha(p) = 1$ gelten. Weiterhin nehmen wir entsprechend der `for`-Schleife innerhalb der `while`-Schleife weitere Variable in M auf. Eine Variable p wird dabei nur dann zu M hinzugefügt, wenn es eine Alternative $A_i = (p \vee \neg q_1 \vee \neg q_2 \vee \cdots \vee \neg q_k)$, $1 \leq i \leq m$, in A gibt, für die alle q_j, $1 \leq j \leq k$, in M liegen. Wegen $w_\alpha(A_i) = 1$ und $w_\alpha(\neg q_j) = 0$ für $1 \leq j \leq k$ erhalten wir $w_\alpha(p) = \alpha(p) = 1$.

Falls es eine Alternative $B = (\neg q_1 \vee \neg q_2 \vee \cdots \vee \neg q_k)$ von A derart gibt, dass alle q_j, $1 \leq j \leq k$, in M liegen, so kann es keine Belegung α mit $w_\alpha(A) = 1$ geben. Für α

haben wir einerseits $w_\alpha(B) = 1$ (wegen $w_\alpha(A) = 1$) und andererseits $w_\alpha(B) = 0$ wegen $w_\alpha(\neg q_j) = 0$ (wegen $\alpha(q_j) = 1$) für $1 \leq j \leq k$. Damit ist A unerfüllbar. Dies wird vom Algorithmus aber aufgrund der letzten `for`-Schleife und `if`-Anweisung auch ermittelt.

Es habe A nun keine derartigen Alternativen. Wir haben zu zeigen, dass A erfüllbar ist (denn dies ist dann das Ergebnis des Algorithmus). Dazu betrachten wir die Belegung β, die durch

$$\beta(p) = \begin{cases} 1 & \text{für } p \in M, \\ 0 & \text{für } p \in var(A) \setminus M \end{cases}$$

definiert ist. Für die Alternativen von A kommen nach (1.19) nur noch die folgenden Fälle in Frage:

Fall 1: $B = p$.
Dann wird p in der ersten `for`-Schleife in die Menge M aufgenommen. Damit gilt $\beta(p) = 1$ und somit auch $w_\beta(B) = 1$.

Fall 2: $B = (p \vee \neg q_1 \vee \neg q_2 \vee \cdots \vee \neg q_k)$.
Ist eine der Variablen q_j, $1 \leq j \leq k$, nicht in M enthalten, so gilt $\beta(q_j) = 0$ für diese Variable. Damit ergeben sich $w_\beta(\neg q_j) = 1$ und $w_\beta(B) = 1$.

Sind dagegen alle Variablen q_j, $1 \leq j \leq k$, in M enthalten, so wird p bei einem Durchlauf der `for`-Schleife innerhalb der `while`-Schleife in M aufgenommen. Dies liefert $\beta(p) = 1$ und $w_\beta(B) = 1$.

Fall 3: $B = (\neg q_1 \vee \neg q_2 \vee \cdots \vee \neg q_k)$ und es gibt ein j so, dass $q_j \notin M$.
Dann gilt $\beta(q_j) = 0$, damit $w_\beta(\neg q_j) = 1$ und auch $w_\beta(B) = 1$.

Damit erhalten alle Alternativen von A bei β den Wert 1 zugewiesen, woraus ebenfalls $w_\beta(A) = 1$ folgt. Dies heißt, dass A erfüllbar ist. □

In unserem obigen Beispiel haben wir für den Ausdruck A aus (1.17) und (1.18) die Menge $M = \{p, q, s, t\}$ berechnet. Daher ist β mit

$$\beta(p) = \beta(q) = \beta(s) = \beta(t) = 1 \quad \text{und} \quad \beta(r) = 0$$

eine Belegung, die A erfüllt (wie man auch leicht nachrechnet).

Wir schätzen nun die Komplexität des Algorithmus für das Erfüllbarkeitsproblem bei Hornausdrücken ab. Dabei messen wir die Größe der Eingabe als die Länge t des Ausdrucks A, den wir als Wort über der Menge aus den Klammern, Operatoren $\neg$, $\wedge$ und $\vee$ sowie den Variablen auffassen. Ein Durchmustern aller Alternativen, wie in den `for`-Schleifen gefordert, kann dann dadurch geschehen, dass wir einmal über das ganze Wort von links nach rechts laufen. Ferner sei m die Anzahl der Alternativen von A und $var(A)$ enthalte genau n Variable. Offenbar gelten dann $n \leq t$ und $m \leq t$.

Als Schritt bei der Ausführung des Algorithmus zählen wir Operationen (Vergleiche, Setzungen etc.) mit Variablen, Klammern, $\wedge$, $\vee$ und eingeführten Parametern a und b.

Die Menge M repräsentieren wir durch eine (ungeordnete) Liste, deren Länge durch n begrenzt ist. Daher erfordert das Hinzufügen einer Variablen $p \notin M$ zu M höchstens 2 Operationen, wenn wir das neue Element am Anfang/Kopf der Liste hinzufügen (neues Festlegen des Kopfes und Festlegen des Zeigers beim neuen Element). Hat die Liste die Länge r, so kann in höchstens $2r$ Schritten festgestellt werden, ob eine Variable p in M liegt (indem wir der Reihe nach auf die r Listenelemente zugreifen und durch einen

Vergleich feststellen, ob es sich um p handelt). Wegen $r \leq n$ ist die Überprüfung, ob $p \in M$ gilt, in höchstens $2n$ Schritten möglich.

Beim Durchlauf der ersten `for`-Schleife gehen wir einmal über das Wort A (t Symbole lesen), prüfen jeweils die Form der Alternative (darf nicht mit einer Klammer beginnen), fügen bei Bedarf die (einzige) Variable der Alternative zu M hinzu und setzen $b = 0$. Da wir höchstens so viele Elemente hinzufügen, wie es Alternativen gibt, benötigen wir hierfür höchstens $t + 2m + m$ Schritte.

Die `for`-Schleife innerhalb der `while`-Schleife erfordert das Lesen der t Elemente des Wortes, das Prüfen, ob die Alternative die gewünschte Form hat (wobei jedes Element auf Zugehörigkeit zu M getestet werden muss, die eventuell zu M hinzuzufügende Variable der Alternative gespeichert werden muss), eventuell das Hinzufügen der Variablen der Alternative zu M und das Setzen von b. Dies kann in höchstens

$$t \cdot 2n + m + m(2+1) = 2tn + 4m$$

Schritten realisiert werden. Ferner wird bei jedem Durchlauf der `while`-Schleife eine Setzung $b = 1$ und der Test der Schleifenbedingung vorgenommen. Folglich benötigen wir für einen Durchlauf der `while`-Schleife höchstens $2tn + 4m + 2$ Schritte. Die `while`-Schleife wird höchstens $(n+1)$-mal durchlaufen, da spätestens beim $(n+1)$-ten Durchlauf kein Element zu M hinzugefügt wird und damit $b = 1$ eintritt. Somit brauchen wir insgesamt für die gesamte `while`-Schleife höchstens $(n+1)(2tn + 4m + 2)$ Schritte.

Analog überlegt man sich, dass die letzte `for`-Schleife höchstens $2tn + m$ Schritte erfordert.

Damit ergibt sich unter Beachtung der 3 Setzungen außerhalb der Schleifen und der 2 Schritte bei der Ausgabeanweisung der Gesamtaufwand von höchstens

$$\begin{aligned} & 5 + [t + 2m + m] + [(n+1)(2tn + 4m + 2)] + [2tn + m] \\ & \leq 5 + [t + 2t + t] + [(t+1)(2t^2 + 4t + 2)] + [2t^2 + t] \\ & = 2t^3 + 8t^2 + 11t + 7 \end{aligned}$$

Schritten. Wir erhalten also höchstens einen in der Größe der Eingabe polynomialen (genauer kubischen) Aufwand.

Wir machen darauf aufmerksam, dass diese Abschätzung sehr grob ist. Zum einen ist dies dadurch begründet, dass wir z. B. jedes der Wortsymbole auf Zugehörigkeit zu M testen, während dies natürlich eigentlich nur für Variable erforderlich ist, und daher den Aufwand für einzelne Teile des Algorithmus nicht optimal ermittelt haben. Zum anderen sind aber auch die verwendeten Datenstrukturen nicht optimal gewählt, so ist das Prüfen, ob ein Element in einer (geordneten) Menge liegt, bei Verwendung von Suchbäumen in $2\log_2(n)$ Schritten möglich, während bei der Liste $2n$ Schritte nötig sind. Wir geben uns mit der obigen Abschätzung zufrieden, da wir nur zeigen wollen, dass der Aufwand polynomial und nicht exponentiell ist.

1.2.5 Erfüllbarkeit bei Mengen aussagenlogischer Ausdrücke

Bisher haben wir immer nur einen aussagenlogischen Ausdruck betrachtet und untersucht, ob dieser eine Tautologie, eine Kontradiktion oder erfüllbar ist. Wir wollen diese Fragen nun für Mengen von aussagenlogischen Ausdrücken diskutieren.

Definition 1.45 *Es sei M eine Menge aussagenlogischer Ausdrücke. Wir sagen, dass M* erfüllbar *ist, wenn es eine Belegung α so gibt, dass $w_\alpha(A) = 1$ für alle $A \in M$ gilt. Andernfalls nennen wir M* unerfüllbar.

Es sei $M = \{A_1, A_2, \ldots, A_n\}$ zuerst eine endliche Menge von aussagenlogischen Ausdrücken. Dann ist M offenbar genau dann erfüllbar, wenn $B = (A_1 \wedge A_2 \wedge \cdots \wedge A_n)$ erfüllbar ist. Damit haben wir den Fall, dass M endlich ist, auf die Betrachtung eines einzigen Ausdrucks B zurückgeführt.

Im Fall einer unendlichen Menge können wir nicht so vorgehen, da die Konjunktion unendlich vieler Ausdrücke keinen Ausdruck liefert. Jedoch ist auch hier zumindest eine teilweise Rückführung möglich, denn es gilt der folgende Endlichkeits- oder Kompaktheitssatz der Aussagenlogik.

Satz 1.46 *Eine unendliche[5] Menge M von aussagenlogischen Ausdrücken ist genau dann erfüllbar, wenn jede endliche Teilmenge von M erfüllbar ist.*

Beweis. Es sei M zuerst erfüllbar. Dann gibt es eine Belegung α mit $w_\alpha(A) = 1$ für alle $A \in M$. Damit gilt natürlich für jede (endliche) Teilmenge M' von M auch $w_\alpha(A) = 1$ für alle $A \in M'$. Damit ist jede Teilmenge M' von M erfüllbar.

Es sei nun jede endliche Teilmenge M' von M erfüllbar. Für $i \geq 1$ bezeichnen wir mit M_i die Menge aller Ausdrücke aus M, in denen nur die Variablen $p_1, p_2, \ldots, p_i$ vorkommen. Offenbar gilt

$$M_1 \subseteq M_2 \subseteq \cdots \subseteq M_n \subseteq \cdots \subseteq M. \tag{1.20}$$

Jede Menge M_i kann unendlich sein (z. B. könnte sie die Ausdrücke p_i, $\neg p_i$, $\neg\neg p_i$, usw. enthalten). Da es aber nur 2^{2^i} verschiedene Boolesche Funktionen $\{0,1\}^i \to \{0,1\}$ gibt, kann es höchstens 2^{2^i} Ausdrücke in M_i geben, die nicht paarweise semantisch äquivalent zueinander sind. Es sei M_i' eine Teilmenge von M_i von maximaler Mächtigkeit, deren Elemente paarweise nicht semantisch äquivalent zueinander sind. Zu jedem $A \in M_i$ gibt es dann ein $B \in M_i'$ so, dass $A \equiv B$ gilt. Da M_i' endlich ist, ist M_i' nach Voraussetzung erfüllbar. Mit α_i bezeichnen wir eine Belegung, für die $w_{\alpha_i}(B) = 1$ für alle $B \in M_i'$ gilt. Dann gilt auch $w_{\alpha_i}(A) = 1$ für alle $A \in M_i$.

Wir konstruieren nun eine Belegung α aus den α_i, $i \geq 1$, in der folgenden Weise:

```
I = {1,2,3,...};
for (i = 1; i < ∞; i++)
    { K = {j | j ∈ I, α_j(p_i) = 1}
      if (K ist unendlich) { α(p_i) = 1; I = K; } else { α(p_i) = 0; I = I \ K; }
    }
```

(Man beachte, dass dies eigentlich kein Programm ist, da die Bedingung $i < \infty$ zu keinem Abbruch der Schleife führt.) Wir stellen folgende Eigenschaften des Verfahrens fest:

1. Es wird eine Belegung der unendlichen Menge von Variablen berechnet, denn für jedes $i \geq 1$ wird der Variablen p_i genau ein Wert zugewiesen.

[5] Der Leser möge sich überlegen, dass der Satz auch für endliche Mengen gilt.

2. Die Menge I ist während des ganzen Verfahrens unendlich. (Dies gilt sicher für die Setzung in der ersten Zeile des „Programms". Ist K unendlich, so wird $I = K$ gesetzt und ist damit erneut unendlich. Ist K dagegen endlich, so ist für unendliches I auch $I \setminus K$ unendlich.)

3. Es sei $i \geq 1$. Nach dem $(i+1)$-ten Durchlauf der *for*-Schleife gilt $\alpha_j(p_k) = \alpha(p_k)$ für $j \in I$ und $1 \leq k \leq i$.

Es sei nun A ein beliebiger Ausdruck aus M. Da A nur eine endliche Anzahl von Variablen hat, gibt es ein $i \geq 1$ mit $A \in M_i$. Wegen (1.20) gilt dann auch $A \in M_j$ für alle j mit $j \geq i$. Die Menge I, die wir nach i Schritten erhalten haben, ist nach obiger Eigenschaft 2 unendlich und enthält daher mindestens ein $j \geq i$. Nach Eigenschaft 3 gilt außerdem $\alpha(p_k) = \alpha_j(p_k)$ für $k \leq i$. Da $w_{\alpha_j}(A) = 1$ wegen $A \in M_j$ gilt und in A nur Variable p_k mit $k \leq i \leq j$ vorkommen, erhalten wir auch $w_\alpha(A) = 1$.

Damit gilt $w_\alpha(A) = 1$ für alle $A \in M$, d. h. M ist erfüllbar. □

Wir bemerken, dass die Konstruktion der Belegung α aus den Belegungen α_i, $i \geq 1$, nicht konstruktiv ist.

Ferner ist es nicht möglich, aus Satz 1.46 einen Algorithmus zur Entscheidung der Erfüllbarkeit abzuleiten, da Testen von unendlich vielen Teilmengen von M erforderlich ist und damit nach endlicher Zeit keine Antwort vorliegt. Wir können aber einen Semi-Algorithmus für die Unerfüllbarkeit von einer unendlichen aufzählbaren Menge M von Ausdrücken angegeben. Dazu formulieren wir zuerst den Endlichkeitssatz um.

Satz 1.46′ *Eine unendliche Menge M von aussagenlogischen Ausdrücken ist genau dann unerfüllbar, wenn es eine endliche Teilmenge von M gibt, die unerfüllbar ist.* □

Es sei die Menge M durch eine Aufzählung $A_1, A_2, \ldots, A_n, \ldots$ aller ihrer Elemente gegeben. Ist M unerfüllbar, so gibt es nach Satz 1.46′ eine endliche Teilmenge

$$Q = \{A_{q_1}, A_{q_2}, \ldots, A_{q_m}\}$$

von M, die unerfüllbar ist. Daher ist auch $(A_{q_1} \wedge A_{q_2} \wedge \cdots \wedge A_{q_m})$ unerfüllbar. Wir setzen

$$r = \max\{q_i \mid 1 \leq i \leq m\}.$$

Offensichtlich ist dann auch $(A_1 \wedge A_2 \wedge \cdots \wedge A_r)$ unerfüllbar.

Ist umgekehrt ein Ausdruck $(A_1 \wedge A_2 \wedge \cdots \wedge A_r)$ mit $r \geq 1$ unerfüllbar, so ist auch die endliche Teilmenge $\{A_1, A_2, \ldots, A_r\}$ von M unerfüllbar. Damit ist dann aber nach Satz 1.46′ auch M unerfüllbar.

Damit reicht es zu prüfen, ob einer der Ausdrücke $(A_1 \wedge A_2 \wedge \cdots \wedge A_r)$ unerfüllbar ist, um festzustellen, ob M unerfüllbar ist. Hieraus folgt nun unmittelbar der folgende Semi-Algorithmus.

Semi-Algorithmus für die Unerfüllbarkeit einer (unendlichen) Menge von aussagenlogischen Ausdrücken

Eingabe: Aufzählung von $M = \{A_1, A_2, A_3, \ldots\}$
$n = 1$; $F = A_1$;
`while` (F ist erfüllbar) { $n = n + 1$; $F = (F \wedge A_n)$; }
Gib „A ist unerfüllbar" aus (und stoppe).

Übungsaufgaben

1. Untersuchen Sie, welche der folgenden Wörter aussagenlogische Ausdrücke sind, und geben Sie für die aussagenlogischen Ausdrücke eine Konstruktion entsprechend Definition 1.1 an.
   (a) $(\neg p_1 \vee p_2) \rightarrow (p_2 \wedge p_3)$,
   (b) $(((p_1 \wedge p_2) \vee \neg p_1) \leftrightarrow (p_2 \rightarrow p_3))$,
   (c) $\neg((\neg\neg p_2 \rightarrow p_3) \vee p_4)$,
   (d) $(p_1 \leftrightarrow p_2 \neg)$.

2. Beweisen Sie, dass jeder aussagenlogische Ausdruck auf) oder eine Variable endet.

3. Beweisen Sie, dass jeder aussagenlogische Ausdruck die Bedingung 3 aus Satz 1.4 erfüllt.

4. Es sei A ein aussagenlogischer Ausdruck, und A' entstehe aus A durch Streichen aller in A vorkommenden $\neg$. Zeigen Sie, dass auch A' ein aussagenlogischer Ausdruck ist.

5. Zeigen Sie, dass es zu jeder Zahl $k \in \mathbb{N}$ einen aussagenlogischen Ausdruck der Länge k gibt.

6. Bestimmen Sie den Wert der folgenden Ausdrücke für die Belegungen α und β mit $\alpha(p) = \alpha(q) = 1$ und $\alpha(r) = \alpha(s) = 0$ bzw. $\beta(p) = \beta(r) = 1$ und $\beta(q) = \beta(s) = 0$.
   (a) $(((p \rightarrow q) \rightarrow r) \rightarrow s)$,
   (b) $(((s \rightarrow r) \rightarrow q) \rightarrow p)$,
   (c) $(((p \vee \neg q) \wedge (\neg r \leftrightarrow \neg s)) \rightarrow \neg p)$.

7. Welche Booleschen Funktionen werden von den folgenden Ausdrücken induziert?
   (a) $((p \rightarrow q) \rightarrow r)$,
   (b) $(((p \rightarrow q) \wedge (q \rightarrow p)) \rightarrow p)$,
   (c) $(((p \wedge q) \vee (\neg p \wedge \neg q)) \leftrightarrow (p \leftrightarrow q))$.

8. Untersuchen Sie, welche der folgenden aussagenlogischen Ausdrücke Tautologien sind.
   (a) $(((p_1 \rightarrow p_2) \rightarrow p_3) \vee ((p_1 \rightarrow p_2) \rightarrow \neg p_3))$,
   (b) $((p_1 \wedge p_2) \vee p_3)$,
   (c) $((p_1 \leftrightarrow p_2) \leftrightarrow (\neg p_2 \leftrightarrow \neg p_3))$,
   (d) $(\neg((p_1 \vee p_2) \rightarrow p_3) \vee p_3)$.

9. Es seien A und B beliebige aussagenlogische Ausdrücke. Beweisen Sie, dass dann $(A \rightarrow B)$ und $(\neg A \vee B)$ semantisch äquivalent sind.

10. Bestimmen Sie die Anzahl der Äquivalenzklassen bez. der semantischen Äquivalenz in der Menge aller aussagenlogischen Ausdrücke, in denen nur die Variablen $p_1, p_2, \ldots, p_n$ vorkommen.

11. Beweisen Sie, dass folgende aussagenlogische Ausdrücke für beliebige aussagenlogische Ausdrücke A, B, C und D semantisch äquivalent sind:

(a) $((A \vee B) \wedge (C \vee D))$ und $\neg((\neg A \wedge \neg B) \vee (\neg C \wedge \neg D))$,
(b) $((A \vee B) \vee (C \vee D))$ und $(((A \vee C) \vee D) \vee B)$.

12. (a) Beweisen Sie, dass ein beliebiger aussagenlogischer Ausdruck, der genau die Variablen $p_1, p_2, \ldots, p_n$ und nur die Symbole (,), $\wedge$ enthält, semantisch äquivalent zu
$$((\ldots((p_1 \wedge p_2) \wedge p_3) \wedge \cdots) \wedge p_n)$$
ist.
(b) Gilt die zu (a) analoge Aussage für $\vee$ bzw. $\rightarrow$ bzw. $\leftrightarrow$ anstelle von $\wedge$?

13. Beweisen Sie die folgende Aussage: Wenn die Mengen der in den aussagenlogischen Ausdrücken A und B vorkommenden Variablen disjunkt sind und $(A \rightarrow B)$ eine Tautologie ist, so ist A unerfüllbar oder B eine Tautologie.

14. Bestimmen Sie die konjunktive und disjunktive Normalform zu den folgenden Ausdrücken:
(a) $((p_1 \rightarrow p_2) \wedge p_3)$,
(b) $((p_2 \leftrightarrow p_3) \vee (p_1 \vee p_3))$,
(c) $(((p_1 \wedge p_2) \vee (p_3 \rightarrow p_2)) \vee (p_1 \leftrightarrow p_3))$.

15. Zeigen Sie, dass es eine disjunktive Normalform zu $((p_1 \vee \neg p_2) \rightarrow (p_3 \leftrightarrow p_1))$ aus Beispiel 1.30 gibt, die weniger Konjunktionen als die in Beispiel 1.30 angegebene disjunktive Normalform besitzt.

16. Zeigen Sie, dass es zu jedem aussagenlogischen Ausdruck A einen semantisch äquivalenten Ausdruck gibt, für dessen Aufbau neben Variablen und Klammern nur
(a) $\wedge$ und $\neg$,
(b) $\vee$ und $\neg$,
(c) $\rightarrow$ und $\neg$
benutzt werden.

17. Zeigen Sie, dass es einen aussagenlogischen Ausdruck A gibt, zu dem kein semantisch äquivalenter Ausdruck existiert, für dessen Aufbau nur Variablen, Klammern, $\wedge$ und $\vee$ benutzt werden.

18. Eine Alternative $B = (B_1 \vee B_2 \vee \cdots \vee B_n)$ heißt positiv bzw. negativ, wenn alle B_i, $1 \leq i \leq n$, Variable bzw. negierte Variable sind.
Beweisen Sie, dass eine konjunktive Normalform $A = (A_1 \wedge A_2 \wedge \cdots \wedge A_m)$, in der keine der Alternativen A_i, $1 \leq i \leq m$, positiv (bzw. negativ) ist, erfüllbar ist.

19. Bestimmen Sie für $k \in \{0, 1, 2\}$
$$res^k(\{\{p, \neg q, r\}, \{q, r\}, \{\neg p, r\}, \{\neg q, r\}, \{\neg r\}\}).$$

20. Bestimmen Sie $res^*(K)$ für
(a) $K = \{\{p, q, r\}, \{\neg p\}, \{\neg q\}, \{\neg r\}\}$,

(b) $K = \{\{p, q, r\}, \{\neg p, \neg q, \neg r\}\}$.

21. Zeigen Sie, dass es zu jeder Zahl $k \in \mathbb{N}$ eine Klauselmenge K über $p_1, p_2, \dots, p_k$ gibt, für die $res^{k-1}(K) \neq res^k(K) = res^*(K)$ gilt.

22. Es sei K eine Klauselmenge über $p_1, p_2, \dots, p_n$, in der jede Klausel höchstens zwei Elemente enthält. Zeigen Sie, dass $res^*(K)$ höchstens $2n^2 + n + 1$ Klauseln enthält.

23. Wenden Sie den Algorithmus zum Testen der Erfüllbarkeit von Hornausdrücken auf die folgenden Ausdrücke an.
    (a) $((\neg p \vee \neg q \vee \neg r) \wedge \neg s \wedge (\neg r \vee p) \wedge r \wedge q \wedge (\neg t \vee s) \wedge t)$,
    (b) $((p \vee \neg q \vee \neg r) \wedge (\neg p \vee q \vee \neg r) \wedge (\neg p \vee \neg q \vee r))$.

24. Zeigen Sie, dass es nicht zu jedem aussagenlogischen Ausdruck einen semantisch äquivalenten Hornausdruck gibt.

25. Es sei $M = \{A_2, A_3, A_4, \dots\}$, wobei für $i \geq 2$ der Ausdruck A_i durch

$$A_i = (U_{i,1} \wedge U_{i,2} \wedge \dots \wedge U_{i,i})$$

und

$$U_{i,j} = \begin{cases} p_j & i \text{ und } j \text{ haben als größten gemeinsamen Teiler eine Primzahl oder } 1, \\ \neg p_j & \text{sonst} \end{cases}$$

für $1 \leq j \leq i$ definiert ist.
    (a) Zeigen Sie, dass M unerfüllbar ist.
    (b) Nach wieviel Schritten bricht der Semi-Algorithmus zur Entscheidung der Unerfüllbarkeit ab?

Kapitel 2

Prädikatenlogik

Im vergangenen Kapitel haben wir stets Aussagen, d. h. Gebilde, denen ein Wahrheitswert zukommt, betrachtet. Daher reichte es auch aus, sich auf Belegungen zu beschränken, die jeder Variablen Wahrheitswerte zuordnen. Wir wissen bereits aus den einleitenden Bemerkungen von Kapitel 1, dass dies nicht in allen Fällen ausreichend ist. Zur Erinnerung betrachten wir die folgenden vier Sätze:

(a) 7 *ist eine Primzahl.*

(b) x *ist eine Primzahl.*

(c) *Es gibt eine Zahl* x *so, dass* x *eine Primzahl ist.*

(d) *Für alle* x *gilt, dass aus* $x > 0$ *die Beziehung* $x^2 > x$ *folgt.*

Satz (a) ist eine wahre Aussage. Satz (b) ist dagegen keine Aussage; wird aber zu einer Aussage, wenn wir x mit einer natürlichen Zahl belegen. Satz (c) ist eine wahre Aussage. Er könnte auch so interpretiert werden, dass es eine Belegung von x in (b) gibt, dass (b) wahr wird. Daher scheint es sinnvoll zu sein, Gebilde über gewissen Grundbereichen (im Beispiel über den natürlichen Zahlen) und Belegungen durch Elemente aus den Grundbereichen zu betrachten.

Dies trifft auch auf (d) zu, wo wir intuitiv für alle Belegungen von x mit einer (reellen) Zahl nachprüfen müssen, ob $x > 0$ die Beziehung $x^2 > x$ impliziert. Man sieht sofort, dass sich für $x = 1/2$ eine falsche Aussage ergibt, womit auch (d) falsch ist. Es ist aber der Aussage (d) nicht anzusehen, mit welchen Werten x zu belegen ist. Lassen wir für x nur gerade ganze Zahlen zu, so wird (d) zu einer wahren Aussage. Es wären andere Grundbereiche denkbar, bei denen die Relation $>$ und das Symbol ^{2} auch anders gedeutet werden könnten. Lassen wir zum Beispiel für x nur dreidimensionale Vektoren zu, interpretieren 0 als den Nullvektor, setzen $x > y$, falls jede Komponente von x größer als die entsprechende Komponente von y ist, und definieren x^2 als das Doppelte des Vektors x, so wird (d) ebenfalls zu einer wahren Aussage. Es ist also notwendig, eine Anreicherung des Alphabets durch Relations- und Funktionssymbole vorzunehmen.

Gleichzeitig sind noch weitere logische Konstruktionen (wie die Konstrukte „es gibt“ und „für alle“) zu formalisieren.

Alle diese Ziele werden mit der Prädikatenlogik verwirklicht.

2.1 Prädikatenlogische Ausdrücke

2.1.1 Definition und Wertberechnung prädikatenlogischer Ausdrücke

Wie in der Aussagenlogik definieren wir prädikatenlogische Ausdrücke als spezielle Wörter über einer Basismenge V, die aber gegenüber der Aussagenlogik um (möglicherweise unendliche viele) Symbole erweitert wird.

Die *Basismenge* einer prädikatenlogische Sprache (erster Stufe) besteht aus

- den Symbolen $\neg$, $\wedge$, $\vee$, $\rightarrow$, $\leftrightarrow$, $\exists$ und $\forall$ zur Bezeichnung logischer Funktoren, den Klammersymbolen (und) und dem Komma,
- einer (abzählbar unendlichen) Menge *var* von Variablen,
- einer (abzählbaren) Menge K von Konstantensymbolen,
- für jedes $n \geq 1$ einer (abzählbaren) Menge R_n von n-stelligen Relationssymbolen und
- für jedes $n \geq 1$ einer (abzählbaren) Menge F_n von n-stelligen Funktionssymbolen.

Wir bemerken zuerst, dass die Mengen K, R_n und F_n für gewisse $n \geq 1$ auch leer sein können. Die Mengen $K, R_1, F_1, R_2, F_2, \ldots$ bilden die *Signatur* der prädikatenlogischen Sprache. Verschiedene prädikatenlogische Sprachen unterscheiden sich in ihren Signaturen. Daher werden wir im Folgenden stets nur die Signatur der Sprache anstelle der Basismenge selbst angeben.

Gegenüber der Aussagenlogik sind die logischen Funktoren $\exists$ (sprich: es existiert ein) und $\forall$ (sprich: für alle), die auch als logische Quantoren bezeichnet werden, das Komma und die Mengen von Relations-, Funktions- und Konstantensymbolen hinzugekommen.

Wir definieren zuerst Terme über einer Signatur. Dabei geben wir eine induktive Definition, die analog zu der Definition von Termen in algebraischen Strukturen bzw. in Programmiersprachen ist.

Definition 2.1 *Die Menge $T(\mathcal{S})$ der* Terme *über einer Signatur $\mathcal{S}$ definieren wir induktiv durch die folgenden Bedingungen:*

i) Jede Variable ist ein Term über $\mathcal{S}$ (d. h. $x \in T(\mathcal{S})$ für jede Variable $x \in var$).

ii) Jedes Konstantensymbol $c \in K$ ist ein Term über $\mathcal{S}$ (d. h. $c \in T(\mathcal{S})$ für $c \in K$).

iii) Ist f ein n-stelliges Funktionssymbol, d. h. $f \in F_n$, und sind $t_1, t_2, \ldots, t_n$ Terme aus $T(\mathcal{S})$, so ist auch $f(t_1, t_2, \ldots, t_n)$ ein Term über $\mathcal{S}$.

iv) Ein Wort liegt nur dann in $T(\mathcal{S})$, wenn dies aufgrund endlich oftmaliger Anwendung von i), ii) und iii) der Fall ist.

Wir sagen, dass die Variable x im Wort w *vollfrei* vorkommt, falls x in w vorkommt, aber weder $\forall x$ noch $\exists x$ Teilwörter von w sind.

Definition 2.2 *Die Menge $A(\mathcal{S})$ der* prädikatenlogischen Ausdrücke *über einer Signatur $\mathcal{S}$ definieren wir induktiv durch die folgenden Bedingungen:*

i) Ist r ein n-stelliges Relationssymbol, d. h. $r \in R_n$, und sind $t_1, t_2, \ldots, t_n$ Terme aus $T(\mathcal{S})$, so ist $r(t_1, t_2, \ldots, t_n)$ ein prädikatenlogischer Ausdruck über $\mathcal{S}$.

ii) Sind A und B prädikatenlogische Ausdrücke aus $A(\mathcal{S})$, so sind auch $\neg A$, $(A \wedge B)$, $(A \vee B)$, $(A \rightarrow B)$ und $(A \leftrightarrow B)$ prädikatenlogische Ausdrücke über $\mathcal{S}$.

iii) Ist A ein prädikatenlogischer Ausdruck über $\mathcal{S}$ und ist x eine Variable, die in A vollfrei vorkommt, so sind auch $\forall x A$ und $\exists x A$ prädikatenlogische Ausdrücke über $\mathcal{S}$.

iv) Ein Wort liegt nur dann in $A(\mathcal{S})$, wenn dies aufgrund endlich oftmaliger Anwendung von i), ii) und iii) der Fall ist.

Um die Sprechweise abzukürzen, werden wir einfach von Ausdrücken anstelle von prädikatenlogischen Ausdrücken sprechen, wenn aus dem Kontext eindeutig hervorgeht, welche Art von Ausdrücken betrachtet wird.

Definition 2.3 *Es sei $\mathcal{S}$ eine Signatur.*

i) Ein Basisausdruck über der Signatur $\mathcal{S}$ ist ein Ausdruck der Form $r(t_1, t_2, \ldots, t_n)$, wobei r ein n-stelliges Relationssymbol der Signatur und $t_1, t_2, \ldots, t_n$ Terme über $\mathcal{S}$ sind.

ii) Ist A ein prädikatenlogischer Ausdruck über $\mathcal{S}$, so bezeichnen wir mit $B(A)$ die Menge der in A vorkommenden Basisausdrücke.

iii) Ein prädikatenlogischer Ausdruck A heißt prädikatenlogisches Literal über $\mathcal{S}$, falls er ein Basisausdruck oder ein negierter Basisausdruck über $\mathcal{S}$ ist.

Die Basisausdrücke spielen in der Prädikatenlogik die Rolle der Variablen in der Aussagenlogik. Sie stellen die elementaren, nicht in kürzere Ausdrücke zerlegbaren Bestandteile von Ausdrücken dar. Ausgehend von den Basisausdrücken können dann induktiv durch Anwendung logischer Operatoren und Quantoren weitere Ausdrücke gebildet werden.

Da die Basisausdrücke in der Prädikatenlogik die Rolle der Variablen in der Aussagenlogik spielen, ist das Konzept des prädikatenlogischen Literals eine direkte Verallgemeinerung des Konzepts des Literals in der Aussagenlogik. In diesem Kapitel werden wir abkürzend nur von Literalen sprechen, wenn wir prädikatenlogische Literale meinen, sofern aus dem Kontext klar ist, dass der Ausdruck bez. einer Signatur gebildet wurde.

Wir geben jetzt Beispiele zu den eingeführten Begriffen.

Beispiel 2.4 Wir betrachten zuerst die prädikatenlogische Sprache erster Stufe über der Signatur $\mathcal{S}_1$, die durch

$$K = \{c\},\ R_2 = \{r\},\ R_1 = F_1 = F_2 = R_i = F_i = \emptyset \text{ für } i \geq 3$$

gegeben ist.

Die Menge $T(\mathcal{S}_1)$ besteht dann genau aus c und allen Variablen, da wegen des Fehlens von Funktionssymbolen nur die Punkte i) und ii) von Definition 2.1 zur Anwendung gebracht werden können. Die nach i) aus Definition 2.2 bildbaren Ausdrücke haben also eine der folgenden vier Formen

$$r(c,c),\ r(c,x),\ r(x,c) \text{ und } r(x,y),$$

wobei x und y (nicht notwendigerweise verschiedene) Variable sind. Hieraus können wir nach ii) nun zuerst wie bei aussagenlogischen Ausdrücken weitere prädikatenlogische Ausdrücke gewinnen. Als Beispiele geben wir hier

$$((r(x,y) \wedge r(y,z)) \vee r(c,z)),$$
$$((r(c,c) \rightarrow r(y,y)) \leftrightarrow r(c,x))$$

an. Außerdem sind aber auch wegen des vollfreien Vorkommens von x, y und z in den vorstehenden Ausdrücken, die Wörter

$$\forall z((r(x,y) \wedge r(y,z)) \vee r(c,z)),$$
$$\exists x((r(c,c) \rightarrow r(y,y)) \leftrightarrow r(c,x))$$

Ausdrücke. Auch

$$\forall z((\forall x r(x,y) \wedge \exists y r(y,z)) \vee r(c,z)) \tag{2.1}$$

ist ein Ausdruck über $\mathcal{S}_1$. Dies ist wie folgt zu sehen: Wegen des vollfreien Vorkommens von x in $r(x,y)$ und von y in $r(y,z)$ sind $\forall x r(x,y)$ und $\exists y r(y,z)$ Ausdrücke. Aus diesen gewinnen wir aufgrund von ii) $(\forall x r(x,y) \wedge \exists y r(y,z))$ und $((\forall x r(x,y) \wedge \exists y r(y,z)) \vee r(c,z))$. Im letzteren dieser Ausdrücke kommt z vollfrei vor, womit (2.1) ein Ausdruck ist.

Das Wort

$$\forall x((\forall x r(x,y) \wedge \exists y r(y,z)) \vee r(c,z))$$

ist dagegen kein Ausdruck, weil x in dem Ausdruck $((\forall x r(x,y) \wedge \exists y r(y,z)) \vee r(c,z))$ nicht vollfrei vorkommt.

Weiterhin ist auch $\forall r\, r(x,x)$ kein Ausdruck, da das Quantifizieren nur über (vollfreie) Variable vorgenommen werden darf.[1]

Beispiel 2.5 Wir betrachten als nächstes die prädikatenlogische Sprache über der Signatur $\mathcal{S}_2$, die durch

$$R_2 = \{r\},\ F_1 = \{f\},\ K = R_1 = F_2 = R_i = F_i = \emptyset \text{ für } i \geq 3$$

gegeben ist.

Entsprechend Definition 2.1 sind alle Variablen Terme. Weitere Terme werden mit Hilfe des einstelligen Funktionssymbols f gebildet. Dabei entstehen der Reihe nach $f(x)$, $f(f(x))$, $f(f(f(x)))$ usw. Die Menge der Terme über $\mathcal{S}_2$ ist daher

$$T(\mathcal{S}_2) = \{\underbrace{f(f(\ldots f}_{n\text{-mal}}(x)\ldots)) \mid x \in var,\ n \geq 0\}$$

(im Fall $n = 0$ ergibt sich die Variable selbst). Damit entstehen nach Schritt i) der Definition 2.2 von Ausdrücken zuerst Ausdrücke der Form

$$r(\underbrace{f(f(\ldots f}_{n\text{-mal}}(x)\ldots)), \underbrace{f(f(\ldots f}_{m\text{-mal}}(y)\ldots))),$$

[1] Die Erweiterung, die Quantoren auch über Relations- und Funktionssymbole zu erstrecken, wird bei der Prädikatenlogik zweiter Stufe vorgenommen.

wobei x und y Variable sind und $n \in \mathbb{N}_0$ und $m \in \mathbb{N}_0$ gelten. Hieraus lassen sich dann die folgenden drei Ausdrücke

$$B_1 = \forall x r(x, f(x)), \tag{2.2}$$
$$B_2 = \forall x \neg r(x, x), \tag{2.3}$$
$$B_3 = \forall x \forall y \forall z((r(x, y) \wedge r(y, z)) \rightarrow r(x, z)) \tag{2.4}$$

bilden. Dagegen ist $\forall x f(f(x))$ kein Ausdruck, weil das hinter $\forall x$ stehende Wort $f(f(x))$ zwar ein Term, aber kein Ausdruck ist.

Beispiel 2.6 Wir betrachten nun die prädikatenlogische Sprache über der Signatur $\mathcal{S}_3$, die durch

$$K = \{e\},\ R_2 = \{g\},\ F_1 = \{g_1\},\ F_2 = \{g_2\},\ R_1 = R_i = F_i = \emptyset \text{ für } i \geq 3$$

gegeben ist. Mögliche Terme über $\mathcal{S}_3$ mit $x, y, z \in var$ sind

$$x,\ y,\ g_1(x),\ g_2(x, y),\ g_1(g_2(x, y)),\ g_2(x, g_1(x)),\ g_2(g_2(g_2(x, e), e), y).$$

Ausdrücke sind durch unter anderem

$$C_1 = \forall x(g(x, g_2(x, e)) \wedge g(x, g_2(e, x))),$$
$$C_2 = \forall x(g(g_2(x, g_1(x)), e) \wedge g(g_2(g_1(x), x), e)),$$
$$C_3 = \forall x \forall y \forall z g(g_2(x, g_2(y, z)), g_2(g_2(x, y), z))$$

gegeben.

Beispiel 2.7 Wir betrachten jetzt die prädikatenlogische Sprache über der Signatur $\mathcal{S}_4$, die durch

$$K = \{e\},\ F_1 = \{h\},\ R_1 = R_i = F_i = \emptyset \text{ für } i \geq 2$$

gegeben ist. Hier ergibt sich analog zu dem Beispiel 2.5 als Menge der Terme

$$T(\mathcal{S}_4) = \{\underbrace{h(h(\ldots h}_{n\text{-mal}}(x)\ldots)) \mid n \geq 0, x \in var \text{ oder } x = e\}.$$

Die Menge $A(\mathcal{S}_4)$ der Ausdrücke ist leer. Da wir keine Relationssymbole haben, kann Schritt i) aus der Definition 2.2 der Ausdrücke nicht vollzogen werden, womit auch ii) und iii) dieser Definition nicht zur Anwendung kommen können.

Wir sagen, dass ein Vorkommen der Variablen x in einem Ausdruck A *gebunden* ist, wenn es einen Teilausdruck $\forall x B$ oder $\exists x B$ so gibt, dass das Vorkommen von x ein Vorkommen in B ist. Ein Vorkommen von x heißt also gebunden, wenn es eine Quantifizierung $\forall x$ oder $\exists x$ gibt, die sich auf das Vorkommen von x bezieht. Anderenfalls ist das Vorkommen von x ein freies Vorkommen. In dem Ausdruck

$$\forall y(\exists z r(x, z) \wedge \forall x s(x, y))$$

ist das erste Vorkommen von x frei (die auf $r(x, z)$ angewandten Quantifizierungen betreffen nur y und z), während das zweite gebunden ist (da es in $\forall x s(x, z)$ vorkommt). Die

Vorkommen der Variablen z und y sind beide gebunden (letzteres gilt, da der gesamte Ausdruck die Form des Teilausdrucks hat).

Wir wollen nun den Termen und Ausdrücken über einer Signatur $\mathcal{S}$ Werte zuordnen. Dazu reicht es aber nicht, eine Belegung der Variablen vorzunehmen, da die Konstanten-, Relations- und Funktionssymbole noch nicht mit einer semantischen Bedeutung ausgestattet sind. In der nachfolgenden Definition versehen wir zuerst die Elemente der Signatur und dann die Variablen mit einer Bedeutung.

Definition 2.8 *Es sei $\mathcal{S}$ die Signatur einer prädikatenlogischen Sprache. Unter einer* Interpretation *I von $\mathcal{S}$ verstehen wir ein Paar $I = (U, \tau)$, wobei U eine nichtleere Menge ist und τ eine Abbildung ist, die*

- *jedem Konstantensymbol $c \in K$ ein Element $\tau(c) \in U$ zuordnet,*
- *jedem n-stelligen Funktionssymbol $f \in F_n$ eine n-stellige Funktion $\tau(f) : U^n \to U$ zuordnet und*
- *jedem n-stelligen Relationssymbol $r \in R_n$ eine n-stellige Relation $\tau(r) \subseteq U^n$ zuordnet.*

Unter einer Belegung *α bez. der Interpretation I verstehen wir eine Funktion, die jeder Variablen x ein Element $\alpha(x) \in U$ zuordnet.*

Für eine gegebene Menge M von Termen oder Ausdrücken reicht es natürlich wieder, nur die Werte von τ auf den in M vorkommenden Konstanten-, Funktions- und Relationssymbolen und α auf den in M vorkommenden Variablen zu kennen.

Für eine Belegung α bez. $I = (U, \tau)$, eine Variable x und ein $d \in U$ definieren wir die Belegung $\alpha_{x,d}$ bez. I durch

$$\alpha_{x,d}(y) = \begin{cases} d & \text{für } y = x, \\ \alpha(y) & \text{für } y \neq x. \end{cases}$$

Die Belegungen α und $\alpha_{x,d}$ unterscheiden sich nur darin, welcher Wert der Variablen x zugeordnet wird. Bei α ist dies $\alpha(x)$, während x bei $\alpha_{x,d}$ mit d belegt wird. Die anderen Variablen werden in beiden Belegungen gleich belegt.

Definition 2.9 *Es seien $\mathcal{S}$ eine Signatur einer prädikatenlogischen Sprache, $I = (U, \tau)$ eine Interpretation von $\mathcal{S}$ und α eine Belegung bez. I.*

i) Wir definieren den Wert *$w_\alpha^I(t) \in U$ eines Terms t induktiv durch folgende Setzungen:*

- *$w_\alpha^I(x) = \alpha(x)$ für jede Variable x.*
- *$w_\alpha^I(c) = \tau(c)$ für jedes Konstantensymbol c.*
- *Ist f ein n-stelliges Funktionssymbol und haben für $1 \leq i \leq n$ die Terme t_i die Werte $w_\alpha^I(t_i)$, so gilt*

$$w_\alpha^I(f(t_1, t_2, \ldots, t_n)) = \tau(f)(w_\alpha^I(t_1), w_\alpha^I(t_2), \ldots, w_\alpha^I(t_n)).$$

ii) Wir definieren den Wert $w_\alpha^I(A) \in \{0,1\}$ *eines prädikatenlogischen Ausdrucks A induktiv durch folgende Setzungen:*

- *Ist r ein n-stelliges Relationssymbol und haben für* $1 \le i \le n$ *die Terme* t_i *die Werte* $w_\alpha^I(t_i)$*, so gilt*

$$w_\alpha^I(r(t_1,t_2,\ldots,t_n)) = 1 \text{ genau dann, wenn } (w_\alpha^I(t_1), w_\alpha^I(t_2),\ldots,w_\alpha^I(t_n)) \in \tau(r).$$

- *Sind A und B prädikatenlogische Ausdrücke und* $w_\alpha^I(A)$ *und* $w_\alpha^I(B)$ *ihre Werte, so gelten*

$$\begin{aligned}
w_\alpha^I(\neg A) = 1 &\quad \text{genau dann, wenn} \quad w_\alpha^I(A) = 0,\\
w_\alpha^I((A \wedge B)) = 1 &\quad \text{genau dann, wenn} \quad w_\alpha^I(A) = w_\alpha^I(B) = 1,\\
w_\alpha^I((A \vee B)) = 0 &\quad \text{genau dann, wenn} \quad w_\alpha^I(A) = w_\alpha^I(B) = 0,\\
w_\alpha^I((A \rightarrow B)) = 0 &\quad \text{genau dann, wenn} \quad w_\alpha^I(A) = 1 \text{ und } w_\alpha^I(B) = 0,\\
w_\alpha^I((A \leftrightarrow B)) = 1 &\quad \text{genau dann, wenn} \quad w_\alpha^I(A) = w_\alpha^I(B).
\end{aligned}$$

- *Ist A ein prädikatenlogischer Ausdruck und kommt x in A vollfrei vor, so ist*

$$\begin{aligned}
w_\alpha^I(\forall x A) = 1 &\quad \text{genau dann, wenn} \quad \text{für jedes } d \in U \text{ die}\\
&\qquad\qquad \text{Beziehung } w_{\alpha_{x,d}}^I(A) = 1 \text{ erfüllt ist,}\\
w_\alpha^I(\exists x A) = 1 &\quad \text{genau dann, wenn} \quad \text{es ein } d \in U \text{ mit } w_{\alpha_{x,d}}^I(A) = 1 \text{ gibt.}
\end{aligned}$$

Wir bemerken, dass der Wert eines Terms bei der Interpretation $I = (U,\tau)$ immer ein Element von U ist, während als Werte von Ausdrücken – wie in der Aussagenlogik – nur 0 und 1 möglich sind.

Zur Berechnung des Wertes $w_\alpha^I(\forall x A)$ bzw. $w_\alpha^I(\exists x A)$ ist es notwendig, alle Belegungen $\alpha_{x,d}$ zu betrachten, bei denen wir x mit d und die anderen Variablen wie bei α belegen. Ergibt sich für mindestens ein d der Wert 1, so ist $w_\alpha^I(\exists x A) = 1$. Dagegen ist $w_\alpha^I(\forall x A)$ nur dann 1, wenn sich für alle d der Wert 1 ergibt. Es spielt also keine Rolle, welches Element aus U der Variablen x bei α zugeordnet wird, wenn wir bez. x quantifizierte Ausdrücke betrachten.

Wir betrachten nun die Werte einiger Terme und Ausdrücke für Interpretationen und Belegungen der Signatur aus Beispiel 2.4.

Beispiel 2.10 (Fortsetzung von Beispiel 2.4) Wir betrachten die Interpretation I mit

$$I = (U,\tau),\ U = \mathbb{N},\ \tau(c) = 2 \text{ und } \tau(r) = R_= = \{(a,a) \mid a \in \mathbb{N}\}.$$

Als Grundbereich haben wir die Menge der natürlichen Zahlen, 2 als die Konstante und als Relation die Gleichheit auf $\mathbb{N}$ gewählt. Wie üblich schreiben wir $a = b$ anstelle von $(a,b) \in R_=$. Wir untersuchen zuerst den Ausdruck $((r(c,c) \rightarrow r(y,y)) \leftrightarrow r(c,x))$ (siehe Beispiel 2.4). Wir betrachten die Belegungen

$$\alpha \quad \text{mit} \quad \alpha(x) = 5 \text{ und } \alpha(y) = 4$$

und

$$\alpha' \quad \text{mit} \quad \alpha'(x) = 2 \text{ und } \alpha'(y) = 4$$

und erhalten die folgenden Werte

	Ausdruck A	$w_\alpha^I(A)$	$w_{\alpha'}^I(A)$	Begründung
a)	$r(c,c)$	1	1	da $2=2$
b)	$r(y,y)$	1	1	da $4=4$
c)	$(r(c,c) \rightarrow r(y,y))$	1	1	wegen a) und b)
d)	$r(c,x)$	0	1	da $2 \neq 5$ und $2=2$
e)	$((r(c,c) \rightarrow r(y,y)) \leftrightarrow r(c,x))$	0	1	wegen c) und d)

Es gibt also bei fester Belegung von y mit 4 eine Belegung von x (mit 2) derart, dass $((r(c,c) \rightarrow r(y,y)) \leftrightarrow r(c,x))$ den Wert 1 annimmt; und es gibt auch eine Belegung von x (mit 5), für die dieser Ausdruck den Wert 0 annimmt. Hieraus ergeben sich für jede Belegung γ mit $\gamma(y) = 4$ für die Quantifizierungen obigen Ausdrucks bez. x

$$w_\gamma^I(\exists x((r(c,c) \rightarrow r(y,y)) \leftrightarrow r(c,x))) = 1 \text{ und } w_\gamma^I(\forall x((r(c,c) \rightarrow r(y,y)) \leftrightarrow r(c,x))) = 0,$$

da $\alpha = \gamma_{x,5}$ und $\alpha' = \gamma_{x,2}$ sind.

Als zweites betrachten wir nun die Interpretation $J = (U, \tau)$ mit

$$U = \mathbb{N},\ \tau(c) = 1,\ \tau(r) = R_{\leq} = \{(a,b) \mid a \leq b\}.$$

Wir haben erneut die natürlichen Zahlen als Grundbereich genommen, aber 1 als Konstante gewählt und verwenden die Kleiner-gleich-Relation. Erneut nehmen wir die Belegungen α und α'. Dann ergeben sich folgende Werte

	Ausdruck A	$w_\alpha^J(A)$	$w_{\alpha'}^J(A)$	Begründung
a′)	$r(c,c)$	1	1	da $1 \leq 1$
b′)	$r(y,y)$	1	1	da $4 \leq 4$
c′)	$(r(c,c) \rightarrow r(y,y))$	1	1	wegen a′) und b′)
d′)	$r(c,x)$	1	1	da $1 \leq 5$ und $1 \leq 2$
e′)	$((r(c,c) \rightarrow r(y,y)) \leftrightarrow r(c,x))$	1	1	wegen c′) und d′)

Für beide betrachteten Belegungen wird der Ausdruck wahr. Es gilt sogar

$$w_\gamma^J(\forall x((r(c,c) \rightarrow r(y,y)) \leftrightarrow r(c,x))) = 1.$$

Dies folgt daraus, dass für jede Belegung $\gamma_{x,d}$, $d \in U$, die Ausdrücke in a′) wegen $1 \leq 1$, in b′) wegen $\gamma(y) \leq \gamma(y)$ und damit auch in c′) den Wert 1 annehmen, wegen $1 \leq d$ für alle $d \in \mathbb{N}$ auch der Ausdruck in d′) stets den Wert 1 annimmt, und damit für jede Belegung $\gamma_{x,d}$, $d \in U$, der Ausdruck aus e′) den Wert 1 hat.

Wenn für jede Belegung $\gamma_{x,d}$, $d \in U$, der Ausdruck in e′) den Wert 1 annimmt, so ist dies sicher für ein $d \in U$ der Fall. Damit haben wir auch

$$w_\gamma^J(\exists x((r(c,c) \rightarrow r(y,y)) \leftrightarrow r(c,x))) = 1.$$

Wir führen nun einige Begriffe ein, die teilweise die prädikatenlogische Ausprägung aussagenlogischer Konzepte sind.

Definition 2.11

i) Ein Ausdruck A über der Signatur $\mathcal{S}$ heißt allgemeingültig *oder* Tautologie *(bzw.* Kontradiktion *oder* unerfüllbar*)* bez. einer Interpretation I von $\mathcal{S}$, *falls für jede Belegung α bez. I die Beziehung $w_\alpha^I(A) = 1$ (bzw. $w_\alpha^I(A) = 0$) gilt. Ein Ausdruck A heißt* erfüllbar bez. *I, falls es eine Belegung α bez. I mit $w_\alpha^I(A) = 1$ gibt.*

ii) Ein Ausdruck A über der Signatur $\mathcal{S}$ heißt allgemeingültig *oder* Tautologie *(bzw.* Kontradiktion *oder* unerfüllbar*), falls A Tautologie (bzw. Kontradiktion) bez. jeder Interpretation von $\mathcal{S}$ ist. Ein Ausdruck A über $\mathcal{S}$ heißt* erfüllbar, *falls es eine Interpretation I von $\mathcal{S}$ und eine Belegung α bez. I mit $w_\alpha^I(A) = 1$ gibt.*

iii) Es sei $\mathcal{A}$ eine Menge von Ausdrücken über $\mathcal{S}$. Eine Interpretation I von $\mathcal{S}$ heißt Modell für *$\mathcal{A}$, falls jeder Ausdruck von $\mathcal{A}$ eine Tautologie bez. I ist.*

Entsprechend dieser Definition ist der Ausdruck $((r(c,c) \to r(y,y)) \leftrightarrow r(c,x))$ aus Beispiel 2.10 bez. I erfüllbar, aber weder Tautologie noch Kontradiktion, während er bez. J eine Tautologie ist.

Beispiel 2.12 (Fortsetzung von Beispiel 2.5) Wir betrachten die Signatur $\mathcal{S}_2$ aus Beispiel 2.5 und ihre Interpretation $I = (U, \tau)$ mit

$$\begin{aligned} U &= \mathbb{N}, \\ \tau(f) &= F : \mathbb{N} \to \mathbb{N} \quad \text{mit} \quad F(n) = n + 1 \text{ für } n \in \mathbb{N}, \\ \tau(r) &= R_< = \{(n,m) \mid n < m\}. \end{aligned}$$

Wir wissen aus Beispiel 2.5, dass alle Terme über $\mathcal{S}$ von der Form $\underbrace{f(\ldots(f(f}_{m\text{-mal}}(x)))\ldots)$ sind. Es ergeben sich für eine beliebige Belegung α bez. I mit $\alpha(x) = n$

$$\begin{aligned} w_\alpha^I(x) &= \alpha(x) = n, \\ w_\alpha^I(f(x)) &= F(w_\alpha^I(x)) = F(n) = n + 1, \\ w_\alpha^I(f(f(x))) &= F(w_\alpha^I(f(x))) = F(n+1) = n + 2 \end{aligned}$$

und allgemein

$$w_\alpha^I(\underbrace{f(\ldots(f(f}_{m\text{-mal}}(x)))\ldots)) = n + m.$$

Wir wollen zeigen, dass I ein Modell für die Menge $\{B_1, B_2, B_3\}$ ist, wobei die Ausdrücke B_1, B_2, B_3 in Beispiel 2.5 angegeben worden sind.

Für jedes α mit $\alpha(x) = n$ gilt

$$\begin{aligned} w_\alpha^I(r(x, f(x))) = 1 \quad &\text{genau dann, wenn} \quad (w_\alpha^I(x), w_\alpha^I(f(x))) \in R_< \\ &\text{genau dann, wenn} \quad w_\alpha^I(x) < w_\alpha^I(f(x)) \\ &\text{genau dann, wenn} \quad n < n + 1. \end{aligned}$$

Da letztere Aussage offenbar für alle n gilt, ist damit $w_\alpha^I(r(x, f(x))) = 1$ für alle Belegungen α gezeigt. Damit ist insbesondere für alle $d \in \mathbb{N}$ ebenfalls $w_{\alpha_{x,d}}^I(r(x, f(x))) = 1$ erfüllt, womit $w_\beta^I(\forall x r(x, f(x))) = 1$ für alle Belegungen β gezeigt ist. Der Ausdruck B_1 ist also eine Tautologie bez. I.

Weiterhin erhalten wir

$$\begin{aligned} w_\alpha^I(\neg r(x,x)) = 1 \quad &\text{genau dann, wenn} \quad w_\alpha^I(r(x,x)) = 0 \\ &\text{genau dann, wenn} \quad (w_\alpha^I(x), w_\alpha^I(x)) \notin R_< \\ &\text{genau dann, wenn} \quad w_\alpha^I(x) \geq w_\alpha^I(x) \\ &\text{genau dann, wenn} \quad n \geq n. \end{aligned}$$

Da die letztere Aussage erneut für alle n gilt, ist damit $w^I_\alpha(\neg r(x,x)) = 1$ für alle Belegungen α gezeigt. Damit ist $B_2 = \forall x \neg r(x,x)$ eine Tautologie bez. I.

Der Ausdruck $B_3 = \forall x \forall y \forall z((r(x,y) \wedge r(y,z)) \to r(x,z))$ ist eine Tautologie bez. I, da bei

$$\alpha(x) = p \in \mathbb{N}, \quad \alpha(y) = s \in \mathbb{N}, \quad \alpha(z) = t \in \mathbb{N}$$

die Implikation die Form $((p < s \wedge s < t) \to p < t)$ annimmt, also die Transitivität der Kleiner-Relation widerspiegelt, und damit immer gültig ist.

Dagegen ist die Interpretation $I' = (U, \tau')$ mit $U = \mathbb{N}$ und $\tau'(f) = F$ wie in I, aber $\tau'(r) = R_\leq$ kein Modell für $\{B_1, B_2, B_3\}$. Entsprechend obigen Überlegungen gilt nämlich $w^{I'}_{\alpha_{x,d}}(\neg r(x,x)) = 0$ wegen $5 \leq 5$.

Wir wollen noch ein weiteres Modell für $\{B_1, B_2, B_3\}$ angeben. Wir betrachten die Interpretation $J = (U, \sigma)$ mit

$$\begin{aligned} U &= \{a,b\}^* \quad \text{(Menge aller Wörter über } \{a,b\}\text{)}, \\ \sigma(f) &= F' \quad \text{mit} \quad F'(u) = ua \text{ für } u \in \{a,b\}^*, \\ \sigma(r) &= \prec, \end{aligned}$$

wobei $\prec$ die Ordnung auf $\{a,b\}^*$ ist, bei der zuerst nach der Länge und bei gleicher Länge alphabetisch vorgegangen wird (siehe Abschnitt A.2).

Es sei nun α eine Belegung bez. J mit $\alpha(x) = u \in \{a,b\}^*$. Dann erhalten wir für die möglichen Terme

$$\begin{aligned} w^J_\alpha(x) &= \alpha(x) = u, \\ w^J_\alpha(f(x)) &= F'(w^J_\alpha(x)) = F'(u) = ua, \\ w^J_\alpha(f(f(x))) &= F'(w^J_\alpha(f(x))) = F'(ua) = uaa \end{aligned}$$

und allgemein

$$w^J_\alpha(\underbrace{f(\ldots(f(f}_{m\text{-mal}}(x)))\ldots)) = ua^m.$$

Weiterhin ergibt sich

$$\begin{aligned} w^J_\alpha(r(x,f(x))) = 1 \quad &\text{genau dann, wenn } w^J_\alpha(x) \prec w^J_\alpha(f(x)) \\ &\text{genau dann, wenn } u \prec ua. \end{aligned}$$

Wegen $|u| < |u| + 1 = |ua|$ und der Definition von $\prec$ erhalten wir $u \prec ua$, womit $w^J_\alpha(r(x,f(x))) = 1$ für alle α folgt. Dies impliziert erneut, dass B_1 eine Tautologie bez. J ist.

Außerdem gilt $u \prec u$ für alle u nicht, da weder u kürzer als u ist noch ein unterschiedlicher Buchstabe auftritt. Damit erhalten wir, dass auch $w^J_\alpha(\neg r(x,x)) = 1$ für alle Belegungen α erfüllt ist. Damit ist B_2 eine Tautologie bez. J.

Es sei nun α eine beliebige Belegung bez. J mit

$$\alpha(x) = u \in \{a,b\}^*, \ \alpha(y) = v \in \{a,b\}^*, \ \alpha(z) = w \in \{a,b\}^*.$$

Wir wollen zeigen, dass B_3 eine Tautologie ist. Dabei setzen wir $w^J_\alpha((r(x,y) \wedge r(y,z))) = 1$ voraus, denn wenn dies nicht gilt, ist aufgrund der Definition des Wertes der Implikation

$w^J_\alpha(((r(x,y) \wedge r(y,z)) \rightarrow r(x,z))) = 1$ gesichert. Wir gehen also von $u \prec v$ und $v \prec w$ aus. Wir betrachten die folgenden Fälle.

Fall 1: Die drei Wörter u, v und w haben die gleiche Länge.
Wegen $u \prec v$ gilt $u = sau'$ und $v = sbv'$. Da auch $v \prec w$ ist, haben wir auch $v = tav''$ und $w = tbw''$. Aufgrund von $v = sbv'$ und $v = tav''$ muss entweder s ein Anfangsstück von t oder t ein Anfangsstück von s sein.

Es sei s zuerst ein Anfangsstück von t. Dann ergibt sich $t = sbt'$, und wir erhalten $u = sau'$ und $w = sbt'bw''$. Damit gilt auch $u \prec w$.

Ist t ein Anfangsstück von s, dann ergibt sich $s = tas'$, und wir erhalten $u = tas'au'$ und $w = tbw''$. Damit gilt erneut $u \prec w$.

Damit ist $w^J_\alpha(((r(x,y) \wedge r(y,z)) \rightarrow r(x,z))) = 1$ gezeigt.

Fall 2: Es gilt $|u| \neq |v|$ oder $|v| \neq |w|$.
Wegen $u \prec v$ und $v \prec w$ folgen $|u| \leq |v|$ und $|v| \leq |w|$. Damit haben wir auch $|u| \leq |w|$. Da nach Voraussetzung dieses Falles $|u| < |v|$ oder $|v| < |w|$ gelten muss, erhalten wir sogar $|u| < |w|$ und damit $u \prec w$.

Wir wollen nun folgende Aussage über die Struktur $\mathcal{S}_2$ beweisen.

Lemma 2.13 *Ist die Interpretation $I = (U, \tau)$ über $\mathcal{S}_2$ ein Modell für $\{B_1, B_2, B_3\}$, so ist U eine unendliche Menge.*

Beweis. Dies ist wie folgt zu sehen. Angenommen, es gibt ein Modell $I = (U, \tau)$ mit endlicher Menge U. Es seien x eine feste Variable und α eine beliebige Belegung bez. I. Wir betrachten zuerst die Folge

$$x,\; f(x),\; f(f(x)),\; f(f(f(x))),\; \ldots$$

und die zugehörige Folge

$$w^I_\alpha(x),\; w^I_\alpha(f(x)),\; w^I_\alpha(f(f(x))),\; w^I_\alpha(f(f(f(x)))),\; \ldots$$

von Werten. Da U endlich ist, gibt es natürliche Zahlen m und n mit

$$m < n \quad \text{und} \quad w^I_\alpha(\underbrace{f(f(\ldots(f}_{m\text{-mal}}(x))\ldots))) = w^I_\alpha(\underbrace{f(f(\ldots(f}_{n\text{-mal}}(x))\ldots))). \tag{2.5}$$

Wegen B_2 ist $(d,d) \notin \tau(r)$ für alle $d \in U$. Dies gilt auch für $d = w^I_\alpha(\underbrace{f(f(\ldots(f}_{m\text{-mal}}(x))\ldots)))$.

Somit folgt aus (2.5) die Existenz natürlicher Zahlen m und n mit

$$m < n \quad \text{und} \quad (w^I_\alpha(\underbrace{f(f(\ldots(f}_{m\text{-mal}}(x))\ldots))), w^I_\alpha(\underbrace{f(f(\ldots(f}_{n\text{-mal}}(x))\ldots)))) \notin \tau(r). \tag{2.6}$$

Für $k \geq 0$ sei β_k eine Belegung mit $\beta_k(x) = w^I_\alpha(\underbrace{f(f(\ldots(f}_{k\text{-mal}}(x))\ldots)))$. Wegen B_1 gilt $w^I_{\beta_k}(r(x, f(x))) = 1$. Aufgrund der Wahl von β_k ergibt sich

$$(w^I_\alpha(\underbrace{f(f(\ldots(f}_{k\text{-mal}}(x))\ldots))), w^I_\alpha(\underbrace{f(f(\ldots(f}_{(k+1)\text{-mal}}(x))\ldots)))) \in \tau(r)$$

für $k \geq 0$. Mittels Induktion erhalten wir daraus unter Verwendung der wegen B_3 gegebenen Transitivität von $\tau(r)$ für $m < n$

$$(w_\alpha^I(\underbrace{f(f(\ldots(f}_{m\text{-mal}}(x))\ldots))), w_\alpha^I(\underbrace{f(f(\ldots(f}_{n\text{-mal}}(x))\ldots)))) \in \tau(r)$$

und damit einen Widerspruch zu (2.6). □

Beispiel 2.14 (Fortsetzung von Beispiel 2.6) Wir betrachten eine beliebige Interpretation $I = (U, \tau)$ der Signatur $\mathcal{S}_3$ aus Beispiel 2.6 mit

$$\tau(g) = R_= = \{(a,a) \mid a \in U\}.$$

Zur Vereinfachung der Schreibweise schreiben wir

$a \cdot b$ anstelle von $\tau(g_2)(a,b)$ und a^{-1} anstelle von $\tau(g_1)(a)$.

Für $d \in U$ und eine beliebige Belegung α ergibt sich

$w^I_{\alpha_{x,d}}((g(x, g_2(x,e)) \wedge g(x, g_2(e,x)))) = 1$ genau dann, wenn $d = d \cdot \tau(e)$ und $d = \tau(e) \cdot d$

gelten. Unter Beachtung von C_1 wird also gefordert, dass $\tau(e)$ neutrales Element bez. der Operation $\tau(g_2)$ ist. Analog erhalten wir

$$w^I_{\alpha_{x,d}}((g(g_2(x, g_1(x)), e) \wedge g(g_2(g_1(x), x), e))) = 1$$

genau dann, wenn $d \cdot d^{-1} = \tau(e)$ und $d^{-1} \cdot d = \tau(e)$

gültig sind. Daher bedeutet $w_\alpha^I(C_2) = 1$, dass die Funktion $\tau(g_1)$ jedem $d \in U$ sein Inverses bez. $\tau(g_2)$ zuordnet. Wir stellen nun noch fest, dass C_3 das Assoziativgesetz für $\tau(g_2)$ fordert. Damit liefert jede Interpretation $I = (U, \tau)$ von $\mathcal{S}_3$, bei der das Relationssymbol g als Gleichheit in U interpretiert wird und die Modell für $\{C_1, C_2, C_3\}$ ist, eine Gruppe.

Dies gilt nicht mehr, wenn $\tau(g)$ nicht die Gleichheit ist. Das folgt, weil sich bei der Interpretation $J = (U', \tau')$ mit

$$\begin{aligned} U' &= \mathbb{N}, \\ \tau'(e) &= 1, \\ \tau'(g) &= \{(n,m) \mid n \geq m\}, \\ \tau'(g_1) &= id \quad \text{mit} \quad id(n) = n, \\ \tau'(g_2) &= mult \quad \text{mit} \quad mult(n,m) = n \cdot m \end{aligned}$$

für beliebiges $d \in \mathbb{N}$ und eine beliebige Belegung α'

$$w^J_{\alpha'_{x,d}}(g(x, g_2(x,e)) \wedge g(x, g_2(e,x))) = 1 \text{ genau dann, wenn } d \geq d \cdot 1 \text{ und } d \geq 1 \cdot d$$

und

$$w^J_{\alpha'_{x,d}}(g(g_2(x, g_1(x)), e) \wedge g(g_2(g_1(x), x), e)) = 1 \text{ genau dann, wenn } d \cdot d \geq 1 \text{ und } d \cdot d \geq 1$$

ergeben, woraus unter Beachtung der Assoziativität der Multiplikation in $\mathbb{N}$ sofort folgt, dass J ein Modell für $\{C_1, C_2, C_3\}$, aber keine Gruppe ist.

Abschließend wollen wir noch zwei Bemerkungen machen.

Da aus mathematischer Sicht 0-stellige Funktionen Konstanten sind und jede n-stellige Funktion als eine $(n+1)$-stellige Relation aufgefasst werden kann, könnte man scheinbar Signaturen dahingehend vereinfachen, dass man nur Relationen betrachtet. Hinsichtlich der Konstanten ist dies auch für die Logik zutreffend; einige Logiker/Autoren verzichten daher bei ihrer Definition der Signatur auch auf Konstanten; wir nehmen eine Unterscheidung vor, weil an späterer Stelle explizit die Existenz von Konstantensymbolen erforderlich wird. Dagegen ist die Unterscheidung von Funktionen und Relationen in der Logik sehr wesentlich, da bei der Wertberechnung deutliche Unterschiede vorliegen. Funktionen liefern Werte aus dem Grundbereich. Relationen führen zu Wahrheitswerten.

Die Prädikatenlogik kann als Erweiterung der Aussagenlogik aufgefasst werden. Die Aussagenlogik entsteht nämlich aus der Prädikatenlogik wie folgt:

- Wir betrachten die Signatur, bei der nur eine einstellige Relation r vorhanden ist. Die Basisausdrücke sind dann alle von der Form $r(x)$, wobei x eine Variable ist.

- Wir schränken uns auf Ausdrücke ohne $\forall$ und $\exists$ ein. Als logische Symbole sind also nur die der Aussagenlogik zugelassen. Dann sind die prädikatenlogischen Ausdrücke eigentlich aussagenlogische Ausdrücke, nur dass anstelle einer aussagenlogischen Variable p_i ein Basisausdruck $r(x_i)$ verwendet wird.

- Wir betrachten die Interpretation $I = (\{0,1\}, \tau)$ mit $\tau(r) = \{1\}$.

Für eine Belegung α und eine Variable x_i ist dann $\alpha(x_i)$ ein Wahrheitswert. Ferner gilt $\alpha(x_i) = w_\alpha^I(r(x_i))$. Aus Sicht der Wertberechnung könnte daher der Basisausdruck $r(x_i)$ durch die Variable ersetzt werden. Dies liefert dann aber einen aussagenlogischen Ausdruck.

Eine andere Möglichkeit, die Prädikatenlogik als Verallgemeinerung der Aussagenlogik zu betrachten, besteht darin, dass man sich vorstellt, dass die Basisausdrücke die Rolle der aussagenlogischen Variablen übernehmen (deren Wert sich nun nicht durch die Belegung direkt, sondern durch einen Berechnungsprozess über die Terme ergibt) und $\forall$ und $\exists$ zusätzlich bei der Ausdrucksbildung zugelassen sind.

2.1.2 Normalformen prädikatenlogischer Ausdrücke

In diesem Abschnitt wollen wir – analog zur Aussagenlogik – prädikatenlogische Ausdrücke einer speziellen Form angeben, so dass zu jedem prädikatenlogischen Ausdruck ein semantisch äquivalenter Ausdruck dieser Form existiert. Daher müssen wir zuerst den Begriff der semantischen Äquivalenz für prädikatenlogische Ausdrücke definieren.

Definition 2.15 *Zwei prädikatenlogische Ausdrücke A und B über der Signatur $\mathcal{S}$ heißen* semantisch äquivalent, *falls für jede Interpretation I von $\mathcal{S}$ und jede Belegung α bez. I die Beziehung $w_\alpha^I(A) = w_\alpha^I(B)$ gilt.*

Hieraus ergibt sich wie in der Aussagenlogik sofort die folgende Aussage.

Folgerung 2.16 *Zwei prädikatenlogische Ausdrücke A und B über der Signatur $\mathcal{S}$ sind genau dann semantisch äquivalent, wenn $(A \leftrightarrow B)$ eine Tautologie ist.* □

Wir schreiben erneut $A \equiv B$, falls A und B semantisch äquivalent sind. Wie in der Aussagenlogik lässt sich beweisen, dass $\equiv$ eine Äquivalenzrelation auf der Menge der prädikatenlogischen Ausdrücke über einer Signatur ist.

Wir bemerken weiterhin, dass sich die semantischen Äquivalenzen der Aussagenlogik auf die Prädikatenlogik übertragen lassen.

Lemma 2.17 *Es seien A und B aussagenlogische Ausdrücke, die höchstens die Variablen $p_1, p_2, \ldots, p_n$ enthalten. Ferner seien $C_1, C_2, \ldots, C_n$ prädikatenlogische Ausdrücke über einer Signatur $\mathcal{S}$ sowie A' und B' die prädikatenlogischen Ausdrücke, die aus A bzw. B entstehen, indem man für $1 \leq i \leq n$ jedes Vorkommen von p_i durch C_i ersetzt. Dann gelten folgende Aussagen.*

i) Ist A eine Tautologie, so ist auch A' eine Tautologie.

ii) Aus $A \equiv B$ folgt $A' \equiv B'$.

Beweis. i) Es seien I eine beliebige Interpretation von $\mathcal{S}$ und α eine beliebige Belegung bez. I. Wir definieren die Belegung β der Variablen p_i, $1 \leq i \leq n$, durch $\beta(p_i) = w^I_\alpha(C_i)$. Da A und A' mittels der (aussagenlogischen) Operationen $\neg$, $\wedge$, $\vee$, $\rightarrow$, $\leftrightarrow$ induktiv gleich aufgebaut sind und die zugehörigen Wertberechnungen in Aussagen- und Prädikatenlogik gleich erfolgen, ergibt sich $w_\beta(A) = w^I_\alpha(A')$. Da A eine Tautologie ist, gilt $w_\beta(A) = 1$, womit wir $w^I_\alpha(A') = 1$ erhalten. Damit ist A' eine Tautologie.

ii) folgt aus i) unter Beachtung von Folgerung 2.16. □

Neben den aus der Aussagenlogik heraus geltenden semantischen Äquivalenzen gibt es auch noch weitere, die die Quantoren $\forall$ und $\exists$ berücksichtigen.

Lemma 2.18 *Sind A und B beliebige prädikatenlogische Ausdrücke, so gelten die folgenden semantischen Äquivalenzen:*

i) $\neg\forall x A \equiv \exists x \neg A$,

ii) $\neg\exists x A \equiv \forall x \neg A$,

iii) $(\forall x A \wedge \forall x B) \equiv \forall x (A \wedge B)$,

iv) $(\exists x A \vee \exists x B) \equiv \exists x (A \vee B)$,

v) $\forall x \forall y A \equiv \forall y \forall x A$,

vi) $\exists x \exists y A \equiv \exists y \exists x A$.

Kommt überdies x in B nicht vor, so gelten noch

vii) $(\forall x A \wedge B) \equiv \forall x (A \wedge B)$,

viii) $(\forall x A \vee B) \equiv \forall x (A \vee B)$,

ix) $(\exists x A \wedge B) \equiv \exists x (A \wedge B)$,

x) $(\exists x A \vee B) \equiv \exists x (A \vee B)$.

Beweis. Wir beweisen nur die Aussagen i), iii) und vii); die Beweise für die anderen Fälle können analog geführt werden, die formale Durchführung der Beweise bleibt dem Leser überlassen.

Es seien $I = (U, \tau)$ eine beliebige Interpretation von $\mathcal{S}$ und α eine beliebige Belegung bez. I.

i) Die Aussage folgt aus den folgenden Beziehungen:

$$\begin{aligned}
w_\alpha^I(\neg\forall xA) = 1 \quad & \text{genau dann, wenn } w_\alpha^I(\forall xA) = 0 \\
& \text{genau dann, wenn } w_{\alpha_{x,d}}^I(A) = 0 \text{ für ein } d \in U \\
& \text{genau dann, wenn } w_{\alpha_{x,d}}^I(\neg A) = 1 \text{ für ein } d \in U \\
& \text{genau dann, wenn } w_\alpha^I(\exists x\neg A) = 1.
\end{aligned}$$

iii) Die Aussage folgt aus den folgenden Beziehungen:

$$\begin{aligned}
w_\alpha^I((\forall xA \wedge \forall xB)) = 1 \quad & \text{genau dann, wenn } w_\alpha^I(\forall xA) = w_\alpha^I(\forall xB) = 1 \\
& \text{genau dann, wenn } w_{\alpha_{x,d}}^I(A) = w_{\alpha_{x,d}}^I(B) = 1 \text{ für alle } d \in U \\
& \text{genau dann, wenn } w_{\alpha_{x,d}}^I((A \wedge B)) = 1 \text{ für alle } d \in U \\
& \text{genau dann, wenn } w_\alpha^I(\forall x(A \wedge B)) = 1.
\end{aligned}$$

vii) Wir haben zuerst einmal

$$\begin{aligned}
w_\alpha^I((\forall xA \wedge B)) = 1 \quad & \text{genau dann, wenn } w_\alpha^I(\forall xA) = w_\alpha^I(B) = 1 \\
& \text{genau dann, wenn } w_{\alpha_{x,d}}^I(A) = 1 \text{ für alle } d \in U \text{ und } w_\alpha^I(B) = 1.
\end{aligned}$$

Da x in B nicht vorkommt, gilt offenbar $w_\alpha^I(B) = w_{\alpha_{x,d}}^I(B)$ für alle $d \in U$. Damit ergibt sich

$$\begin{aligned}
w_\alpha^I((\forall xA \wedge B)) = 1 \quad & \text{genau dann, wenn } w_{\alpha_{x,d}}^I(A) = w_{\alpha_{x,d}}^I(B) = 1 \text{ für alle } d \in U \\
& \text{genau dann, wenn } w_{\alpha_{x,d}}^I((A \wedge B)) = 1 \text{ für alle } d \in U \\
& \text{genau dann, wenn } w_\alpha^I(\forall x(A \wedge B)) = 1.
\end{aligned}$$

□

Ein Blick auf die semantischen Äquivalenzen i) bis iv) und vii) bis x) aus Lemma 2.18 zeigt, dass auf der rechten Seite der Quantor jeweils ganz links steht und sich auf den ganzen dahinter stehenden Ausdruck erstreckt. Dies wäre eine mögliche Normalform. Formal ergibt sich die folgende Definition.

Definition 2.19 *Ein prädikatenlogischer Ausdruck A ist in* pränexer Normalform, *wenn folgende Bedingungen erfüllt sind:*

- $A = Q_1x_1Q_2x_2\ldots Q_nx_nA'$ *für ein* $n \geq 0$,
- $Q_i \in \{\forall, \exists\}$ *für* $1 \leq i \leq n$,
- *für* $1 \leq i \leq n$ *ist* x_i *eine Variable und*
- *in* A' *kommen* $\forall$ *und* $\exists$ *nicht vor.*

Bei einem Ausdruck in pränexer Normalform stehen alle Quantoren (mit der entsprechenden Variablen) am Anfang des Ausdrucks.

Der Name Normalform ist natürlich nur gerechtfertigt, wenn zu jedem prädikatenlogischen Ausdruck ein semantisch äquivalenter Ausdruck in pränexer Normalform existiert.

Durch iterative Anwendung der Aussagen aus Lemma 2.18 können wir die Quantoren nach links verschieben und uns damit einer pränexen Normalform nähern. Leider ist in Lemma 2.18 vii) – x) aber die Voraussetzung gemacht worden, dass x in B nicht vorkommt. Falls x in B vorkommt, ist daher unser intuitives Verfahren entsprechend Lemma 2.18 blockiert. Wir wollen nun auch für den Fall, dass x in B vorkommt, ein zu Lemma 2.18 analoges Resultat beweisen. Das Hilfsmittel dafür ist eine Umbenennung (oder Ersetzung) von Variablen.

Zur Vorbereitung dazu geben wir einige Lemmata zum Wertverhalten bei Ersetzungen von Variablen durch Terme.

Es seien s ein Term und A ein prädikatenlogischer Ausdruck über der Signatur $\mathcal{S}$, x eine Variable und t ein Term über $\mathcal{S}$, der x nicht enthält. Mit $sub(s,x,t)$ und $sub(A,x,t)$ bezeichnen wir den Term bzw. den prädikatenlogischen Ausdruck[2], der aus s bzw. A entsteht, indem jedes freie Vorkommen von x in s bzw. A durch t ersetzt wird. Für eine Belegung α bez. einer Interpretation I von $\mathcal{S}$ definieren wir $\alpha_{x,t}$ durch

$$\alpha_{x,t}(y) = \begin{cases} \alpha(y) & \text{für } y \neq x, \\ w_\alpha^I(t) & \text{für } y = x. \end{cases}$$

Wir beweisen nun ein Lemma, das die prädikatenlogische Variante von Lemma 1.17 ist und eine Aussage zum Wertverhalten beim (prädikatenlogischen) Ersetzen macht.

Lemma 2.20 *Es seien x eine Variable, s ein Term und A ein prädikatenlogischer Ausdruck über der Signatur $\mathcal{S}$, in dem x nicht gebunden vorkommt, und t ein Term über $\mathcal{S}$, der weder x noch eine in A gebundene Variable enthält. Dann gelten für jede Belegung α bez. einer Interpretation I von $\mathcal{S}$*

i) $w_\alpha^I(sub(s,x,t)) = w_{\alpha_{x,t}}^I(s)$ *und*

ii) $w_\alpha^I(sub(A,x,t)) = w_{\alpha_{x,t}}^I(A)$.

Beweis. i) Wir benutzen Induktion über die Anzahl m der Schritte zur Konstruktion des Terms s.

Induktionsanfang $m = 0$: Wir haben zwei Fälle zu betrachten: Es gilt $s = y$ für eine Variable y oder $s = c$ für ein Konstantensymbol c. Falls $y \neq x$ ist, so gilt wegen $s = y$ und $sub(s,x,t) = y$ und der Definition von $\alpha_{x,t}$

$$w_\alpha^I(sub(s,x,t)) = w_\alpha^I(y) = \alpha(y) = \alpha_{x,t}(y) = w_{\alpha_{x,t}}^I(y) = w_{\alpha_{x,t}}^I(s).$$

Falls $s = x$ und damit $sub(s,x,t) = t$ ist, so erhalten wir nach der Definition von $\alpha_{x,t}$

$$w_\alpha^I(sub(s,x,t)) = w_\alpha^I(t) = \alpha_{x,t}(x) = w_{\alpha_{x,t}}^I(s).$$

Für $s = c$ ergibt sich wegen $s = c = sub(c,x,t) = sub(s,x,t)$

$$w_\alpha^I(sub(s,x,t)) = w_\alpha^I(c) = \tau(c) = w_{\alpha_{x,t}}^I(c) = w_{\alpha_{x,t}}^I(s).$$

Damit ist der Induktionsanfang gezeigt.

[2] Der Leser möge sich klar machen, dass $sub(s,x,t)$ ein Term und $sub(A,x,t)$ ein Ausdruck ist.

Induktionsschritt: Es sei $s = f(s_1, s_2, \ldots, s_k)$ für gewisse Terme s_i, $1 \leq i \leq k$. Dann gilt

$$sub(s, x, t) = f(sub(s_1, x, t), sub(s_2, x, t), \ldots, sub(s_k, x, t))$$

und damit

$$\begin{aligned} w_\alpha^I(sub(s, x, t)) &= \tau(f)(w_\alpha^I(sub(s_1, x, t)), w_\alpha^I(sub(s_2, x, t)), \ldots, w_\alpha^I(sub(s_k, x, t))) \\ &= \tau(f)(w_{\alpha_{x,t}}^I(s_1), w_{\alpha_{x,t}}^I(s_2), \ldots, w_{\alpha_{x,t}}^I(s_k)) \\ &\qquad \text{(nach Induktionsvoraussetzung)} \\ &= w_{\alpha_{x,t}}^I(f(s_1, s_2, \ldots, s_k)) \\ &= w_{\alpha_{x,t}}^I(s). \end{aligned}$$

Damit ist auch der Induktionsschritt vollzogen.

ii) Wir benutzen Induktion über die Anzahl n der logischen Operatoren beim Aufbau des prädikatenlogischen Ausdrucks A.

Induktionsanfang $n = 0$: Dann ist $A = r(t_1, t_2, \ldots, t_k)$ für ein Relationssymbol r. Wegen

$$sub(A, x, t) = r(sub(t_1, x, t), sub(t_2, x, t), \ldots, sub(t_k, x, t))$$

ergibt sich

$$\begin{aligned} & w_\alpha^I(sub(A, x, t)) = 1 \\ &\quad \text{genau dann, wenn } w_\alpha^I(r(sub(t_1, x, t), sub(t_2, x, t), \ldots, sub(t_k, x, t))) = 1 \\ &\quad \text{genau dann, wenn } (w_\alpha^I(sub(t_1, x, t)), w_\alpha^I(sub(t_2, x, t)), \ldots, w_\alpha^I(sub(t_k, x, t))) \in \tau(r) \\ &\quad \text{genau dann, wenn } (w_{\alpha_{x,t}}^I(t_1), w_{\alpha_{x,t}}^I(t_2), \ldots, w_{\alpha_{x,t}}^I(t_k)) \in \tau(r) \qquad \text{(nach i))} \\ &\quad \text{genau dann, wenn } w_{\alpha_{x,t}}^I(r(t_1, t_2, \ldots, t_k)) = 1 \\ &\quad \text{genau dann, wenn } w_{\alpha_{x,t}}^I(A) = 1, \end{aligned}$$

womit der Induktionsanfang gezeigt ist.

Induktionsschritt. Es sei $A = (B \wedge C)$. Dann erhalten wir wegen

$$sub(A, x, t) = (sub(B, x, t) \wedge sub(C, x, t))$$

die Beziehungen

$$\begin{aligned} w_\alpha^I(sub(A, x, t)) = 1 \;\; &\text{genau dann, wenn } w_\alpha^I(sub(B, x, t)) = w_\alpha^I(sub(C, x, t)) = 1 \\ &\text{genau dann, wenn } w_{\alpha_{x,t}}^I(B) = w_{\alpha_{x,t}}^I(C) = 1 \\ &\text{genau dann, wenn } w_{\alpha_{x,t}}^I((B \wedge C)) = 1 \\ &\text{genau dann, wenn } w_{\alpha_{x,t}}^I(A) = 1. \end{aligned}$$

Analog beweisen wir den Induktionsschritt für $A = \neg B$, $A = (B \vee C)$, $A = (B \to C)$ und $A = (B \leftrightarrow C)$.

Es sei nun $A = \forall y B$ für eine Variable $y \neq x$ (sonst käme x in A gebunden vor). Wir bemerken zuerst, dass die präzise Fassung der Induktionsvoraussetzung lautet, dass die Aussage für alle Belegungen und alle Ausdrücke gilt, die mit weniger Operatoren erzeugt werden können. Insbesondere gilt die Aussage also auch für alle Belegungen $\alpha_{y,d}$ mit $d \in U$. Da die Ersetzungen von x durch t und von y durch d sich nicht beeinflussen, gilt $(\alpha_{y,d})_{x,t} = (\alpha_{x,t})_{y,d}$. Folglich gilt

$$\begin{aligned} w^I_\alpha(sub(A,x,t)) = 1 \text{ genau dann, wenn } & w^I_\alpha(\forall y sub(B,x,t)) = 1 \\ \text{genau dann, wenn } & w^I_{\alpha_{y,d}}(sub(B,x,t)) = 1 \text{ für alle } d \in U \\ \text{genau dann, wenn } & w^I_{(\alpha_{y,d})_{x,t}}(B) = 1 \text{ für alle } d \in U \\ \text{genau dann, wenn } & w^I_{(\alpha_{x,t})_{y,d}}(B) = 1 \text{ für alle } d \in U \\ \text{genau dann, wenn } & w^I_{\alpha_{x,t}}(\forall y B) = 1 \\ \text{genau dann, wenn } & w^I_{\alpha_{x,t}}(A) = 1. \end{aligned}$$

Analog zeigt man die Gültigkeit des Induktionsschlusses für $A = \exists x B$. □

Lemma 2.21 *Es sei $A = QxB$ mit $Q \in \{\forall, \exists\}$ ein prädikatenlogischer Ausdruck über einer Signatur $\mathcal{S}$. Ferner sei y eine Variable, die in A nicht vorkommt. Dann gilt*

$$QxB \equiv Qy\, sub(B,x,y).$$

Beweis. Wir geben den Beweis nur für $Q = \forall$; der für $Q = \exists$ kann analog geführt werden. Aus Lemma 2.20 erhalten wir zuerst

$$w^I_\alpha(sub(B,x,y)) = w^I_{\alpha_{x,y}}(B);$$

hieraus folgt für alle $d \in U$

$$w^I_{\alpha_{y,d}}(sub(B,x,y)) = w^I_{(\alpha_{x,y})_{y,d}}(B) = w^I_{\alpha_{x,d}}(B).$$

Damit erhalten wir

$$\begin{aligned} w^I_\alpha(\forall x B) = 1 \text{ genau dann, wenn } & w^I_{\alpha_{x,d}}(B) = 1 \text{ für alle } d \in U \\ \text{genau dann, wenn } & w^I_{\alpha_{y,d}}(sub(B,x,y)) = 1 \text{ für alle } d \in U \\ \text{genau dann, wenn } & w^I_\alpha(\forall y\, sub(B,x,y)) = 1. \end{aligned}$$

□

Wir sind nun in der Lage, nachzuweisen, dass es zu jedem prädikatenlogischen Ausdruck einen semantisch äquivalenten Ausdruck in pränexer Normalform gibt, womit dann die Berechtigung des Begriffs Normalform gezeigt ist.

Satz 2.22 *Zu jedem prädikatenlogischen Ausdruck A gibt es einen semantisch äquivalenten prädikatenlogischen Ausdruck B in pränexer Normalform.*

Beweis. Wir beweisen die Aussage durch Induktion über den Aufbau prädikatenlogischer Ausdrücke.

Gilt $A = r(t_1, t_2, \ldots, t_k)$ für gewisse Terme $t_1, t_2, \ldots, t_k$, so ist A bereits in pränexer Normalform (mit $n = 0$).

Es seien $A = \neg A_1$ und $A_1 \equiv Q_1x_1Q_2x_2 \dots Q_nx_nA_1'$ (nach Induktionsvoraussetzung gibt es für A_1 einen semantisch äquivalenten Ausdruck in pränexer Normalform). Dann gilt mit $\forall' = \exists$ und $\exists' = \forall$ wegen Lemma 2.18 i)

$$\begin{aligned}
A \equiv \neg A_1 &\equiv \neg Q_1x_1Q_2x_2 \dots Q_nx_nA_1' \\
&\equiv Q_1'x_1\neg Q_2x_2Q_3x_3 \dots Q_nx_nA_1' \\
&\equiv Q_1'x_1Q_2'x_2\neg Q_3x_3 \dots Q_nx_nA_1' \\
&\vdots \\
&\equiv Q_1'x_1Q_2'x_2Q_3'x_3 \dots Q_n'x_n\neg A_1'.
\end{aligned}$$

Da in A_1' nach Induktionsvoraussetzung weder $\forall$ noch $\exists$ vorkommen, gilt dies auch für $\neg A_1'$, womit $Q_1'x_1Q_2'x_2 \dots Q_n'x_n\neg A_1'$ ein zu A semantisch äquivalenter Ausdruck in pränexer Normalform ist.

Es seien nun $A = (A_1 \wedge A_2)$ sowie $Q_1x_1Q_2x_2 \dots Q_nx_nA_1'$ und $P_1y_1P_2y_2 \dots P_my_mA_2'$ die zu A_1 bzw. A_2 semantisch äquivalenten Ausdrücke in pränexer Normalform. Für $1 \leq i \leq n$ und $1 \leq j \leq m$ seien x_i' und y_j' neue Variable, die nicht in der Variablenmenge $var(Q_1x_1Q_2x_2 \dots Q_nx_nA_1' \wedge P_1y_1P_2y_2 \dots P_my_mA_2')$ vorkommen. Wir betrachten die Ausdrücke $Q_1x_1'Q_2x_2' \dots Q_nx_n'A_1''$ und $P_1y_1'P_2y_2' \dots P_my_m'A_2''$, die aus $Q_1x_1Q_2x_2 \dots Q_nx_nA_1'$ und $P_1y_1P_2y_2 \dots P_my_mA_2'$ entstehen, indem jedes Vorkommen von x_i in $Q_1x_1Q_2x_2 \dots Q_nx_nA_1'$ durch x_i', $1 \leq i \leq n$, und jedes Vorkommen von y_j in $P_1y_1P_2y_2 \dots P_my_mA_2'$ durch y_j', $1 \leq j \leq m$, ersetzt wird. Dann erhalten wir durch mehrfache Anwendung von Lemma 2.21

$$Q_1x_1Q_2x_2 \dots Q_nx_nA_1' \equiv Q_1x_1'Q_2x_2' \dots Q_nx_n'A_1'' \tag{2.7}$$

und

$$P_1y_1P_2y_2 \dots P_my_mA_2' \equiv P_1y_1'P_2y_2' \dots P_my_m'A_2'' \tag{2.8}$$

und damit wegen Lemma 2.18 vii) und ix) sowie Lemma 2.17

$$\begin{aligned}
A &\equiv (Q_1x_1'Q_2x_2' \dots Q_nx_n'A_1'' \wedge P_1y_1'P_2y_2' \dots P_my_m'A_2'') \\
&\equiv Q_1x_1'(Q_2x_2' \dots Q_nx_n'A_1'' \wedge P_1y_1'P_2y_2' \dots P_my_m'A_2'') \\
&\equiv Q_1x_1'Q_2x_2'(Q_3x_3' \dots Q_nx_n'A_1'' \wedge P_1y_1'P_2y_2' \dots P_my_m'A_2'') \\
&\vdots \\
&\equiv Q_1x_1'Q_2x_2' \dots Q_nx_n'(A_1'' \wedge P_1y_1'P_2y_2' \dots P_my_m'A_2'') \\
&\equiv Q_1x_1'Q_2x_2' \dots Q_nx_n'(P_1y_1'P_2y_2' \dots P_my_m'A_2'' \wedge A_1'') \\
&\equiv Q_1x_1'Q_2x_2' \dots Q_nx_n'P_1y_1'(P_2y_2' \dots P_my_m'A_2'' \wedge A_1'') \\
&\vdots \\
&\equiv Q_1x_1'Q_2x_2' \dots Q_nx_n'P_1y_1'P_2y_2' \dots P_my_m'(A_2'' \wedge A_1'').
\end{aligned}$$

Für $A = (A_1 \vee A_2)$ gehen wir analog vor.

Da aufgrund der Aussagen aus der Aussagenlogik jeder Ausdruck ohne Verwendung von $\rightarrow$ und $\leftrightarrow$ aufgebaut werden kann, verbleibt die Betrachtung der Quantoren.

Es sei $A = QxA_1$ für $Q \in \{\forall, \exists\}$. Aufgrund der Induktionsvoraussetzung gilt die Äquivalenz $A \equiv QxQ_1x_1Q_2x_2 \dots Q_nx_nA_1'$, womit die Induktionsbehauptung gezeigt ist. □

Wir bemerken, dass der Beweis des vorstehenden Satzes konstruktiv ist, d. h., dass es einen Algorithmus gibt, der für einen gegebenen Ausdruck einen semantisch äquivalenten Ausdruck in pränexer Normalform liefert.

Wir illustrieren diese Feststellung durch ein Beispiel.

Beispiel 2.23 Gegeben sei der prädikatenlogische Ausdruck

$$((\neg\exists x R(x,y) \vee \forall x Q(f(x))) \wedge \forall y \neg P(x,g(y))).$$

Wir gehen entsprechend dem Beweis von Satz 2.22 induktiv vor:

(a) Die Ausdrücke $R(x,y)$, $Q(f(x))$ und $\neg P(x,g(y))$ sind in pränexer Normalform.

(b) Eine zu $\neg\exists x R(x,y)$ semantisch äquivalente pränexe Normalform ist $\forall x \neg R(x,y)$. Außerdem sind $\forall x Q(f(x))$ und $\forall y \neg P(x, f(y))$ auch pränexe Normalformen.

(c) Eine zu $(\neg\exists x R(x,y) \vee \forall x Q(f(x)))$ semantisch äquivalente pränexe Normalform entsteht durch

$$\begin{aligned}
&(\neg\exists x R(x,y) \vee \forall x Q(f(x)))\\
&\qquad \equiv (\forall x \neg R(x,y) \vee \forall x Q(f(x))) \text{ (wegen (b))}\\
&\qquad \equiv (\forall w \neg R(w,y) \vee \forall v Q(f(v))) \text{ (Umbenennung)}\\
&\qquad \equiv \forall w(\neg R(w,y) \vee \forall v Q(f(v))) \text{ (wegen Lemma 2.18 ix)}\\
&\qquad \equiv \forall w \forall v(\neg R(w,y) \vee Q(f(v))) \text{ (wegen Lemma 2.18 ix, Kommutativität).}
\end{aligned}$$

(d) Für den gesamten Ausdruck erhalten wir mittels

$$\begin{aligned}
&((\neg\exists x R(x,y) \vee \forall x Q(f(x))) \wedge \forall y \neg P(x,g(y)))\\
&\qquad \equiv (\forall w \forall v(\neg R(w,y) \vee Q(f(v))) \wedge \forall y \neg P(x,g(y))) \text{ (wegen (c))}\\
&\qquad \equiv (\forall w \forall v(\neg R(w,y) \vee Q(f(v))) \wedge \forall z \neg P(x,g(z))) \text{ (Umbenennung)}\\
&\qquad \equiv \forall w(\forall v(\neg R(w,y) \vee Q(f(v))) \wedge \forall z \neg P(x,g(z))) \text{ (wegen Lemma 2.18)}\\
&\qquad \equiv \forall w \forall v((\neg R(w,y) \vee Q(f(v))) \wedge \forall z \neg P(x,g(z))) \text{ (wegen Lemma 2.18)}\\
&\qquad \equiv \forall w \forall v \forall z((\neg R(w,y) \vee Q(f(v))) \wedge \neg P(x,g(z))) \text{ (wegen Lemma 2.18)}
\end{aligned}$$

die gewünschte pränexe Normalform

$$\forall w \forall v \forall z((\neg R(w,y) \vee Q(f(v))) \wedge \neg P(x,g(z))).$$

Wir bemerken zuerst einmal, dass die pränexe Normalform nicht eindeutig bestimmt ist; so können zum Beispiel die Variablen bei den Umbenennungen anders gewählt werden.

Als zweites bemerken wir, dass in einer pränexen Normalform $Q_1x_1Q_2x_2\dots Q_nx_nA'$ der Ausdruck A' aus Basisausdrücken mittels Anwendung der aussagenlogischen Verknüpfungen $\neg$, $\wedge$, $\vee$, $\rightarrow$, $\leftrightarrow$ entstanden ist. Folglich entsteht A' aus einem aussagenlogischen Ausdruck B, indem jedes Vorkommen einer Variablen in B durch einen Basisausdruck ersetzt wird. Zu B gibt es eine konjunktive Normalform K_B, und entsprechend gibt es zu A' einen Ausdruck $K_{A'}$ mit

$$\begin{aligned}
K_{A'} &= (D_1 \wedge D_2 \wedge \cdots \wedge D_r),\\
D_i &= (D_{i,1} \vee D_{i,2} \vee \cdots \vee D_{i,s_i}) \text{ für } 1 \le i \le r,\\
D_{i,j} &= r_{i,j}(t_{i,j,1}, t_{i,j,2}, \dots, t_{i,j,k_{i,j}}) \text{ oder } D_{i,j} = \neg r_{i,j}(t_{i,j,1}, t_{i,j,2}, \dots, t_{i,j,k_{i,j}})
\end{aligned}$$

für gewisse r, s_i, $k_{i,j}$, $1 \leq i \leq r$, $1 \leq j \leq s_i$. Der Ausdruck $K_{A'}$ kann als „konjunktive" Normalform von A' angesehen werden.

Analog kann man auch eine „disjunktive" Normalform für A' konstruieren.

Die pränexe Normalform ist nach Definition ein prädikatenlogischer Ausdruck, bei dem zuerst Quantoren mit Variablen kommen, denen ein Ausdruck folgt, der frei von Quantoren ist und dessen Form auf konjunktive bzw. disjunktive Normalformen eingeschränkt werden kann. Eine weitere Einschränkung könnte darin bestehen, dass nur eine Art von Quantoren zugelassen wird, man müsste also eine Quantorenart beseitigen. Eine derartige Möglichkeit ist durch die folgende Definition gegeben, die vom norwegischen Mathematiker Albert Thoralf Skolem (1887 – 1963) eingeführt wurde.

Definition 2.24 *Für einen prädikatenlogischen Ausdruck*

$$A = \forall x_1 \forall x_2 \ldots \forall x_n \exists y G,$$

mit $n \geq 0$ und pränexer Normalform G und ein n-stelliges Funktionssymbol f, das in G nicht vorkommt, setzen wir

$$sk(A, f) = \forall x_1 \forall x_2 \ldots \forall x_n sub(G, y, f(x_1, x_2, \ldots, x_n)).$$

Der Ausdruck $sk(A, f)$ entsteht aus A durch Ersetzen aller Vorkommen der ersten durch $\exists$ quantifizierten Variablen y durch einen Term $f(x_1, x_2, \ldots, x_n)$ und Streichen der zu y gehörenden Quantifizierung. Man beachte, dass $sk(A, f)$ bis auf die Wahl des Symbols f und damit bis auf die Bezeichnung eindeutig festgelegt ist.

Beispiel 2.25 Wir betrachten den Ausdruck

$$A = \forall x \exists y(\neg R(x, x) \vee R(y, y)).$$

Offenbar ist $n = 1$. Wir erhalten also für ein einstelliges Funktionssymbol f

$$sk(A, f) = \forall x(\neg R(x, x) \vee R(f(x), f(x))).$$

Beispiel 2.26 Es sei

$$B = \forall x \exists y \forall z \exists w(R(a, y, w) \wedge \neg S(f(x), w, z)).$$

Es gilt $n = 1$, und wir erhalten mit dem einstelligen Funktionssymbol g

$$sk(B, g) = \forall x \forall z \exists w(R(a, g(x), w) \wedge \neg S(f(x), w, z)).$$

Jedoch enthält $sk(B, g)$ noch den Quantor $\exists$. Wenn wir an der Beseitigung aller Existenzquantoren interessiert sind, haben wir also Definition 2.24 erneut anzuwenden. Bei $sk(B, g)$ ist nun der Parameter $n = 2$, und wir erhalten

$$sk(sk(B, g), h) = \forall x \forall z(R(a, g(x), h(x, z)) \wedge \neg S(f(x), h(x, z), z))$$

für ein zweistelliges Funktionssymbol h.

Die Anzahl der Existenzquantifizierungen sinkt beim Übergang von A zu $sk(A, f)$ um Eins. Andererseits wird dafür ein weiteres Funktionssymbol eingeführt. Weiterhin enthält $sk(A, f)$ keinen Existenzquantor mehr oder ist wieder von der Form $\forall x_1 \forall x_2 \ldots \forall x_m \exists y' G'$ mit $m \geq n$ und pränexer Normalform G'. Der Prozess kann also iteriert werden (eine solche Iteration haben wir in Beispiel 2.26 vorgenommen).

Definition 2.27 *Für eine pränexe Normalform A definieren wir die (bis auf Bezeichnung der Funktionssymbole eindeutig bestimmte)* Skolemform $sk(A)$ *als das Resultat des folgenden Algorithmus:*

> *Solange A einen Existenzquantor enthält, setze $A = sk(A, f)$ für ein nicht in A vorkommendes Funktionssymbol f.*

Jede Skolemform $sk(A)$ eines Ausdrucks A ist von der Form $\forall x_1 \forall x_2 \ldots \forall x_k A'$ mit gewissen Variablen x_i, $1 \leq i \leq k$, und einem quantorenfreien Ausdruck A'.

Beispiel 2.28

(a) Wir betrachten zuerst B aus Beispiel 2.26. In dem Beispiel haben wir bereits

$$sk(B) = \forall x \forall z (R(a, g(x), h(x, z)) \land \neg S(f(x), h(x, z), z))$$

hergeleitet.

(b) Wir kommen nun zu A aus Beispiel 2.25. In Beispiel 2.25 haben wir $sk(A, f)$ ermittelt. Da $sk(A, f)$ keinen Existenzquantor enthält, gilt

$$sk(A) = sk(A, f) = \forall x (\neg R(x, x) \lor R(f(x), f(x))).$$

Wir nutzen dieses Beispiel, um zu zeigen, dass im Allgemeinen weder $A \equiv sk(A, f)$ noch $A \equiv sk(A)$ gültig sind. Hieraus folgt, dass das Reduzieren der Anzahl der Existenzquantoren entsprechend Definition 2.24 nicht zu einer Normalform im bisherigen Sinn führt.

Wegen Lemma 2.18 erhalten wir

$$\begin{aligned} A &\equiv \forall x (\neg R(x, x) \lor \exists y R(y, y)) \\ &\equiv (\forall x \neg R(x, x) \lor \exists y R(y, y)) \\ &\equiv (\neg \exists x R(x, x) \lor \exists y R(y, y)). \end{aligned}$$

Damit erhalten wir für eine beliebige Interpretation I und eine beliebige Belegung α

$$w_\alpha^I(A) = 0 \text{ genau dann, wenn } w_\alpha^I(\neg \exists x R(x, x)) = w_\alpha^I(\exists y R(y, y)) = 0.$$

Damit ist $w_\alpha^I(A) = 0$, wenn gleichzeitig $w_\alpha^I(\exists x R(x, x)) = 1$ und $w_\alpha^I(\exists y R(y, y)) = 0$ gelten, was offenbar unmöglich ist. Folglich ergibt sich für alle Interpretationen I und alle Belegungen α der Wert $w_\alpha^I(A) = 1$; A ist also Tautologie.

Für $sk(A, f) = \forall x (\neg R(x, x) \lor R(f(x), f(x)))$ betrachten wir die Interpretation $J = (\mathbb{N}, \tau)$ mit $\tau(f)(n) = n + 2$ und $\tau(R) = \{(1, 1)\}$. Dann gilt $(1, 1) \in \tau(R)$

aber $(f(1), f(1)) = (3,3) \notin \tau(R)$. Damit ergeben sich für eine beliebige Belegung α die Werte $w^J_{\alpha_{x,1}}(\neg R(x,x)) = 0$ und $w^J_{\alpha_{x,1}}(R(f(x), f(x))) = 0$, woraus sofort $w^J_{\alpha_{x,d}}((\neg R(x,x) \vee R(f(x), f(x)))) = 0$ und

$$w^J_\alpha(\forall x(\neg R(x,x) \vee R(f(x), f(x)))) = w^J_\alpha(sk(A,f)) = 0$$

folgen. Der Ausdruck $sk(A,f)$ ist also keine Tautologie. Damit können $A \equiv sk(A,f)$ bzw. $A \equiv sk(A)$ nicht gelten.

Jedoch gilt, dass Erfüllbarkeit beim Übergang von A zu $sk(A,f)$ erhalten bleibt, wie das folgende Lemma zeigt.

Lemma 2.29 *Es seien $A = \forall x_1 \forall x_2 \ldots \forall x_n \exists y G$ ein prädikatenlogischer Ausdruck mit $n \geq 0$ und pränexer Normalform G sowie f ein n-stelliges Funktionssymbol, das in G nicht vorkommt. Dann ist A genau dann erfüllbar, wenn $sk(A,f)$ erfüllbar ist.*

Beweis. Wir setzen

$$\alpha_{x_1,u_1;x_2,u_2;\ldots;x_n,u_n} = \alpha_{x_1,u_1} \circ \alpha_{x_2,u_2} \circ \cdots \circ \alpha_{x_n,u_n},$$

d. h. $\alpha_{x_1,u_1;x_2,u_2;\ldots;x_n,u_n}$ ist die Komposition (Hintereinanderausführung) der Substitutionen α_{x_i,u_i}, $1 \leq i \leq n$.

Wir nehmen zuerst an, dass

$$sk(A,f) = \forall x_1 \forall x_2 \ldots \forall x_n sub(G, y, f(x_1, x_2, \ldots, x_n))$$

erfüllbar ist. Dann gibt es eine Interpretation $I = (U, \tau)$ und eine Belegung α derart, dass $w^I_\alpha(sk(A,f)) = 1$ gilt. Damit gilt

$$w^I_{\alpha_{x_1,u_1;x_2,u_2;\ldots;x_n,u_n}}(sub(G, y, f(x_1, x_2, \ldots, x_n))) = 1 \text{ für alle } u_1, u_2, \ldots, u_n \in U.$$

Aus Lemma 2.20 folgt dann

$$w^I_{\alpha_{x_1,u_1;x_2,u_2;\ldots;x_n,u_n;y,f(u_1,u_2,\ldots,u_n)}}(G) = 1 \text{ für alle } u_1, u_2, \ldots, u_n \in U.$$

Dies bedeutet gerade

$$w^I_\alpha(\forall x_1 \forall x_2 \ldots \forall x_n \exists y G) = 1,$$

womit A als erfüllbar nachgewiesen ist.

Es sei nun A erfüllbar, d. h. es gibt eine Interpretation $J = (U', \tau')$ und eine Belegung β mit $w^J_\beta(A) = 1$. Dann gibt es ein $v \in U'$ mit

$$w^I_{\beta_{x_1,u_1;x_2,u_2;\ldots;x_n,u_n;y,v}}(G) = 1 \text{ für alle } u_1, u_2, \ldots, u_n \in U'.$$

Durch die Interpretation J ist $\tau'(f)$ nicht festgelegt, da f in A nicht vorkommt. Wir wählen nun $\tau'(f)$ so, dass $\tau'(f)(u_1, u_2, \ldots, u_n) = v$ gilt. Damit erhalten wir

$$w^I_{\beta_{x_1,u_1;x_2,u_2;\ldots;x_n,u_n;y,f(u_1,u_2,\ldots,u_n)}}(G) = 1 \text{ für alle } u_1, u_2, \ldots, u_n \in U'.$$

Hieraus ergibt sich aus Lemma 2.20 wiederum

$$w^J_{\beta_{x_1,u_1;x_2,u_2;\dots;x_n,u_n}}(sub(G,y,f(x_1,x_2,\dots,x_n))) = 1 \text{ für alle } u_1,u_2,\dots,u_n \in U'$$

und damit

$$w^J_\beta(\forall x_1 \forall x_2 \dots \forall x_n(sub(G,y,f(x_1,x_2,\dots,x_n)))) = 1.$$

Folglich ist $sk(A,f)$ erfüllbar. □

Satz 2.30 *Eine pränexe Normalform A ist genau dann erfüllbar, wenn ihre Skolemform sk(A) erfüllbar ist.*

Beweis. Da $sk(A)$ aus A durch eine endlich oftmalige Anwendung der Konstruktion aus Definition 2.24 entsteht, folgt die Aussage durch endlich oftmalige Anwendung von Lemma 2.29. □

Sowohl in pränexen Normalformen als auch in Skolemformen prädikatenlogischer Ausdrücke können einige Variable gebunden und andere ungebunden vorkommen. Ein möglicher Schritt zu einer weiteren Normalisierung der Ausdrücke wäre, dafür zu sorgen, dass alle Variablen gebunden sind.

Das folgende Lemma zeigt, dass eine solche Normalisierung bei Beschränkung auf Erfüllbarkeitsäquivalenz durch Existenzquantifizierung der freien Variablen erreicht wird. Der einfache Beweis bleibt dem Leser überlassen.

Lemma 2.31 *Es sei A ein prädikatenlogischer Ausdruck, in dem die Variable x vollfrei vorkommt. Dann ist A genau dann erfüllbar, wenn $\exists xA$ erfüllbar ist.* □

Definition 2.32 *Ein prädikatenlogischer Ausdruck A hat* bereinigte Skolemform, *wenn folgende Bedingungen erfüllt sind:*

- $A = \forall x_1 \forall x_2 \dots \forall x_n A'$ *für ein* $n \geq 0$,
- A' *enthält keine Existenz- und Allquantoren,*
- *in* A' *kommen nur die Variablen* $x_1, x_2, \dots, x_n$ *vor.*

Zusammenfassend ergibt sich der folgende Satz.

Satz 2.33 *Zu jedem prädikatenlogischen Ausdruck A gibt es einen prädikatenlogischen Ausdruck in bereinigter Skolemform, der genau dann erfüllbar ist, wenn A erfüllbar ist.*

Beweis. Wir konstruieren B in bereinigter Skolemform aus A mittels der folgenden Schritte:

1. Man konstruiere die pränexe Normalform A_1 zu A.
   (In A_1 ist jede Variable entweder gebunden oder vollfrei.)

2. Sind $y_1, y_2, \dots, y_n$ die in A_1 vollfrei vorkommenden Variablen, so konstruiere man $A_2 = \exists y_1 \exists y_2 \dots \exists y_n A_1$.
   (In A_2 sind alle Variablen gebunden.)

3. Man konstruiere die Skolemform B zu A_2.

Nach Konstruktion hat B die Eigenschaften einer bereinigten Skolemform. Die Erfüllbarkeitsäquivalenz zu A folgt aus Satz 2.30 und Lemma 2.31. □

2.2 Entscheidbarkeitsfragen in der Prädikatenlogik

2.2.1 Unentscheidbarkeiten

Wir wollen in diesem Abschnitt die Entscheidbarkeit des Erfüllbarkeits- bzw. Gültigkeits- bzw. Unerfüllbarkeitsproblems

Gegeben:	prädikatenlogischer Ausdruck A über einer Signatur $\mathcal{S}$
Frage:	Ist A erfüllbar bzw. allgemeingültig bzw. unerfüllbar?

untersuchen. Wir haben diese Fragen für aussagenlogische Ausdrücke in Abschnitt 1.2 behandelt. Dabei haben wir Algorithmen angegeben, die jeweils eine Antwort auf die Frage geben. Einer dieser Algorithmen besteht darin, für alle möglichen Belegungen des aussagenlogischen Ausdrucks die Werte zu berechnen und dann einfach festzustellen, ob bei einer, bei allen oder bei keiner Belegung der Wert 1 erreicht wird.

Bei prädikatenlogischen Ausdrücken können wir so nicht vorgehen. Das liegt daran, dass bei einer Interpretation $I = (U, \tau)$ die Menge U unendlich sein kann, womit unendlich viele Belegungen möglich sind. Dass diese Situation nicht vermeidbar ist, zeigt der Ausdruck

$$A = (\forall x r(x, f(x)) \land \forall x \neg r(x, x) \land \forall x \forall y \forall z((r(x, y) \land r(y, z)) \to r(x, z))),$$

der die Konjunktion der Ausdrücke B_1, B_2 und B_3 aus (2.2) - (2.4) über der Signatur $\mathcal{S}_2$ aus Beispiel 2.5 ist. Dieser Ausdruck ist keine Tautologie, denn wenn wir bei der Interpretation eine endliche Grundmenge U wählen, so wird A nach Lemma 2.13 falsch. Wenn wir aber untersuchen wollen, ob A erfüllbar oder unerfüllbar ist, so müssen wir mindestens eine unendliche Menge U bei der Interpretation betrachten. Dann sind aber auch unendlich viele Belegungen zu testen, um festzustellen, ob A wahr oder falsch wird.

Wir wollen nun weitergehend sogar zeigen, dass es keinen Algorithmus zur Entscheidung der drei oben genannten Probleme gibt (für die zugehörigen Grundbegriffe zur Berechenbarkeit und Entscheidbarkeit verweisen wir auf Abschnitt A.4).

Satz 2.34 *Das Gültigkeitsproblem der Prädikatenlogik ist unentscheidbar, d. h. es gibt keinen Algorithmus, der für einen beliebigen prädikatenlogischen Ausdruck A feststellt, ob A eine Tautologie ist.*

Beweis. Wir geben eine Reduktion auf das Postsche Korrespondenzproblem (siehe Abschnitt A.4) an. Es sei dazu eine Menge $V = \{(u_1, v_1), (u_2, v_2), \ldots, (u_n, v_n)\}$ von Paaren nichtleerer Wörter über dem Alphabet $\{0, 1\}$ gegeben. Dieser Menge ordnen wir nun eine Signatur $\mathcal{S}_V$ und einen Ausdruck A_V so zu, dass A_V genau dann eine Tautologie ist, wenn das zu V gehörende Postsche Korrespondenzproblem eine Lösung hat.

Wir definieren zuerst die Signatur $\mathcal{S}_V$ durch

$$\begin{aligned} &F_1 = \{f_0, f_1\},\ F_i = \emptyset \text{ für } i \geq 2,\\ &R_2 = \{r\},\ R_j = \emptyset \text{ für } j = 1 \text{ und } j \geq 3,\\ &K = \{a\}. \end{aligned}$$

Weiterhin definieren wir die Funktion f_w für ein nichtleeres Wort $w = i_1 i_2 \dots i_m$, $i_k \in \{0,1\}$ für $1 \le k \le m$, durch

$$f_w(x) = f_{i_1}(f_{i_2}(\dots f_{i_m}(x)\dots)).$$

Offenbar gilt dann $f_{wi}(x) = f_w(f_i(x))$ für $w \in \{0,1\}^+$ und $i \in \{0,1\}$ und damit auch $f_{w_1 w_2}(x) = f_{w_1}(f_{w_2}(x))$ für $w_1, w_2 \in \{0,1\}^*$. Ferner setzen wir

$$\begin{aligned}
A_1 &= (r(f_{u_1}(a), f_{v_1}(a)) \land r(f_{u_2}(a), f_{v_2}(a)) \land \dots \land r(f_{u_n}(a), f_{v_n}(a))),\\
A_2 &= \forall x \forall y(r(x,y) \to (r(f_{u_1}(x), f_{v_1}(y)) \land r(f_{u_2}(x), f_{v_2}(y)) \land \dots \land r(f_{u_n}(x), f_{v_n}(y)))),\\
A_3 &= \exists z r(z,z),\\
A_V &= ((A_1 \land A_2) \to A_3).
\end{aligned}$$

Wir nehmen zuerst an, dass A_V eine Tautologie ist. Es sei $I = (U, \tau)$ die Interpretation mit

- $U = \{0,1\}^*$,
- $\tau(a) = \lambda$,
- für $i \in \{0,1\}$ ist die Funktion $\tau(f_i)$ durch $\tau(f_i)(w) = iw$ definiert,
- $\tau(r)$ ist die Menge aller Paare $(w, w') \in (\{0,1\}^*)^2$, für die es eine Folge $i_1 i_2 \dots i_r$ mit $i_j \in \{1, 2, \dots, n\}$ für $1 \le j \le r$, $w = u_{i_1} u_{i_2} \dots u_{i_r}$ und $w' = v_{i_1} v_{i_2} \dots v_{i_r}$ gibt (d. h. dass w und w' durch Konkatenation der ersten bzw. zweiten Komponente von Elementen aus V gebildet werden).

Man sieht nun sofort, dass $\tau(f_w)(w') = ww'$ gilt. Damit gilt für jede Belegung α die Beziehung $w_\alpha^I(A_1) = 1$, da $(\tau(f_{u_k})(\lambda), \tau(f_{v_k})(\lambda)) = (u_k, v_k) \in \tau(r)$ für $1 \le k \le n$ gültig ist. Gilt nun $(w, w') \in \tau(r)$, also $w = u_{i_1} u_{i_2} \dots u_{i_r}$ und $w' = v_{i_1} v_{i_2} \dots v_{i_r}$, so ergibt sich

$$(\tau(f_{u_k})(w), \tau(f_{v_k})(w')) = (u_k w, v_k w') = (u_k u_{i_1} u_{i_2} \dots u_{i_r}, v_k v_{i_1} v_{i_2} \dots v_{i_r}) \in \tau(r)$$

für $1 \le k \le n$ und damit auch $w_\alpha^I(A_2) = 1$. Außerdem gilt $w_\alpha^I(A_3) = 1$ genau dann, wenn es eine Lösung des Postschen Korrespondenzproblems bez. V gibt.

Da A_V eine Tautologie ist, folglich $w_\alpha^I(A_V) = 1$ ist, ergibt sich auch $w_\alpha^I(A_3) = 1$. Somit hat das Postsche Korrespondenzproblem bez. V eine Lösung.

Es habe jetzt umgekehrt das Postsche Korrespondenzproblem bez. V eine Lösung $j_1 j_2 \dots j_s$. Wir setzen

$$u = u_{j_1} u_{j_2} \dots u_{j_s} = v_{j_1} v_{j_2} \dots v_{j_s}.$$

Ferner sei $J = (U', \tau')$ eine beliebige Interpretation von $\mathcal{S}_V$ und α eine beliebige Belegung bez. J. Dann definieren wir die Abbildung $\mu : \{0,1\}^* \to U'$ induktiv durch

$$\begin{aligned}
\mu(\lambda) &= \tau'(a),\\
\mu(w0) &= \tau'(f_0)(\mu(w)),\\
\mu(w1) &= \tau'(f_1)(\mu(w)).
\end{aligned}$$

Damit ergibt sich durch einen Induktionsbeweis

$$\mu(x) = \tau'(f_x)(\tau'(a)).$$

Falls $w_\alpha^J(A_1) = 0$ oder $w_\alpha^J(A_2) = 0$ gelten, ist $w_\alpha^J(A_V) = 1$. Es seien daher $w_\alpha^J(A_1) = 1$ und $w_\alpha^J(A_2) = 1$. Für $1 \leq k \leq n$ folgt aus ersterem

$$(\tau'(f_{u_k})(\tau'(a)), \tau'(f_{v_k})(\tau'(a))) = (\mu(u_k), \mu(v_k)) \in \tau'(r),$$

und aus letzterem folgt, dass $(\mu(w), \mu(w')) \in \tau'(r)$ die Beziehung $(\mu(wu_k), \mu(w'v_k)) \in \tau'(r)$ impliziert. Hieraus erhalten wir durch Induktion

$$(\mu(u_{i_1}u_{i_2}\ldots u_{i_t}), \mu(v_{i_1}v_{i_2}\ldots v_{i_t})) \in \tau'(r)$$

für beliebige $t \geq 1$, $i_l \in \{1, 2, \ldots, n\}$, $1 \leq l \leq t$. Insbesondere erhalten wir

$$(\mu(u), \mu(u)) = (\mu(u_{j_1}u_{j_2}\ldots u_{j_s}), \mu(v_{j_1}v_{j_2}\ldots v_{j_s})) \in \tau'(r).$$

Dies bedeutet aber $w_\alpha^J(A_3) = 1$ und somit $w_\alpha^J(A_V) = 1$.

Folglich ist A_V eine Tautologie. □

Satz 2.35 *Das Unerfüllbarkeitsproblem der Prädikatenlogik ist unentscheidbar, d. h. es gibt keinen Algorithmus, der für einen beliebigen prädikatenlogischen Ausdruck A feststellt, ob A unerfüllbar ist.*

Beweis. Wir nehmen an, dass es einen Algorithmus $\mathcal{A}$ für das Unerfüllbarkeitsproblem gibt. Wir betrachten den folgenden Algorithmus $\mathcal{B}$, dessen Eingabe ein beliebiger Ausdruck A ist:

- Man konstruiere $\neg A$.
- Man entscheide mittels $\mathcal{A}$, ob $\neg A$ unerfüllbar ist.
- Antwortet $\mathcal{A}$ mit „ja“, so gibt $\mathcal{B}$ auch „ja“ aus. Ist die Antwort von $\mathcal{A}$ „nein“, so antwortet $\mathcal{B}$ ebenfalls „nein“.

Wir erinnern zuerst daran, dass ein Ausdruck A genau dann eine Tautologie ist, wenn $\neg A$ unerfüllbar ist.

Antwortet $\mathcal{A}$ mit „ja“, so ist $\neg A$ unerfüllbar. Damit ist A dann eine Tautologie. Antwortet $\mathcal{A}$ mit „nein“, so ist $\neg A$ nicht unerfüllbar und somit A dann keine Tautologie. Da $\mathcal{B}$ stets die gleiche Antwort wie $\mathcal{A}$ gibt, aber A als Eingabe hat, so antwortet $\mathcal{B}$ genau dann mit „ja“ (bzw. „nein), wenn A eine (bzw. keine) Tautologie ist. Der Algorithmus $\mathcal{B}$ entscheidet also, ob A eine Tautologie ist. Nach Satz 2.34 gibt es solchen Algorithmus aber nicht. Daher muss die Annahme der Existenz von $\mathcal{A}$ falsch sein. Folglich ist das Unerfüllbarkeitsproblem unentscheidbar. □

Satz 2.36 *Das Erfüllbarkeitsproblem der Prädikatenlogik ist unentscheidbar, d. h. es gibt keinen Algorithmus, der für einen beliebigen prädikatenlogischen Ausdruck A feststellt, ob A erfüllbar ist.*

Beweis. Wir nehmen an, dass es einen Algorithmus $\mathcal{A}$ für das Erfüllbarkeitsproblem gibt. Wir betrachten den folgenden Algorithmus $\mathcal{B}$, dessen Eingabe ein beliebiger Ausdruck A ist:

- Man konstruiere $\neg A$.
- Man entscheide mittels $\mathcal{A}$, ob $\neg A$ erfüllbar ist.
- Antwortet $\mathcal{A}$ mit „ja“, so gibt $\mathcal{B}$ „nein“ aus. Ist die Antwort von $\mathcal{A}$ „nein“, so antwortet $\mathcal{B}$ mit „ja“.

Wir bemerken zuerst, dass ein Ausdruck A genau dann erfüllbar ist, wenn $\neg A$ keine Tautologie ist. Wie im Beweis von Satz 2.35 kann man nun leicht zeigen, dass der Algorithmus $\mathcal{B}$ wiederum entscheidet, ob A eine Tautologie ist. Nach Satz 2.34 gibt es solchen Algorithmus aber nicht. Daher muss die Annahme der Existenz von $\mathcal{A}$ falsch sein. Folglich ist auch das Erfüllbarkeitsproblem unentscheidbar. □

2.2.2 Herbrand-Universum und ein Semi-Algorithmus

Wir haben schon im vorhergehenden Kapitel angemerkt, dass ein Durchtesten aller (unter Umständen unendlich vielen) Interpretationen und aller zugehörigen (womöglich unendlich vielen) Belegungen zu keinem Algorithmus führt. Für eine fest gewählte Interpretation ist allerdings nur das Überprüfen der (unendlich vielen) Belegungen eines Ausdrucks erforderlich. Ergibt eine der Belegungen den Wahrheitswert „wahr“, so ist der Ausdruck offenbar nicht unerfüllbar. Daher gibt es für eine feste Interpretation I zumindest einen Semi-Algorithmus, mit dem die Unerfüllbarkeit bez. I getestet werden kann. Wenn man nun noch zeigen könnte, dass die Unerfüllbarkeit von A genau dann gegeben ist, wenn A bez. einer (festen) Interpretation unerfüllbar ist, so könnte man einen Semi-Algorithmus für die Unerfüllbarkeit erhalten.

In diesem Abschnitt werden wir eine Einschränkung für die Interpretation vornehmen, bei der für Terme eine Gleichsetzung von Syntax und Semantik vorgenommen wird, und dazu dann ein Verfahren angeben, das nach endlich vielen Schritten die Antwort „unerfüllbar“ gibt, falls der Ausdruck nicht erfüllbar ist, bei erfüllbaren Ausdrücken dagegen nicht stoppt.

Definition 2.37 *Für einen prädikatenlogischen Ausdruck A in bereinigter Skolemform definieren wir das* Herbrand-Universum[3] *$H(A)$ von A induktiv wie folgt:*

- *Alle in A vorkommenden Konstanten sind in $H(A)$. Falls A keine Konstante enthält, so ist $a \in H(A)$ (wobei a ein Symbol ist, das in A nicht vorkommt).*
- *Sind $t_1, t_2, \ldots, t_k$ in $H(A)$ und ist f ein k-stelliges Funktionssymbol in A, so ist $f(t_1, t_2, \ldots, t_k) \in H(A)$.*

[3]benannt nach dem französischen Logiker Jacques Herbrand (1908 – 1931)

Beispiel 2.38 Wir betrachten zuerst den Ausdruck

$$A_1 = \forall x \forall y P(f(x,y),y).$$

Dieser Ausdruck enthält keine Konstante. Nach Definition nehmen wir zuerst a in das Herbrand-Universum $H(A_1)$ auf. Das einzige Funktionssymbol in A_1 ist f, so dass wir $f(a,a)$ zu $H(A_1)$ hinzufügen ($t_1 = t_2 = a$). Nun haben wir sowohl für t_1 als auch t_2 jeweils die Möglichkeiten a und $f(a,a)$, womit wir $f(a,a)$, $f(a, f(a,a))$, $f(f(a,a),a)$ und $f(f(a,a), f(a,a))$ als weitere Elemente von $H(A_1)$ erhalten. So ergibt sich

$$\begin{aligned} H(A_1) = \{&a, f(a,a), f(a,f(a,a)), f(f(a,a),a), f(f(a,a),f(a,a)),\\ &f(a,f(a,f(a,a))), f(a,f(f(a,a),a)), f(a,f(f(a,a),f(a,a))),\\ &f(f(a,a),f(a,f(a,a))), f(f(a,a),f(f(a,a),a)), f(f(a,a),f(f(a,a),f(a,a))),\\ &\ldots\}. \end{aligned}$$

Für den Ausdruck

$$A_2 = \forall x \forall y R(b, g(c), h(x), y)$$

erhalten wir

$$\begin{aligned} H(A_2) &= \{b, c, g(b), g(c), h(b), h(c),\\ &\quad g(g(b)), g(g(c)), g(h(b)), g(h(c)), h(g(b)), h(g(c)), h(h(b)), h(h(c)),\\ &\quad g(g(g(b))), g(g(g(c))), g(g(h(b))), g(g(h(c))), g(h(g(b))), \ldots\}\\ &= \{f_1(f_2(\ldots(f_n(b))\ldots)) \mid n \geq 0, f_i \in \{g,h\} \text{ für } 1 \leq i \leq n\}\\ &\quad \cup \{f_1(f_2(\ldots(f_n(c))\ldots)) \mid n \geq 0, f_i \in \{g,h\} \text{ für } 1 \leq i \leq n\}. \end{aligned}$$

Definition 2.39

i) Eine Interpretation $I = (U, \tau)$ heißt Herbrand-Interpretation *bez. des Ausdrucks A (in bereinigter Skolemform), wenn folgende Bedingungen erfüllt sind:*

- *Es gilt $U = H(A)$.*
- *Für ein in A vorkommendes Konstantensymbol c gilt $\tau(c) = c$.*
- *Für ein in A vorkommendes k-stelliges Funktionssymbol f und je k Terme $t_1, t_2, \ldots, t_k \in H(A)$ gilt $\tau(f)(t_1, t_2, \ldots, t_k) = f(t_1, t_2, \ldots, t_k)$.*

ii) Eine Herbrand-Interpretation I bez. A heißt Herbrand-Modell *für A, falls I Modell für A ist.*

Eine Herbrand-Interpretation bez. des Ausdrucks A bezeichnen wir im Folgenden mit I_A.

Als Beispiel betrachten wir den Ausdruck A_1 aus Beispiel 2.38. Bei jeder Herbrand-Interpretation I_{A_1} interpretieren wir das Funktionssymbol f durch die Funktion

$$\tau(f) : H(A_1) \times H(A_1) \to H(A_1)$$

vermöge

$$\tau(f)(t_1, t_2) = f(t_1, t_2) \text{ für } t_1, t_2 \in H(A_1).$$

Insbesondere ergeben sich damit

$$\begin{aligned}\tau(f)(a,a) &= f(a,a),\\ \tau(f)(a,f(a,a)) &= f(a,f(a,a)),\\ \tau(f)(f(a,a),a) &= f(f(a,a),a),\\ \tau(f)(f(a,a),f(a,a)) &= f(f(a,a),f(a,a))\end{aligned}$$

und so weiter. Entsprechend Definition 2.39 wird bei einer Herbrand-Interpretation jeder variablenfreie Term $f(t_1, t_2, \ldots, t_k)$ durch $f(t_1, t_2, \ldots, t_k)$, also durch sich selbst, interpretiert. Damit erfolgt bei Herbrand-Interpretationen eine Gleichsetzung von Syntax (Term) und Semantik (Interpretation von Termen).

Bei Herbrand-Interpretationen ist die Interpretation der Relationssymbole noch nicht festgelegt. Daher gibt es verschiedene Herbrand-Interpretationen bez. eines Ausdrucks, die auch sehr verschiedenes Verhalten zeigen können. Dazu betrachten wir wieder den Ausdruck A_1 aus Beispiel 2.38 und vervollständigen die Herbrand-Interpretation I_{A_1} durch die Festlegung, dass die Relation P als Gleichheit interpretiert werden soll. Dann gilt stets $(f(x,y),y) \notin \tau(P)$, da für alle $y \in H(A)$ das Wort $f(x,y)$ länger als das Wort y ist. Folglich ist A_1 bez. dieser Herbrand-Interpretation eine Kontradiktion.

Setzen wir dagegen

$$(u,v) \in \tau(P) \text{ genau dann, wenn } v) \text{ Endstück von } u \text{ ist,}$$

so wird A_1 eine Tautologie, da immer $(f(x,y),y) \in \tau(P)$ gilt.

Satz 2.40 *Es sei A ein Ausdruck in bereinigter Skolemform. Dann ist A genau dann erfüllbar, wenn es ein Herbrand-Modell für A gibt.*

Beweis. Falls A ein Herbrand-Modell besitzt, so besitzt A ein Modell und ist damit erfüllbar.

Es sei nun A erfüllbar. Dann gibt es eine Interpretation $I = (U, \tau)$ und eine Belegung α, für die $w_\alpha^I(A) = 1$ ist. Wir haben zu zeigen, dass es ein Herbrand-Modell $I_A = (H(A), \tau')$ für A gibt. Nach Definition 2.39 können wir nur noch τ' für die Relationssymbole wählen. Für ein k-stelliges Relationssymbol P und $t_1, t_2, \ldots, t_k \in H(A)$ setzen wir

$$(t_1, t_2, \ldots, t_k) \in \tau'(P) \text{ genau dann, wenn } (w_\alpha^I(t_1), w_\alpha^I(t_2), \ldots, w_\alpha^I(t_k)) \in \tau(P).$$

Damit ergibt sich für eine beliebige Belegung β bez. τ'

$$\begin{aligned} w_\beta^{I_A}(P(t_1, t_2, \ldots, t_k)) = 1 \;&\text{genau dann, wenn } (t_1, t_2, \ldots, t_k) \in \tau'(P)\\ &\text{genau dann, wenn } (w_\alpha^I(t_1), \ldots, w_\alpha^I(t_k)) \in \tau(P) \qquad (2.9)\\ &\text{genau dann, wenn } w_\alpha^I(P(t_1, t_2, \ldots, t_k)) = 1.\end{aligned}$$

(Man beachte, dass die Belegungen α und β eigentlich keine Rolle spielen, da $t_1, t_2, \ldots, t_k$ als Elemente von $H(A)$ keine Variablen enthalten und die Werte somit nur von den Interpretationen I_A und I abhängen.)

Wir zeigen nun, dass für jeden Ausdruck H der Form $H = \forall x_1 \forall x_2 \ldots \forall x_n H'$, in der keine ungebundenen Variablen und nur Teilausdrücke von A vorkommen[4], die Interpretation I_A ein Modell für H ist, falls $w^I_\alpha(H) = 1$ gilt. Da A diese Form besitzt, ist damit gezeigt, dass I_A ein Herbrand-Modell für A ist. Wir benutzen Induktion über die Anzahl der durch Allquantoren gebundenen Variablen in H.

Es sei $n = 0$. Dann stimmen H und H' überein, und H besteht folglich nur aus Ausdrücken der Form $R(t_1, t_2, \ldots, t_k)$, die durch $\neg$, $\wedge$, $\vee$, $\rightarrow$ und $\leftrightarrow$ verbunden sind. Damit folgt $w^{I_A}_\beta(H) = w^I_\alpha(H) = 1$ aus (2.9).

Es sei nun $H = \forall x_n \forall x_{n-1} \ldots \forall x_1 H'$ mit $n \geq 1$, und es gelte die Aussage für den Ausdruck $G = \forall x_{n-1} \forall x_{n-2} \ldots \forall x_1 H'$. Dann erhalten wir genau dann den Wert $w^I_\alpha(H) = 1$, wenn $w^I_{\alpha_{x_n,u}}(G) = 1$ für alle $u \in U$ gilt. Wegen $w^I_\alpha(t) \in U$ für alle Terme t, erhalten wir

$$w^I_{\alpha_{x_n, w^I_\alpha(t)}}(G) = 1 \text{ für alle Terme } t.$$

Nach Lemma 2.20 erhalten wir damit

$$w^I_\alpha(sub(G, x_n, t)) = 1 \text{ für alle Terme } t.$$

Damit ergibt sich aufgrund der Induktionsvoraussetzung nun

$$w^{I_A}_\beta(sub(G, x_n, t)) = 1 \text{ für alle Terme } t.$$

Wegen Lemma 2.20 und $w^{I_A}_\beta(t) = t$ ergibt sich daher

$$w^{I_A}_{\beta_{x_n, w^{I_A}_\beta(t)}}(G) = w^{I_A}_{\beta_{x_n,t}}(G) = 1 \text{ für alle } t \in H(A).$$

Folglich ist $w^{I_A}_\beta(\forall x_n G) = w^{I_A}_\beta(H) = 1$. □

Definition 2.41 *Für einen Ausdruck* $A = \forall x_1 \forall x_2 \ldots \forall x_n A'$ *in bereinigter Skolemform definieren wir die* Herbrand-Erweiterung $E(A)$ *als die Menge*

$$E(A) = \{sub(sub(\ldots(sub(sub(A', x_n, t_n), x_{n-1}, t_{n-1})\ldots), x_2, t_2), x_1, t_1) \mid t_1, \ldots, t_n \in H(A)\}$$

und setzen

$$E'(A) = \{sub(sub(\ldots(sub(sub(B, x_n, t_n), x_{n-1}, t_{n-1})\ldots), x_2, t_2), x_1, t_1) \mid B \in B(A),\ t_1, t_2, \ldots, t_n \in H(A)\}.$$

Die Herbrand-Erweiterung von A entsteht also durch simultane Ersetzung aller Vorkommen von x_i in A' durch Elemente $t_i \in H(A)$, $1 \leq i \leq n$.

Beispiel 2.42 Wir betrachten den Ausdruck

$$A = \forall x \forall y (R(a, f(x), y) \wedge \neg R(y, f(f(x)), a)).$$

[4]Diese Voraussetzung ist notwendig, damit alle in H vorkommenden Bestandteile interpretiert sind.

Als Herbrand-Universum (vgl. Beispiel 2.38) ergibt sich

$$H(A) = \{a, f(a), f(f(a)), \ldots\} = \{\underbrace{f(f(\ldots(f}_{n\text{-mal}}(a))\ldots)) \mid n \geq 0\}.$$

Um die Elemente aus $E(A)$ zu bestimmen, müssen wir simultan eine Ersetzung von x durch $\underbrace{f(f(\ldots(f}_{n\text{-mal}}(a))\ldots))$ und von y durch $\underbrace{f(f(\ldots(f}_{m\text{-mal}}(a))\ldots))$ durchführen. Jede derartige Substitution ist also durch ein Paar (n, m) eindeutig bestimmt. Wir ordnen diese Paare nun vermöge

$$(n,m) \prec (n',m') \text{ genau dann, wenn entweder } n+m < n'+m' \text{ oder } (n+m = n'+m' \text{ und } n < n').$$

Dann erhalten wir die Herbrand-Erweiterung

$$\begin{aligned} E(A) = \{\ & (R(a, f(a), a) \wedge \neg R(a, f(f(a)), a)), && (0,0) \\ & (R(a, f(a), f(a)) \wedge \neg R(f(a), f(f(a)), a)), && (0,1) \\ & (R(a, f(f(a)), a) \wedge \neg R(a, f(f(f(a))), a)), && (1,0) \\ & (R(a, f(a), f(f(a))) \wedge \neg R(f(f(a)), f(f(a)), a)), && (0,2) \\ & (R(a, f(f(a)), f(a)) \wedge \neg R(f(a), f(f(f(a))), a)), && (1,1) \\ & (R(a, f(f(f(a))), a) \wedge \neg R(a, f(f(f(f(a)))), a)), && (2,0) \\ & \ldots\}. \end{aligned}$$

Typische Elemente aus $E'(A)$ sind daher $R(a, f(a), a)$, $R(a, f(f(a)), a)$, $R(a, f(a), f(a))$, $R(f(a), f(f(a)), a)$ und $R(a, f(f(f(a))), a)$.

Wir bemerken, dass alle Ausdrücke der Herbrand-Erweiterung keine Variablen enthalten, da für $1 \leq i \leq n$ in den $t_i \in H(A)$ keine Variablen vorkommen. Damit lässt sich jeder Ausdruck der Herbrand-Erweiterung als ein aussagenlogischer Ausdruck über den Elementen aus $E'(A)$ auffassen.

Wir zeigen nun, dass durch die Herbrand-Erweiterung die Erfüllbarkeit des prädikatenlogischen Ausdrucks A auf die Erfüllbarkeit der Menge $E(A)$ und damit im Wesentlichen auf die Erfüllbarkeit aussagenlogischer Ausdrücke zurückgeführt werden kann.

Satz 2.43 *Ein Ausdruck A in bereinigter Skolemform ist genau dann erfüllbar, wenn die Menge $E(A)$ im aussagenlogischen Sinn erfüllbar ist (d. h., wenn es eine Belegung α von $E'(A)$ derart gibt, dass $w_\alpha(B) = 1$ für alle $B \in E(A)$ gilt).*

Beweis. Wegen Satz 2.40 reicht es zu zeigen, dass $A = \forall x_1 \forall x_2 \ldots \forall x_n A'$ genau dann ein Herbrand-Modell besitzt, wenn es eine Belegung α von $E'(A)$ mit $w_\alpha(B) = 1$ für alle $B \in E(A)$ gibt.

Es sei I_A eine Herbrand-Interpretation für A. Für $C \in E'(A)$ setzen wir $\alpha(C) = w_\beta^{I_A}(C)$ (man beachte, dass dieser Wert nicht von β abhängt, da in B keine Variablen vorkommen). Nun ist I_A genau dann ein Herbrand-Modell für A, wenn

$$w^{I_A}_{\beta_{x_1,t_1;x_2,t_2;\ldots;x_n,t_n}}(A') = 1 \text{ für alle } t_1, t_2, \ldots, t_n \in E(A) \tag{2.10}$$

gilt. Unter Verwendung von Lemma 2.20 ergibt sich, dass (2.10) zu

$$w_\beta^{I_A}(sub(\dots(sub(sub(A',x_1,t_1),x_2,t_2)\dots),x_n,t_n)) = 1 \text{ für alle } t_1,t_2,\dots,t_n \in E(A)$$

gleichwertig ist. Beachten wir nun noch, dass jedes Element aus $E(A)$ von der Form $sub(\dots(sub(sub(A',x_1,t_1),x_2,t_2)\dots),x_n,t_n)$ ist und umgekehrt jedes Element dieser Form zu $E(A)$ gehört, so ist (2.10) semantisch äquivalent zu

$$w_\beta^{I_A}(B) = 1 \text{ für alle } B \in E(A)$$

ist. Damit erhalten wir, dass I_A genau dann ein Herbrand-Modell ist, wenn $w_\alpha(B) = 1$ für alle $B \in E(A)$ gilt. □

Benutzen wir nun den Endlichkeitssatz der Aussagenlogik (Satz 1.46), so erhalten wir aus Satz 2.43 sofort den folgenden Satz.

Satz 2.44 *Ein Ausdruck A in bereinigter Skolemform ist genau dann erfüllbar, wenn jede endliche Teilmenge von E(A) erfüllbar ist.* □

Wir formulieren Satz 2.44 um, so dass er eine Aussage über Unerfüllbarkeit macht.

Satz 2.44′ *Ein Ausdruck A in bereinigter Skolemform ist genau dann unerfüllbar, wenn es eine endliche Teilmenge von E(A) gibt, die unerfüllbar ist.* □

Für das Unerfüllbarkeitsproblem erhalten wir aufgrund unserer obigen Überlegungen den folgenden Semi-Algorithmus (vgl. den Algorithmus zum Entscheiden der Unerfüllbarkeit einer unendlichen Menge von aussagenlogischen Ausdrücken in Abschnitt 1.2.5).

Semi-Algorithmus (von GILMORE[5]*) für das Unerfüllbarkeitsproblem*

Eingabe: prädikatenlogischer Ausdruck A in bereinigter Skolemform
Aufzählung von $E(A) = \{A_1, A_2, A_3, \dots\}$

$n = 1$; $F = A_1$;
`while` (F ist erfüllbar) { $n = n + 1$; $F = (F \wedge A_n)$; }
Gib „A ist unerfüllbar" aus (und stoppe).

Beispiel 2.45 Als Beispiel betrachten wir den Ausdruck

$$A = \forall x \forall y (R(a, f(x), y) \wedge \neg R(y, f(f(x)), a))$$

aus Beispiel 2.42. Wenn wir die Aufzählung entsprechend der Ordnung von Paaren benutzen, so ergeben sich die folgenden Ausdrücke (mit F_i bezeichnen wir den Ausdruck F nach i Schritten):

$$\begin{aligned}
F_1 &= (R(a,f(a),a) \wedge \neg R(a,f(f(a)),a)),\\
F_2 &= (R(a,f(a),a) \wedge \neg R(a,f(f(a)),a) \wedge R(a,f(a),f(a)) \wedge \neg R(f(a),f(f(a)),a)),\\
F_3 &= (R(a,f(a),a) \wedge \neg R(a,f(f(a)),a) \wedge R(a,f(a),f(a)) \wedge \neg R(f(a),f(f(a)),a)\\
&\qquad \wedge R(a,f(f(a)),a) \wedge \neg R(a,f(f(f(a))),a)),\\
F_4 &= (R(a,f(a),a) \wedge \neg R(a,f(f(a)),a) \wedge R(a,f(a),f(a)) \wedge \neg R(f(a),f(f(a)),a)\\
&\qquad \wedge R(a,f(f(a)),a) \wedge \neg R(a,f(f(f(a))),a)\\
&\qquad \wedge R(a,f(a),f(f(a))) \wedge \neg R(f(f(a)),f(f(a)),a))
\end{aligned}$$

[5] benannt nach dem kanadischen Logiker PAUL C. GILMORE

und so weiter. Setzen wir nun

$$\begin{aligned}
p_1 &= R(a, f(a), a),\\
p_2 &= R(a, f(f(a)), a),\\
p_3 &= R(a, f(a), f(a)),\\
p_4 &= R(f(a), f(f(a)), a),\\
p_5 &= R(a, f(f(f(a))), a),\\
p_6 &= R(a, f(a), f(f(a))),\\
p_7 &= R(f(f(a)), f(f(a)), a),
\end{aligned}$$

so ergeben sich die Ausdrücke

$$\begin{aligned}
F_1 &= (p_1 \wedge \neg p_2),\\
F_2 &= (p_1 \wedge \neg p_2 \wedge p_3 \wedge \neg p_4),\\
F_3 &= (p_1 \wedge \neg p_2 \wedge p_3 \wedge \neg p_4 \wedge p_2 \wedge \neg p_5),\\
F_4 &= (p_1 \wedge \neg p_2 \wedge p_3 \wedge \neg p_4 \wedge p_2 \wedge \neg p_5 \wedge p_6 \wedge \neg p_7).
\end{aligned}$$

Offenbar gilt $w_{\alpha_1}(F_1) = 1$ für die Belegung α_1 mit $\alpha_1(p_1) = 1$ und $\alpha_1(p_2) = 0$. Der Ausdruck F_1 ist also erfüllbar. Weiterhin gilt $w_{\alpha_2}(F_2) = 1$ für die Belegung α_2 mit $\alpha_2(p_1) = \alpha_2(p_3) = 1$ und $\alpha_2(p_2) = \alpha_2(p_4) = 0$. Folglich ist auch der Ausdruck F_2 erfüllbar. Dagegen ist F_3 nicht erfüllbar, da bereits die Teilkonjunktion $(p_2 \wedge \neg p_2)$ offensichtlich nicht erfüllbar ist.

Damit bricht der Algorithmus ab und gibt „A ist unerfüllbar" aus.

Satz 2.46

i) Das Unerfüllbarkeitsproblem für prädikatenlogische Ausdrücke ist semi-entscheidbar.

ii) Das Gültigkeitsproblem für prädikatenlogische Ausdrücke ist semi-entscheidbar.

Beweis. Aussage i) folgt direkt aus der Existenz des obigen Semi-Algorithmus für das Unerfüllbarkeitsproblem; ii) folgt daraus durch den Übergang zur Negation des gegebenen Ausdrucks und deren Testen auf Unerfüllbarkeit (vgl. Beweis von Satz 2.35). □

2.2.3 Bemerkungen zur prädikatenlogischen Resolution

Im Semi-Algorithmus des vorhergehenden Abschnitts zur Entscheidung der Unerfüllbarkeit eines prädikatenlogischen Ausdrucks haben wir nichts über das Verfahren ausgesagt, mit dem wir die Erfüllbarkeit der aussagenlogischen Ausdrücke $(A_1 \wedge A_2 \wedge \cdots \wedge A_n)$ testen. Eine der Möglichkeiten dafür bietet die Resolutionsmethode. Hierdurch entsteht aus dem Semi-Algorithmus zur Entscheidung der Unerfüllbarkeit direkt der folgende Semi-Algorithmus.

Semi-Algorithmus mit Grundresolutionen zur Entscheidung der Unerfüllbarkeit eines prädikatenlogischen Ausdrucks

Eingabe: prädikatenlogischer Ausdruck $A = \forall x_1 \ldots \forall x_k A'$ in bereinigter Skolemform
A' in konjunktiver Normalform
Aufzählung von $E(A) = \{A_1, A_2, A_3, \ldots\}$
für $n \geq 1$ sei K_n die Klauselmenge zu A_n

$n = 1$; $M = \{K_1\}$; $M = res^*(M)$;
`while` $(\emptyset \notin M)$ $\{$ $n = n + 1$; $M = M \cup \{K_n\}$; $M = res^*(M)$; $\}$
Gib „A ist unerfüllbar" aus (und stoppe).

Beispiel 2.47 Als Beispiel betrachten wir wiederum den Ausdruck

$$A = \forall x \forall y (R(a, f(x), y) \wedge \neg R(y, f(f(x)), a))$$

aus Beispiel 2.42, bei dem der Teilausdruck nach den Quantifizierungen bereits in konjunktiver Normalform vorliegt (so dass keine Umformungen erforderlich sind). Entsprechend den Erkenntnissen aus Beispiel 2.42 erhalten wir die Klauselmengen

$$\begin{aligned}
K_1 &= \{\{R(a, f(a), a)\}, \{\neg R(a, f(f(a)), a)\}\}, \\
K_2 &= \{\{R(a, f(a), f(a))\}, \{\neg R(f(a), f(f(a)), a)\}\}, \\
K_3 &= \{\{R(a, f(f(a)), a)\}, \{\neg R(a, f(f(f(a))), a)\}\}, \\
K_4 &= \{\{R(a, f(a), f(f(a)))\}, \{\neg R(f(f(a)), f(f(a)), a)\}\}
\end{aligned}$$

und so weiter. Damit ergeben sich der Reihe nach

$$\begin{aligned}
M = K_1 \quad &= \{\{R(a, f(a), a)\}, \{\neg R(a, f(f(a)), a)\}\}, \\
M = res^*(M) = M &= \{\{R(a, f(a), a)\}, \{\neg R(a, f(f(a)), a)\}\} \\
&\qquad \text{(da sich keine Resolventen bilden lassen)}, \\
M = M \cup K_2 &= \{\{R(a, f(a), a)\}, \{\neg R(a, f(f(a)), a)\}, \{R(a, f(a), f(a))\}, \\
&\quad \{\neg R(f(a), f(f(a)), a)\}\}, \\
M = res^*(M) &= \{\{R(a, f(a), a)\}, \{\neg R(a, f(f(a)), a)\}, \{R(a, f(a), f(a))\}, \\
&\quad \{\neg R(f(a), f(f(a)), a)\}\} \\
&\qquad \text{(da sich erneut keine Resolventen bilden lassen)}, \\
M = M \cup K_3 &= \{\{R(a, f(a), a)\}, \{\neg R(a, f(f(a)), a)\}, \{R(a, f(a), f(a))\}, \\
&\quad \{\neg R(f(a), f(f(a)), a)\}, \{R(a, f(f(a)), a)\}, \{\neg R(a, f(f(f(a))), a)\}\}, \\
M = res^*(M) &= \{\emptyset, \ldots\} \qquad \text{(da die Resolvente von } \{\neg R(a, f(f(a)), a)\} \\
&\qquad \text{und } \{R(a, f(f(a)), a)\} \text{ die leere Menge ist).}
\end{aligned}$$

Damit ist A unerfüllbar (wie wir aus Beispiel 2.45 schon wissen).

Es sei A ein Ausdruck mit n Variablen. Offenbar ist das Entstehen der leeren Menge in $res^*(M)$ zu einem Zeitpunkt nur dann möglich, wenn für einen Teilausdruck B von $E(A)$ auch $\neg B$ ein Teilausdruck von $E(A)$ ist. Nach der Definition von $E(A)$ bedeutet dies, dass es zwei Mengen von Termen $t_1, t_2, \ldots, t_n$ und $t'_1, t'_2, \ldots, t'_n$ ohne Variable so gibt, dass

$$B = sub(sub(\ldots(sub(sub(A', x_n, t_n), x_{n-1}, t_{n-1})\ldots), x_2, t_2), x_1, t_1)$$

und

$$\neg B = sub(sub(\ldots(sub(sub(A', x_n, t'_n), x_{n-1}, t'_{n-1})\ldots), x_2, t'_2), x_1, t'_1)$$

gelten. Bis auf die Negation liefern also zwei derartige parallele Substitutionen den gleichen Ausdruck. Da die Substitutionen, bei denen Variable nur durch Terme ohne Variable ersetzt werden, auch *Grundsubstitutionen* genannt werden, heißt obiger Algorithmus Semi-Algorithmus mit Grundresolutionen.

Wir betrachten nun eine prädikatenlogische Resolution. Sie basiert auch darauf, zwei Teilausdrücke B und $\neg B$ mittels Substitution zu erzeugen, allerdings werden auch Substitutionen zugelassen, bei denen die Terme Variable enthalten können.

Im Folgenden verstehen wir unter einer Substitution s stets eine parallele Substitution einiger Variablen durch (beliebige) Terme, d. h. es gilt

$$s(A) = sub(\ldots(sub(sub(A, x_{i_1}, t_1), x_{i_2}, t_2)\ldots), x_{i_k}, t_k),$$

wobei die Variablen x_{i_j} simultan durch den Term t_j, $1 \leq j \leq k$, ersetzt werden. Für eine Menge $\mathcal{L} = \{A_1, A_2, \ldots, A_r\}$ von Ausdrücken und eine Substitution s setzen wir

$$s(\mathcal{L}) = \{s(L_1), s(L_2), \ldots, s(L_r)\}.$$

Mit $[x/t]$ bezeichnen wir die Substitution, bei der x durch t ersetzt wird. Mit dieser Bezeichnung ergibt sich

$$s(A) = ([x_{i_1}/t_1] \circ [x_{i_2}/t_2] \circ \cdots \circ [x_{i_k}/t_k])(A).$$

Definition 2.48

i) Eine Substitution s heißt Unifikator *der Menge $\mathcal{L} = \{L_1, L_2, \ldots, L_r\}$ von Literalen, falls $s(L_1) = s(L_2) = \cdots = s(L_r)$ gelten.*

ii) Eine Substitution s heißt allgemeinster Unifikator *von $\mathcal{L}$, falls für jeden Unifikator s' von $\mathcal{L}$ eine Substitution s'' mit $s' = s \circ s''$ existiert.*

Der allgemeinste Unifikator s erlaubt also, jeden Unifikator als Nacheinanderausführung von s und einer gewissen Substitution s'' zu erhalten. Da mit s'' weitere Ersetzungen verbunden sind, ist der allgemeinste Unifikator die Substitution, bei der am wenigsten Ersetzungen vorzunehmen sind, um die Gleichheit der Bilder von $L_1, L_2, \ldots, L_r$ zu erreichen. Hieraus resultiert der Begriff allgemeinster Unifikator für s. Wir bemerken noch, dass jeder Unifikator s' wegen $s' = s \circ s''$ als Verfeinerung des allgemeinsten Unifikators s angesehen werden kann.

Wir nennen eine Menge $\mathcal{L}$ von Literalen *unifizierbar*, wenn es einen Unifikator für $\mathcal{L}$ gibt.

Satz 2.49 *Jede unifizierbare Menge von Literalen besitzt einen allgemeinsten Unifikator.*

Algorithmus zur Bestimmung des allgemeinsten Unifikators

Eingabe: nichtleere Menge $\mathcal{L} = \{L_1, L_2, \ldots, L_r\}$ von Literalen

```
s = id;  // id bezeichnet die identische Substitution, die x_i durch x_i ersetzt
while (s(L_i) ≠ s(L_j) für gewisse 1 ≤ i < j ≤ k)
      { Durchsuche die Literale von s(𝓛) von links nach rechts,
        bis die erste Position gefunden ist, an der sich mindestens zwei Literale
        unterscheiden;
        if (keines der Zeichen ist eine Variable)
           Gib „𝓛 ist nicht unifizierbar“ aus (und stoppe);
           else { Es sei x die Variable und t der im anderen Literal beginnende Term⁶;
                  if (x kommt in t vor)
                     Gib „𝓛 ist nicht unifizierbar“ aus (und stoppe);
                     else s = s ∘ [x/t];   //([x/t] ersetzt x durch t)
                }
      }
Gib s als allgemeinsten Unifikator aus.
```

Abbildung 2.1: Algorithmus zur Bestimmung des allgemeinsten Unifikators

Beweis. Der Beweis ergibt sich aus dem Algorithmus zur Bestimmung des allgemeinsten Unifikators, der in Abbildung 2.1 gegeben ist. □

Wir verzichten hier auf einen formalen Beweis, dass der Algorithmus den allgemeinsten Unifikator liefert. Wir bemerken aber, dass durch das Ersetzen der am weitesten links stehenden Variablen des einen Ausdrucks durch den Term, der im anderen Ausdruck an dieser Stelle beginnt, im Wesentlichen die Änderung vorgenommen wird, die mindestens erforderlich ist. Daher ist intuitiv klar, dass der allgemeinste Unifikator konstruiert wird.

Wir illustrieren den Algorithmus durch ein Beispiel.

Beispiel 2.50 Gegeben seien die beiden Literale

$$L_1 = R(g(x, f(b,y)), h(z)) \quad \text{und} \quad L_2 = R(g(h(y), z), h(f(b, h(w)))),$$

bei denen R ein Relationssymbol, f, g und h Funktionssymbole, b ein Konstantensymbol und x, y, w und z Variable sind. Die beiden Literale unterscheiden sich an der fünften Position (genauer gesagt, im fünften Buchstaben über dem zugrunde liegenden Alphabet, dem auch das Komma, die Klammern etc. angehören), bei der in L_1 die Variable x steht und bei L_2 der Term $h(y)$ beginnt. Folglich haben wir die Substitution $s_1 = [x/h(y)]$ anzuwenden und erhalten

$$\begin{aligned} s_1(L_1) &= R(g(h(y), f(b,y)), h(z)) \text{ und} \\ s_1(L_2) &= R(g(h(y), z), h(f(b, h(w)))). \end{aligned}$$

Nun unterscheiden sich die beiden Ausdrücke an der zehnten Position, an der in $s_1(L_2)$ die Variable z steht und bei der in $s_1(L_1)$ der Term $f(b,y)$ beginnt. Mit der Substitution

[6] Man überlege sich, dass hier wirklich ein Term beginnt.

$s_2 = [z/f(b,y)]$ ergeben sich

$$s_2(s_1(L_1)) = R(g(h(y), f(b,y)), h(f(b,y))) \text{ und}$$
$$s_2(s_1(L_2)) = R(g(h(y), f(b,y)), h(f(b,h(w)))).$$

Die beiden Ausdrücke unterscheiden sich jetzt im 24. Buchstaben. In $s_2(s_1(L_1))$ steht die Variable y und in $s_2(s_1(L_2))$ der Term $h(w)$. Wir erhalten durch die Substitution $s_3 = [y/h(w)]$ die Ausdrücke

$$s_3(s_2(s_1(L_1))) = R(g(h(h(w)), f(b,h(w))), h(f(b,h(w)))) \text{ und}$$
$$s_3(s_2(s_1(L_2))) = R(g(h(h(w)), f(b,h(w))), h(f(b,h(w)))).$$

Da diese beiden Ausdrücke identisch sind, haben wir in

$$s_1 \circ s_2 \circ s_3 \ = [x/h(y)] \circ [z/f(b,y)] \circ [y/h(w)]$$

den allgemeinsten Unifikator von L_1 und L_2 gefunden.

Wir geben nun die Definition der prädikatenlogischen Resolvente.

Definition 2.51 *Es seien $\mathcal{K}_1$, $\mathcal{K}_2$ und $\mathcal{R}$ Mengen von prädikatenlogischen Literalen. Dann heißt $\mathcal{R}$* prädikatenlogische Resolvente *von $\mathcal{K}_1$ und $\mathcal{K}_2$, falls folgende Bedingungen erfüllt sind:*

- *Es gibt Substitutionen s_1 und s_2, die nur Variablenumbenennungen sind, so dass $s_1(\mathcal{K}_1)$ und $s_2(\mathcal{K}_2)$ keine gemeinsamen Variablen haben.*
- *Es gibt Mengen von Literalen $L_1, L_2, \ldots, L_m \in s_1(\mathcal{K}_1)$ und $L'_1, L'_2, \ldots, L'_n \in s_2(\mathcal{K}_2)$, so dass die Menge $\mathcal{L} = \{\neg L_1, \neg L_2, \ldots, \neg L_m, L'_1, L'_2, \ldots, L'_n\}$, $m \geq 1$, $n \geq 1$, unifizierbar ist. Dabei sei s der allgemeinste Unifikator von $\mathcal{L}$.*
- *Es gilt $\mathcal{R} = s((s_1(\mathcal{K}_1) \setminus \{L_1, L_2, \ldots, L_m\}) \cup (s_2(\mathcal{K}_2) \setminus \{L'_1, L'_2, \ldots, L'_n\}))$.*

In der Aussagenlogik sind die Literale Variable oder negierte Variable. Die aussagenlogische Resolvente ist durch $R = (K_1 \setminus \{\neg L\}) \cup (K_2 \setminus \{L\})$ definiert. Die prädikatenlogische Resolvente stellt davon offenbar eine Verallgemeinerung dar.

Wir wollen nun ein Lemma angeben, das im Wesentlichen einen Zusammenhang zwischen prädikatenlogischer und aussagenlogischer Resolution herstellt. Dafür erinnern wir zuerst daran, dass Substitutionen, bei denen Variable nur durch Terme ohne Variable ersetzt werden, *Grundsubstitutionen* genannt werden. Für einen prädikatenlogischen Ausdruck A heißt ein Ausdruck B *Grundinstanz* von A, falls B aus A durch eine Grundsubstitution entsteht.

Lemma 2.52 *Es seien K_1 und K_2 zwei prädikatenlogische Klauseln sowie K'_1 und K'_2 zugehörige (beliebige) Grundinstanzen. Ferner sei R' eine Resolvente von K'_1 und K'_2. Dann gibt es eine prädikatenlogische Resolvente R von K_1 und K_2 so, dass R' Grundinstanz von R ist.*

Nach der Voraussetzung des Lemmas sind K_1' und K_2' Mengen von variablenfreien Literalen. Wir können nun die verschiedenen Basisausdrücke aus K_1' und K_2' als verschiedene aussagenlogische Variable ansehen. Die Bildung von R' kann daher als aussagenlogische Resolution aufgefasst werden.

Lemma 2.52 heißt Lifting-Lemma, weil die Existenz einer Resolvente für die Grundinstanzen, die im Wesentlichen aussagenlogische Klauseln sind, auf die prädikatenlogischen Klauseln angehoben werden kann. Die Darstellung in Abbildung 2.2 veranschaulicht die Aussage des Lifting-Lemmas.

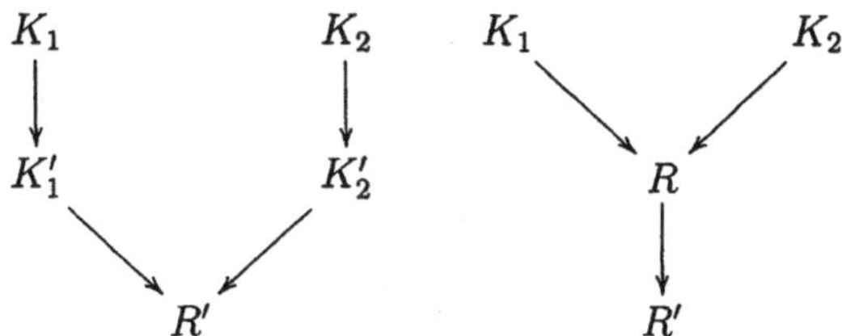

Abbildung 2.2: Der linke Teil entspricht der Voraussetzung des Lemmas, während der rechte Teil die Behauptung widerspiegelt.

Beweis (von Lemma 2.52). Wir nehmen zuerst Substitutionen (genauer Umbenennungen der Variablen) vor, so dass die entstehenden Klauseln $s_1(K_1)$ und $s_2(K_2)$ keine gemeinsamen Variablen haben. (Hierdurch sichern wir die rein technische erste Voraussetzung aus Definition 2.51.) Die Ausdrücke K_1' und K_2' sind offenbar auch Grundinstanzen von $s_1(K_1)$ und $s_2(K_2)$. Es seien sub_1 und sub_2 die zugehörigen Grundsubstitutionen mit

$$K_1' = sub_1(s_1(K_1)) \quad \text{und} \quad K_2' = sub_2(s_2(K_2)).$$

Wir setzen $sub = sub_1 \circ sub_2$. Da sub_1 bzw. sub_2 nur Variablen betreffen, die nicht in $s_2(K_2)$ bzw. $s_1(K_1)$ vorkommen, gilt offenbar auch

$$K_1' = sub(s_1(K_1)) \quad \text{und} \quad K_2' = sub(s_2(K_2)).$$

Nach Voraussetzung gibt es eine (aussagenlogische) Resolvente R' zu K_1' und K_2'. Dies bedeutet, dass es ein Literal L mit

$$L \in K_1',\ \neg L \in K_2' \text{ und } R' = (K_1' \setminus \{L\}) \cup (K_2' \setminus \{\neg L\})$$

gibt. Es seien nun $L_1, L_2, \ldots, L_m$ bzw. $L_1', L_2', \ldots, L_n'$ die Literale in $s_1(K_1)$ bzw. $s_2(K_2)$, die durch sub auf L bzw. $\neg L$ abgebildet werden. Es gelten folglich

$$L = sub(L_1) = sub(L_2) = \cdots = sub(L_m) \text{ und } \neg L = sub(L_1') = sub(L_2') = \cdots = sub(L_n').$$

Da Substitutionen nicht das Negationszeichen beeinflussen, gilt sogar

$$\neg L = sub(\neg L_1) = sub(\neg L_2) = \cdots = sub(\neg L_m) = sub(L_1') = sub(L_2') = \cdots = sub(L_n').$$

Somit sind $\neg L_1, \neg L_2, \ldots, \neg L_m$ und $L_1', L_2', \ldots, L_n'$ unifizierbar. Der zugehörige allgemeinste Unifikator sei sub_0. Dann ist

$$R = sub_0((s_1(K_1) \setminus \{L_1, L_2, \ldots, L_m\}) \cup (s_2(K_2) \setminus \{L_1', L_2', \ldots, L_n'\}))$$

eine prädikatenlogische Resolvente von K_1 und K_2.

Da *sub* ein Unifikator und sub_0 der allgemeinste Unifikator sind, gilt $sub = sub_0 \circ s$ für eine gewisse Substitution s. Damit ergibt sich

$$\begin{aligned} R' &= (K_1' \setminus \{L\}) \cup (K_2' \setminus \{\neg L\}) \\ &= (sub(s_1(K_1)) \setminus \{L\}) \cup (sub(s_2(K_2)) \setminus \{\neg L\}) \\ &= sub((s_1(K_1) \setminus \{L_1, L_2, \ldots, L_m\}) \cup (s_2(K_2) \setminus \{L_1', L_2', \ldots, L_n'\})) \\ &= s(sub_0((s_1(K_1) \setminus \{L_1, L_2, \ldots, L_m\}) \cup (s_2(K_2) \setminus \{L_1', L_2', \ldots, L_n'\}))) \\ &= s(R). \end{aligned}$$

Somit ergibt sich R' aus R durch eine Substitution s. Da R' überdies keine Variablen enthält, muss s sogar eine Grundsubstitution sein, womit R' eine Grundinstanz von R ist. □

Wir können analog zum Vorgehen in der Aussagenlogik die Resolutionshülle bilden.

Definition 2.53 *Für eine Menge $\mathcal{F}$ von Mengen von Literalen setzen wir*

$$\begin{aligned} Res(\mathcal{F}) &= \mathcal{F} \cup \{\mathcal{R} \mid \mathcal{R} \text{ ist Resolvente gewisser } \mathcal{K} \in \mathcal{F} \text{ und } \mathcal{K}' \in \mathcal{F}\}, \\ Res^0(\mathcal{F}) &= \mathcal{F}, \\ Res^n(\mathcal{F}) &= Res(Res^{n-1}(\mathcal{F})) \text{ für } n \geq 1 \text{ und} \\ Res^*(\mathcal{F}) &= \bigcup_{n \geq 0} Res^n(\mathcal{F}). \end{aligned}$$

Es gilt nun der folgende Satz, der ein Analogon zu Satz 1.40 darstellt.

Satz 2.54 *Es sei $A = \forall x_1 \forall x_2 \ldots \forall x_n A'$ ein prädikatenlogischer Ausdruck in bereinigter Skolemform, bei dem A' in konjunktiver Normalform vorliegt. Dann ist A genau dann unerfüllbar, wenn die leere Menge in $Res^*(A')$ liegt.*

Beweis. Für einen Ausdruck H mit den Variablen $x_1, x_2, \ldots, x_k$ definieren wir $\forall H$ als den Ausdruck $\forall x_1 \forall x_2 \ldots \forall x_k H$. Man sieht sofort, dass $A \equiv \forall A'$ und $A \equiv \forall K_1 \land \forall K_2 \land \cdots \land \forall K_t$ gelten, wobei $K_1, K_2, \ldots, K_t$ die Alternativen zu den Klauseln von A' sind.

Es seien zwei Klauseln K_1 und K_2 sowie deren Resolvente

$$\begin{aligned} R &= sub((s_1(K_1) \setminus \{L_1, L_2, \ldots, L_m\}) \cup (s_2(K_2) \setminus \{L_1', L_2', \ldots, L_n'\})) \\ &= (sub(s_1(K_1)) \setminus \{L\}) \cup (sub(s_2(K_2)) \setminus \{\neg L\}) \end{aligned}$$

gegeben, wobei *sub* der allgemeinste Unifikator von $\{L_1, L_2, \ldots, L_m, \neg L_1', \neg L_2', \ldots, \neg L_n'\}$ ist und

$$L = sub(L_1) = sub(L_2) = \cdots = sub(L_m) = sub(\neg L_1') = sub(\neg L_2') = \cdots = sub(\neg L_n')$$

gilt.

Wir zeigen zuerst, dass aus $w_\alpha^I(\forall K_1) = w_\alpha^I(\forall K_2) = 1$ auch $w_\alpha^I(\forall R) = 1$ folgt. Angenommen, es würde $w_\alpha^I(\forall R) = 0$ gelten. Folglich gibt es eine Belegung β, bei der gewisse Variable fest belegt werden, mit $w_\beta^I(R) = 0$. Dann gelten auch

$$w_\beta^J(sub(s_1(K_1)) \setminus \{L\}) = w_\beta^J(sub(s_2(K_2)) \setminus \{\neg L\}) = 0.$$

Da nach Voraussetzung $w^J_\beta(sub(s_1(K_1))) = 1$ gilt, erhalten wir $w^J_\beta(L) = 1$. Analog ergibt sich wegen $w^J_\beta(sub(s_2(K_2))) = 1$ auch $w^J_\beta(\neg L) = 1$. Dies ist aber offensichtlich ein Widerspruch, da ein Ausdruck L und seine Negation $\neg L$ nicht gleichzeitig wahr werden können.

Es sei A erfüllbar. Dann gibt es eine Interpretation I mit

$$w^I_\alpha(\forall K_1) = w^I_\alpha(\forall K_2) = \cdots = w^I_\alpha(\forall K_t) = 1.$$

Dies impliziert $w^I_\alpha(\forall R) = 1$ für alle R in $Res^*(A')$. Damit kann $\emptyset \in Res^*(A')$ nicht eintreten. Somit folgt aus $\emptyset \in Res^*(A')$ die Unerfüllbarkeit von A.

Es sei nun A unerfüllbar. Dann gibt es nach dem Semi-Algorithmus mit Grundresolutionen eine Folge von Klauseln $K'_1, K'_2, \ldots, K'_t$ von Grundinstanzen mit

- K'_i ist Grundinstanz einer Klausel von A' oder
- K'_i ist Resolvente zweier Klauseln K'_j und K'_h mit $j < i$ und $h < i$ und
- $K'_t = \emptyset$.

Hieraus konstruieren wir eine Folge $K_1, K_2, \ldots, K_t$ von prädikatenlogischen Klauseln induktiv wie folgt (man beachte: K'_1 muss Grundinstanz einer Klausel von A' sein):

- Ist K'_i Grundinstanz einer Klausel K von A', so setzen wir $K_i = K$.
- Ist K'_i Resolvente von K'_j und K'_h und sind K_j und K_h schon ermittelt, so wählen wir K_i als die sich nach dem Lifting-Lemma ergebende Klausel von K_j und K_h.

Dann ergibt sich $K_t = \emptyset$. □

Wir betrachten folgendes Beispiel zur prädikatenlogischen Resolution. Gegeben sei die Menge

$$F = \{\{R(f(x))\}, \{Q(a)\}, \{T(x), \neg Q(x)\}, \{\neg R(y), \neg T(x)\}\}$$

von Klauseln zu einer Skolemform. Dann ergeben sich die in Abbildung 2.3 gegebenen Resolventen (man beachte, dass dies nicht alle möglichen Resolventenbildungen sind, sondern nur die zur Herleitung der leeren Klausel notwendigen). Die verwendeten allgemeinsten Unifikatoren sind $[x/a]$ und $[y/f(x)]$ (die jeweils durch den Algorithmus bestimmt werden können). Da die leere Menge in $Res^*(F)$ liegt, ist F unerfüllbar.

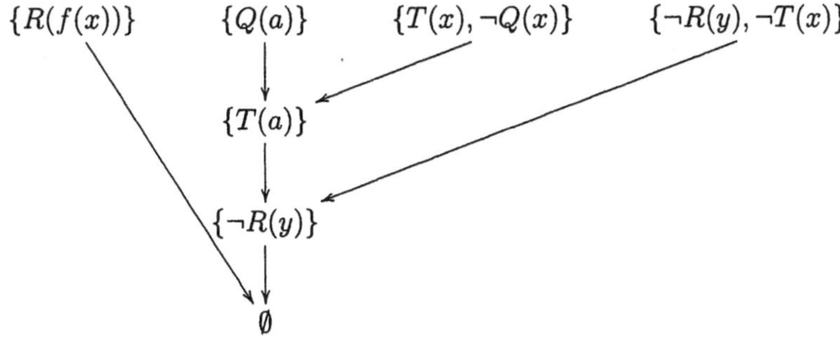

Abbildung 2.3: Resolution der leeren Menge aus der Klauselmenge F

Offensichtlich ergibt sich eine große Fülle von möglichen Resolventen und damit von möglichen Herleitungen der leeren Menge. Wir geben daher nun einige Beschränkungen bei der Resolventenbildung an, ohne dass die Möglichkeit der Herleitung der leeren Menge verloren geht, wenn der gegebene Ausdruck unerfüllbar ist.

Definition 2.55 *Die Resolution einer Klausel R aus einer Klauselmenge $\mathcal{K}$ heißt* linear, *falls es Klauseln $R_0, R_1, R_2, \ldots, R_n$ so gibt, dass*

$$R_0 \in \mathcal{K},$$
$$R_i \in res(R_{i-1}, C_{i-1}) \textit{ mit } C_{i-1} \in \mathcal{K} \cup \{R_1, R_2, \ldots, R_{i-2}\},\ 1 \leq i \leq n,$$
$$R_n = R$$

gelten.

Bei einer linearen Resolution wird also stets die Resolvente, die man in einem Schritt erhalten hat, im nächsten Schritt zur Resolutionsbildung benutzt. Die Abbildung 2.4 zeigt die Struktur der Resolutionsbildungen. Die lineare Anordnung der Resolventen R_i, $0 \leq i \leq n$ rechtfertigt den Namen linear für diese Art der Resolution.

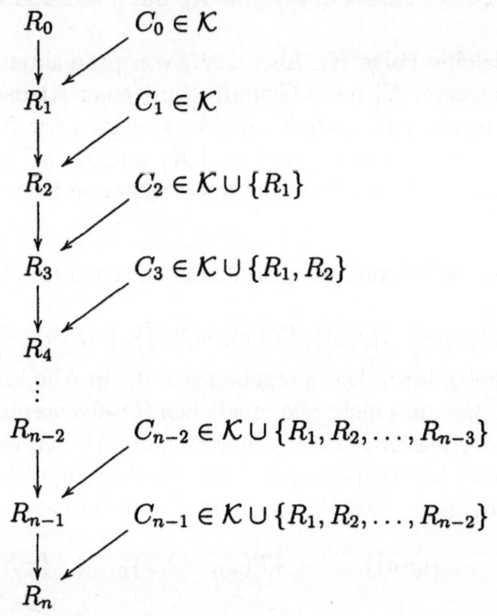

Abbildung 2.4: Struktur einer linearen Resolution

Wir betrachten die Klauselmenge

$$F = \{\{A, B\}, \{A, \neg B\}, \{\neg A, B\}, \{\neg A, \neg B\}\}.$$

Wegen der folgenden nichtlinearen Resolutionen

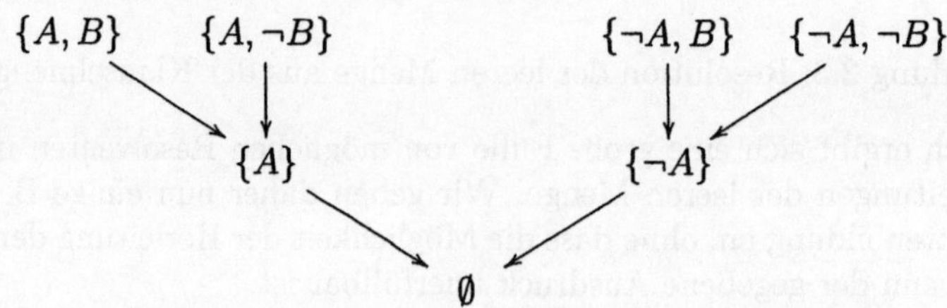

erhalten wir, dass F unerfüllbar ist. Jedoch gibt es auch die folgende lineare Resolution für die leere Menge aus F.

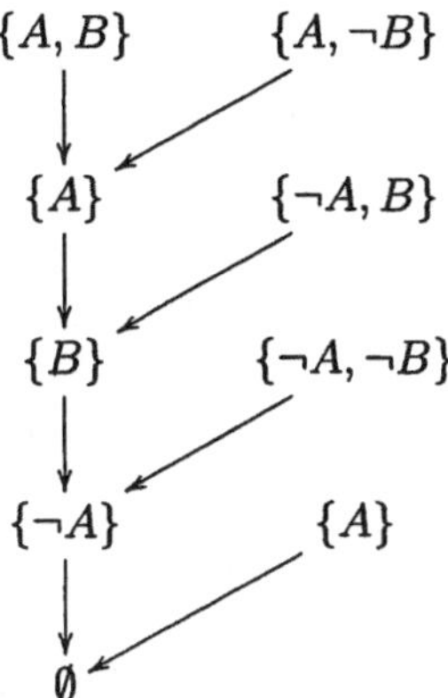

Dieser Sachverhalt gilt allgemein. Ist die leere Menge durch beliebige Resolutionen herleitbar, so auch durch eine lineare Resolution.

Satz 2.56 *Es sei $A = \forall x_1 \forall x_2 \dots \forall x_n A'$ ein prädikatenlogischer Ausdruck in bereinigter Skolemform, bei dem A' in konjunktiver Normalform vorliegt. Dann ist A genau dann unerfüllbar, wenn es eine lineare Resolution für die leere Menge aus der Klauselmenge zu A' gibt.* □

Wir verzichten hier auf einen Beweis dieser Aussage, da wir unten eine schärfere Version dieser Aussage in Satz 2.56′ angeben und beweisen werden.

Dazu geben wir zuerst die folgende Notation. Für eine Klauselmenge $\mathcal{K}$ und ein Literal L bezeichnen wir mit $\mathcal{K}(L = 0)$ bzw. $\mathcal{K}(L = 1)$ die Klauselmengen, die aus $\mathcal{K}$ entstehen, indem wir jedes Vorkommen von L bzw. $\neg L$ in Klauseln von $\mathcal{K}$ streichen und alle Klauseln von $\mathcal{K}$, in denen $\neg L$ bzw. L vorkommt, entfernen. (Wir weisen darauf hin, dass diese Konstruktionen im Wesentlichen dem Übergang von K zu K' im Beweis von Satz 1.40 entsprechen; und wir werden unten im Beweis sehen, dass hiermit auch eine Analogie im Beweis des prädikatenlogischen und aussagenlogischen Unerfüllbarkeitskriteriums gegeben ist.)

Stellen wir uns vor, dass $L \in \mathcal{K}$ für eine gewisse Interpretation I und eine gewisse Belegung α den Wert 0 annimmt, dann wird der Wert des Ausdrucks zur Klausel K nicht verändert, falls L in K gestrichen wird. Damit bleibt beim Entfernen aller L mit $w^I_\alpha(L) = 0$ in Klauseln von $\mathcal{K}$ der Wert des zugehörigen Ausdrucks unverändert. Da $\neg L$ den Wert 1 annimmt, nimmt auch jeder Ausdruck zu einer Klausel K', in der $\neg L$ vorkommt, den Wert 1 an. Diese Klauseln können bei unerfüllbaren Klauselmengen folglich ohne Wertveränderung gestrichen werden. Somit ergibt sich aus der Unerfüllbarkeit von K auch die Unerfüllbarkeit von $\mathcal{K}(L = 0)$. Analog überlegt man sich, dass die Unerfüllbarkeit von K auch die Unerfüllbarkeit von $\mathcal{K}(L = 1)$ impliziert.

Definition 2.57 *Eine Klauselmenge $\mathcal{K}$ heißt* minimal unerfüllbar, *wenn sie unerfüllbar ist und für jede Klausel $K \in \mathcal{K}$ die Menge $\mathcal{K} \setminus \{K\}$ erfüllbar ist.*

Offenbar kann zu jeder unerfüllbaren Klauselmenge $\mathcal{K}$ eine minimal unerfüllbare Klauselmenge $\mathcal{K}'$ mit $\mathcal{K}' \subseteq \mathcal{K}$ konstruiert werden. Dazu hat man nur der Reihe nach Klauseln aus $\mathcal{K}$ zu entfernen, bis eine minimal unerfüllbare Teilmenge entsteht.

Bei Verwendung minimal unerfüllbarer Mengen lässt sich Satz 2.56 verschärfen, da man noch zusätzlich eine Aussage zum Anfangselement der linearen Resolution machen kann.

Satz 2.56′ *Es sei $A = \forall x_1 \forall x_2 \ldots \forall x_n A'$ ein prädikatenlogischer Ausdruck in bereinigter Skolemform, bei dem A' in konjunktiver Normalform vorliegt. Ferner sei die zu A' gehörende Klauselmenge minimal unerfüllbar. Dann gibt es für jede Klausel K von A' eine lineare Resolution für die leere Menge aus der Klauselmenge zu A', bei der $R_0 = K$ gilt.*

Beweis. Es sei $\mathcal{K}$ die Klauselmenge von A'. Wir führen den Beweis durch Induktion über die Anzahl n der Basisausdrücke von A'.

Es sei $n = 1$. Dann kann es nur die Klauseln $\{K, \neg K\}$, $\{K\}$ und $\{\neg K\}$ geben. Da die Klauselmenge nach Voraussetzung minimal unerfüllbar ist, muss sie aus den beiden Klauseln $\{K\}$ und $\{\neg K\}$ bestehen. Da deren Resolvente die leere Menge ist und ein Resolutionsschritt stets eine lineare Resolution bildet, ist damit der Induktionsanfang bewiesen.

Es sei $n > 1$. Wir unterscheiden zwei Fälle.

Fall 1: K bestehe nur aus einem Literal, d. h., dass $K = \{L\}$ für ein Literal L gilt. Dann gibt es einen Basisausdruck B mit $L = B$ oder $L = \neg B$. Die Klauselmenge $\mathcal{K}(L = 1)$ ist dann unerfüllbar und enthält höchstens $n - 1$ Basisausdrücke, da B in $\mathcal{K}(L = 1)$ nicht mehr vorkommt. Es sei $\mathcal{K}'$ eine minimal unerfüllbare Klauselmenge zu $\mathcal{K}(L = 1)$. Beim Übergang zu $\mathcal{K}(L = 1)$ muss aus mindestens einer Klausel $\neg L$ entfernt worden sein, da sonst $\mathcal{K}(L = 1)$ eine Teilmenge von $\mathcal{K}$ und damit wegen der minimalen Unerfüllbarkeit von $\mathcal{K}$ erfüllbar wäre. Dies überträgt sich auch auf $\mathcal{K}'$. Also gibt es ein $K' \in \mathcal{K}'$, so dass $K' \cup \{\neg L\}$ zu $\mathcal{K}$ gehört. Nach Induktionsvoraussetzung gibt es eine lineare Resolution der leeren Menge aus $\mathcal{K}'$, die mit K' beginnt.

Nun konstruieren wir folgende lineare Resolution aus $\mathcal{K}$ mit $R_0 = K = \{L\}$. Im ersten Schritt resolvieren wir K mit $K' \cup \{\neg L\}$. Dadurch entsteht K'. Nun führen wir eine lineare Resolution aus $\mathcal{K}$ beginnend mit K' durch, die sich von der linearen Resolution der leeren Menge aus $\mathcal{K}'$ beginnend mit K' nur dadurch unterscheidet, dass wir statt $K'' \in \mathcal{K}'$ die Klausel K_3 verwenden, die wie folgt ermittelt wird:

- falls $\neg L$ beim Übergang zu $K'' \in \mathcal{K}(L = 1)$ nicht entfernt wurde, so nehmen wir K''
- falls $\neg L$ beim Übergang zu $K'' \in \mathcal{K}(L = 1)$ entfernt wurde, so nehmen wir $K'' \cup \{\neg L\}$.

Offenbar liefert diese lineare Resolution die leere Menge, und wir sind fertig, oder wir erhalten $\{\neg L\}$, die wir nun mit $K = \{L\}$ resolvieren, wobei die leere Menge entsteht.

Fall 2: K enthalte mindestens zwei Literale.
Es seien L eines der Literale in K und $K' = K \setminus \{L\}$. Dann ist $\mathcal{K}(L = 0)$ unerfüllbar und K' ist Klausel in $\mathcal{K}(L = 0)$. Wegen der minimalen Unerfüllbarkeit von $\mathcal{K}$ ist $\mathcal{K} \setminus \{K\}$ erfüllbar. Folglich gibt es eine Interpretation I und eine Belegung α, so dass $w^I_\alpha(Z) = 1$ für alle Z in $\mathcal{K} \setminus \{K\}$ ist. Wäre nun auch $w^I_\alpha(K) = 1$, so wäre $\mathcal{K}$ im Gegensatz zur Voraussetzung erfüllbar. Also muss $w^I_\alpha(K) = 0$ gelten. Da L ein Literal von K ist, haben wir auch $w^I_\alpha(L) = 0$. Somit gilt für jede Klausel $Z' \in \mathcal{K}(L = 0)$, die aus $Z \in \mathcal{K}$ durch Streichen

von L entsteht, $w^I_\alpha(Z') = w^I_\alpha(Z)$. Hieraus folgt $w^I_\alpha(Z') = 1$ für alle $Z' \in \mathcal{K}(L=0) \setminus \{K'\}$. Folglich ist $\mathcal{K}(L=0) \setminus \{K'\}$ erfüllbar.

Nun sei $\mathcal{K}''$ eine minimal unerfüllbare Teilmenge der Klauselmenge $\mathcal{K}(L = 0)$. Dann muss $K' \in \mathcal{K}''$ gelten, da sonst in Analogie zu Obigem $\mathcal{K}''$ erfüllbar wäre. Da in $\mathcal{K}(L = 0)$ der Basisausdruck von L nicht mehr vorkommt, trifft dies auch auf $\mathcal{K}''$ zu. Daher enthält $\mathcal{K}''$ höchstens $n - 1$ Basisausdrücke. Nach Induktionsvoraussetzung gibt es daher eine lineare Resolution der leeren Menge aus $\mathcal{K}''$, die mit K' beginnt. Wir konstruieren daraus wieder eine lineare Resolution aus $\mathcal{K}$, die mit K beginnt, indem wir - wo erforderlich - das Literal L wieder hinzufügen. Das Ergebnis dieser Resolution ist L, da K das Literal L enthält.

Nun betrachten wir $\mathcal{L} = (\mathcal{K} \setminus \{K\}) \cup \{L\}$. Wegen der minimalen Unerfüllbarkeit von $\mathcal{K}$ ist $\mathcal{K} \setminus \{K\}$ erfüllbar. Wie wir oben gezeigt haben, ist für jede Interpretation I und Belegung α, die die Klauseln von $\mathcal{K} \setminus \{K\}$ erfüllen, $w^I_\alpha(L) = 0$. Dies bedeutet aber, dass $\mathcal{L}$ unerfüllbar ist. Entsprechend Fall 1 gibt es nun eine lineare Resolution der leeren Menge aus $\mathcal{L}$, die mit $\{L\}$ beginnt. Dies ist aber auch eine lineare Resolution der leeren Menge aus $\mathcal{K}$, die mit $\{L\}$ beginnt. Diese Resolution hängen wir an die oben erhaltene Resolution von $\{L\}$ an und erhalten die gewünschte Resolution. □

Wir wollen nun noch eine weitere Einschränkung für die Resolutionen vornehmen und zeigen, dass für eine prädikatenlogische Variante der Hornausdrücke stets eine solche Resolution der leeren Menge existiert, falls der Ausdruck unerfüllbar ist.

Definition 2.58 *Ein quantorenfreier prädikatenlogischer Ausdruck A' in konjunktiver Normalform heißt* Hornausdruck, *falls jede Alternative höchstens einen nichtnegierten Basisausdruck enthält.*

Definition 2.59 *Wir sagen, dass eine Klausel* negativ *ist, wenn alle Literale negierte Basisausdrücke sind. Eine Klausel heißt* definit, *wenn genau ein Literal ein nichtnegierter Basisausdruck ist. Eine Klausel heißt* Hornklausel, *falls sie negativ oder definit ist.*

Offenbar ist jede Klausel eines (prädikatenlogischen) Hornausdrucks eine Hornklausel.

Definition 2.60 *Eine lineare Resolution heißt* SLD-Resolution[7], *falls R_0 eine negative Klausel ist und C_{i-1} für $1 \le i \le n$ eine definite Klausel ist.*

Satz 2.61 *Es sei $A = \forall x_1 \forall x_2 \ldots \forall x_n A'$ ein prädikatenlogischer Ausdruck in bereinigter Skolemform, bei dem A' ein Hornausdruck ist. Dann ist A genau dann unerfüllbar, wenn es eine SLD-Resolution für die leere Menge aus der Klauselmenge zu A' gibt.*

Beweis. Es sei F eine unerfüllbare Menge von Hornklauseln. Sie muss mindestens eine negative Klausel enthalten. Wäre dies nicht der Fall, so gäbe es eine Interpretation I und eine zugehörige Belegung α so, dass $w^I_\alpha(L) = 1$ für alle Literale gilt, woraus auch $w^I_\alpha(F) = 1$ folgt.

Wir gehen nun von F zu einer minimal unerfüllbaren Teilmenge F' von F über. Selbstverständlich muss dann auch F' eine negative Klausel K enthalten. Nach Satz 2.56′ gibt es eine mit K beginnende lineare Resolution, die zur leeren Menge führt.

[7] L steht für linear, D für definit und S für selektiv.

Wir zeigen nun, dass jede bei dieser Resolution erzeugte Resolvente R_i eine negative Klausel ist und dass jede Klausel C_{i-1} definit ist. Für $i = 0$ folgt dies einfach daraus, dass wir mit der negativen Klausel K starten.

Es sei die Aussage schon für i gezeigt. Als negative Klausel hat R_i folglich die Form

$$R_i = \{\neg L_1, \neg L_2, \ldots, \neg L_{k_i}\}$$

für gewisse Basisausdrücke L_j, $1 \leq j \leq k_i$ und ein $k_i \in \mathbb{N}$. Nach Definition der Resolvente muss dann C_i mindestens ein (positives) Literal L_j enthalten. Damit kann C_i keine der bisher erzeugten Resolventen R_n, $n < i$, sein. Somit muss C_i eine Klausel des Hornausdrucks sein. Daher kann C_i auch nur höchstens ein positives Literal besitzen, woraus

$$C_i = \{L_j, \neg L'_1, \neg L'_2, \ldots, \neg L'_{r_i}\}$$

folgt. Folglich ist C_i definit. Außerdem erhalten wir

$$R_{i+1} = res(R_i, C_i) = \{\neg L_1, \neg L_2, \ldots, \neg L_{j-1}, \neg L_{j+1}, \ldots, \neg L_{k_i}, \neg L'_1, \neg L'_2, \ldots, \neg L'_{r_i}\},$$

womit R_{i+1} auch als negativ nachgewiesen wurde. □

2.3 Bemerkungen zur Logischen Programmierung

Gegenstand dieses Abschnitts ist nicht die Logische Programmierung selbst, sondern sind ein paar Bemerkungen zu ihrer Grundlegung aus der Logik.

Um die Unerfüllbarkeit eines Ausdrucks mittels der Resolutionsmethode festzustellen, haben wir die leere Menge aus den Klauseln des Ausdrucks herzuleiten. Wenn wir dabei jeden Resolutionsschritt als einen Schritt in einer Berechnung interpretieren, so können wir die Erzeugung der leeren Menge als einen Berechnungsprozess deuten. Zur Grundlegung der Logischen Programmierung werden wir eine zusätzliche Antwortklausel zu denen des Ausdrucks hinzufügen und dann statt der leeren Menge durch den Resolutions- oder Berechnungsprozess die gesuchte Antwort erzeugen.

2.3.1 Resolutionen als Berechnungen

Wir werden zuerst ausgehend von Beispielen eine Formalisierung der Berechnungen vornehmen und dann untersuchen, wie die Berechnungen möglichst effektiv durchgeführt werden können.

Definition 2.62 *Gegeben seien eine Menge $\mathcal{A}$ von Ausdrücken und ein Ausdruck B einer Logik. Wir sagen, dass B eine* Folgerung *aus $\mathcal{A}$ ist, falls jede Belegung, die alle Ausdrücke aus $\mathcal{A}$ erfüllt, auch B erfüllt.*

Bei einer endlichen Menge $\mathcal{A} = \{A_1, A_2, \ldots, A_n\}$ bedeutet dies nichts anderes, als dass $((A_1 \wedge A_2 \wedge \cdots \wedge A_n) \rightarrow B)$ eine Tautologie sein muss (da der Fall, dass eine der Aussagen A_i falsch wird, sofort die Wahrheit der Implikation nach sich zieht).

Eine natürliche Aufgabe ist es nun, zu einer Menge $\mathcal{A}$ alle Folgerungen aus $\mathcal{A}$ zu berechnen. Wir beschränken uns erst einmal auf die Frage, ob bei gegebenem $\mathcal{A}$ und B

der Ausdruck B eine Folgerung aus $\mathcal{A}$ ist. Um diese Teilaufgabe zu lösen, reicht es, die Frage nach der Unerfüllbarkeit von $\neg B$ und allen Ausdrücken aus $\mathcal{A}$ zu beantworten. Liegt hier nämlich Unerfüllbarkeit vor, weil schon die Ausdrücke aus $\mathcal{A}$ nicht alle gleichzeitig erfüllbar sind, so ist die Voraussetzung in der Definition der Folgerung schon nicht erfüllt, und damit B eine Folgerung. Ist aber die gleichzeitige Erfüllbarkeit von allen Ausdrücken aus $\mathcal{A}$ gegeben, so muss wegen der Unerfüllbarkeit von $\mathcal{A} \cup \{\neg B\}$ der Ausdruck $\neg B$ falsch werden, also B wahr werden, womit B wieder Folgerung von $\mathcal{A}$ ist.

Es sei nun $\mathcal{A}$ eine endliche Menge $\{A_1, A_2, \ldots, A_n\}$. Wir haben daher die Unerfüllbarkeit von $(A_1 \wedge A_2 \wedge \cdots \wedge A_n \wedge \neg B)$ zu untersuchen. Dies kann mittels der Resolutionsmethode geschehen, d. h. wir versuchen, mittels Resolventenbildung aus den Klauseln zu $A_1, A_2, \ldots, A_n$ und $\neg B$ die leere Menge zu gewinnen.

Wir betrachten die folgenden umgangssprachlichen Sätze.

S_1: *Regina sammelt Münzen.*
S_2: *Torsten sammelt Abba-CDs.*
S_3: *Torsten sammelt Münzen.*
S_4: *Wenn eine Person Münzen sammelt, so mag Paul diese Person.*

Diese Aussagen können unter Benutzung der zweistelligen Relationen *sammelt* und *mag*, der Konstanten *Regina*, *Paul*, *Torsten*, *Münzen* und *Abba-CDs* und der Variablen *Person* wie folgt formalisiert werden:

$$\begin{aligned} A_1 &= \mathit{sammelt}(\mathit{Regina}, \mathit{Münzen}), \\ A_2 &= \mathit{sammelt}(\mathit{Torsten}, \mathit{Abba\text{-}CDs}), \\ A_3 &= \mathit{sammelt}(\mathit{Torsten}, \mathit{Münzen}), \\ A_4 &= (\mathit{sammelt}(\mathit{Person}, \mathit{Münzen}) \rightarrow \mathit{mag}(\mathit{Paul}, \mathit{Person})). \end{aligned}$$

Dabei sind vier prädikatenlogische Aussagen über einer Signatur mit den oben genannten Relationen und Konstanten entstanden.

Wir wollen nun die Frage stellen, *ob es einen Menschen gibt, den Paul mag.* Offensichtlich ist die Frage mit „ja“ zu beantworten, und wir erkennen sogar, dass Paul Torsten mag, da dieser Münzen sammelt. Ja, mehr noch, Paul mag auch Regina, da diese ebenfalls Münzen sammelt. Formal bedeutet dies, zu fragen, ob

$$\exists \mathit{Mensch}\ \mathit{mag}(\mathit{Paul}, \mathit{Mensch})$$

eine Folgerung aus der Menge $\mathcal{A} = \{A_1, A_2, A_3, A_4\}$ ist. Wir haben hier bewusst nicht wieder den Begriff *Person* verwendet, da dieser in Aussage A_4 bereits verwendet wurde, und zwischen den dadurch bezeichneten Variablen keine Beziehung bestehen muss.

Um dies mit der Resolutionsmethode zu lösen, muss zuerst A_4 semantisch äquivalent in eine Alternative umgeformt werden, da wir als Grundlage eine konjunktive Normalform benutzen. Es ergibt sich aufgrund von Lemma 1.16 xiv)

$$A_4 = \neg(\mathit{sammelt}(\mathit{Person}, \mathit{Münzen}) \vee \mathit{mag}(\mathit{Paul}, \mathit{Person}))$$

Außerdem wird mit der Resolutionsmethode die Unerfüllbarkeit getestet, wodurch wir auf den Existenzquantor in unserer Frage verzichten können, d. h. wir betrachten als zu folgernde Aussage

$$B = \mathit{mag}(\mathit{Paul}, \mathit{Mensch}).$$

Somit untersuchen wir die Erfüllbarkeit der folgenden Menge $\mathcal{K}$ von Klauseln

$$\begin{aligned}\mathcal{K} = \{&\{sammelt(Regina, Münzen)\},\\ &\{sammelt(Torsten, Abba\text{-}CDs)\},\\ &\{sammelt(Torsten, Münzen)\},\\ &\{\neg sammelt(Person, Münzen), mag(Paul, Person)\},\\ &\{\neg mag(Paul, Mensch)\}\}.\end{aligned}$$

In Abbildung 2.5 ist eine Resolution der leeren Menge aus $\mathcal{K}$ zu sehen.

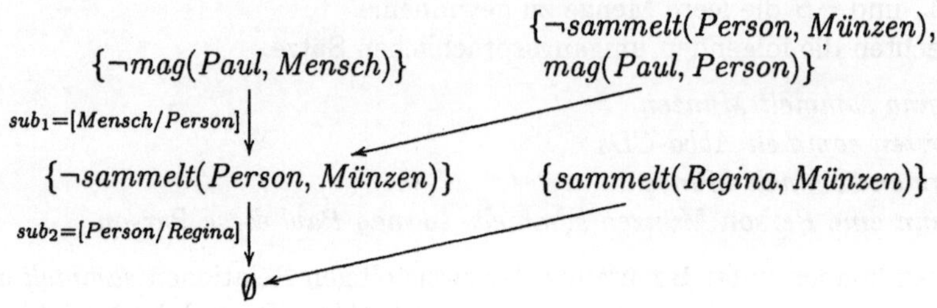

Abbildung 2.5: Resolution der leeren Menge aus $\mathcal{K}$

Damit ist geklärt, dass es eine Person gibt, die Paul mag. Die Herleitung gestattet aber auch die Angabe der Person. Sie ergibt sich nämlich aus den Substitutionen, denn wir erhalten

$$sub_2(sub_1(Mensch)) = sub_2(Person) = Regina,$$

d. h. dass *Regina* der gesuchte Mensch ist. Wir können diesen Substitutionsprozess aber direkt in die Resolution integrieren, indem wir zusätzlich ein Antwortprädikat $Antwort(x)$ einfügen, bei dem x die entsprechende Variable ist. Gehen wir nun von

$$\{\neg mag(Paul, Mensch), Antwort(Mensch)\}$$

aus, so ergibt die obige Resolution statt der leeren Menge das Antwortprädikat unter Berücksichtigung der Substitutionen, d. h. wir erhalten sogar $Antwort(Regina)$ (siehe Abbildung 2.6).

Wir modifizieren das Beispiel nun dahingehend, dass wir S_1 durch

S_1: *Regina oder Torsten sammeln Münzen.*

ersetzen, woraus wir die Klauselmenge

$$\{sammelt(Regina, Münzen), sammelt(Torsten, Münzen)\}$$

gewinnen. Hiermit erhalten wir die in Abbildung 2.7 dargestellte Resolution für die Antwortklausel.

Die erhaltene Antwort ist umgangssprachlich durch *Regina* oder *Torsten* zu interpretieren. Dies ist offenbar unbefriedigend, denn wir haben keine eindeutige Antwort, wie man sich das bei einem Berechnungsprozess wünschen würde. Analysiert man nun, woher

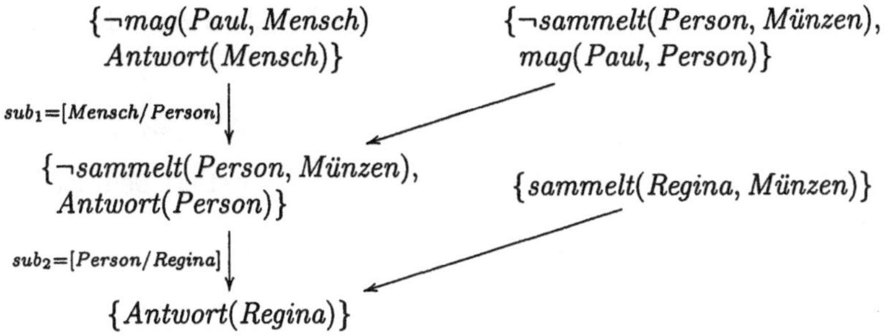

$\{\neg mag(Paul, Mensch)$ $Antwort(Mensch)\}$ $\quad$ $\{\neg sammelt(Person, Münzen),$ $mag(Paul, Person)\}$

$sub_1 = [Mensch/Person]$

$\{\neg sammelt(Person, Münzen),$ $Antwort(Person)\}$ $\quad$ $\{sammelt(Regina, Münzen)\}$

$sub_2 = [Person/Regina]$

$\{Antwort(Regina)\}$

Abbildung 2.6: Resolution des Antwortprädikats

$\{\neg mag(Paul, Mensch)$ $Antwort(Mensch)\}$ $\quad$ $\{\neg sammelt(Person, Münzen),$ $mag(Paul, Person)\}$

$sub_1 = [Mensch/Person]$

$\{\neg sammelt(Person, Münzen),$ $Antwort(Person)\}$ $\quad$ $\{sammelt(Regina, Münzen),$ $sammelt(Torsten, Münzen)\}$

$sub_2 = [Person/Regina]$

$\{Antwort(Regina),$ $sammelt(Torsten, Münzen)\}$ $\quad$ $\{\neg sammelt(Person, Münzen),$ $Antwort(Person)\}$

$sub_3 = [Person/Torsten]$

$\{Antwort(Regina), Antwort(Torsten)\}$

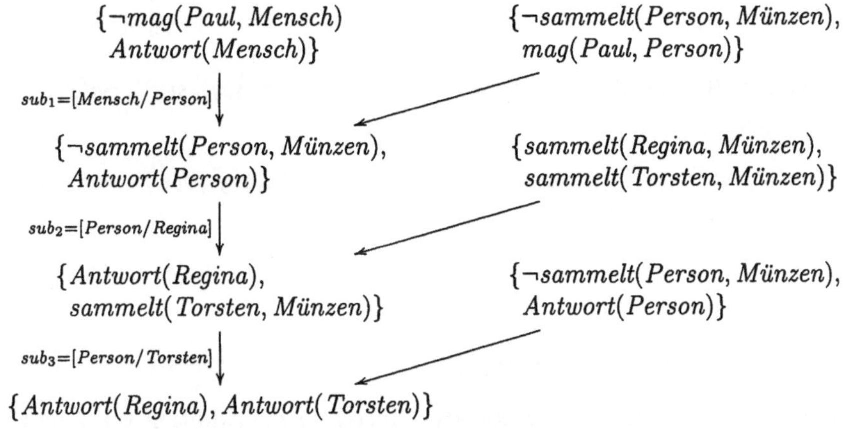

Abbildung 2.7: Resolution des Antwortprädikats

die Mehrdeutigkeit kommt, so sieht man, dass sie ihren Ursprung in der Alternative hat, die hinter der Klausel $\{sammelt(Regina, Münzen), sammelt(Torsten, Münzen)\}$ steht. Verallgemeinert man dies, so sind Klauseln mit zwei positiven Basisausdrücken zu vermeiden. Das bedeutet aber gerade eine Einschränkung auf Hornausdrücke. In der Logischen Programmierung werden daher nur Hornausdrücke bzw. Klauselmengen zu Hornausdrücken zugelassen.

Wir wollen nun ein wirkliches Berechnungsproblem in ähnlicher Weise lösen. Genauer gesagt, wir wollen die Summe der natürlichen Zahlen 2 und 3 berechnen. Damit ist das Ziel $2 + 3$ relativ klar. Aber woraus besteht die Menge $\mathcal{A}$, aus der wir die Summe folgern wollen? Wir werden hierfür die Eigenschaften der Addition nehmen, die typisch für die Summation sind oder besser formuliert, die die Addition eindeutig bestimmen. Dafür verwenden wir die Relationen der üblichen rekursiven Definition der Addition natürlicher Zahlen. Die Menge $\mathcal{A}$ besteht also aus den beiden Klauseln

$$A_1 = \{a(x, 0, x)\},$$
$$A_2 = \{a(x, s(y), s(z)), \neg a(x, y, z)\},$$

wobei a eine dreistellige Relation und s eine einstellige Funktion sind, die so zu interpretieren sind, dass

$$a(x,y,z) \text{ genau dann wahr wird, wenn } x+y=z \text{ gilt,}$$

und $s(x)$ den Nachfolger von x (also $x+1$) angibt. So interpretiert bedeuten die beiden Aussagen dann

$$x+0=0 \quad \text{und} \quad x+(y+1)=(x+y)+1$$

(da $z=x+y$ als Voraussetzung genommen werden kann und daher die Gleichheiten $x+(y+1)=z+1=(x+y)+1$ erhalten werden). Dies entspricht einer gebräuchlichen Form der rekursiven Definition der Addition. Die Zielklausel lautet nun $a(s(s(s(0))),s(s(0)),u)$, da wir nach dem Ergebnis u der Addition von $3=s(s(s(0)))$ und $2=s(s(0))$ fragen.

Es ergibt sich die in Abbildung 2.8 dargestellte Resolution für die $Antwort(u)$ und damit das Ergebnis $s(s(s(s(s(0)))))$, das wir üblicherweise mit 5 bezeichnen.

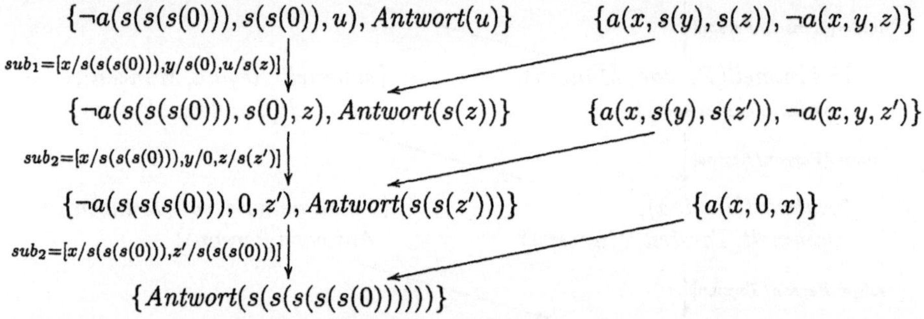

$$\{\neg a(s(s(s(0))),s(s(0)),u), Antwort(u)\} \qquad \{a(x,s(y),s(z)), \neg a(x,y,z)\}$$

$$\downarrow \; sub_1=[x/s(s(s(0))),y/s(0),u/s(z)]$$

$$\{\neg a(s(s(s(0))),s(0),z), Antwort(s(z))\} \qquad \{a(x,s(y),s(z')), \neg a(x,y,z')\}$$

$$\downarrow \; sub_2=[x/s(s(s(0))),y/0,z/s(z')]$$

$$\{\neg a(s(s(s(0))),0,z'), Antwort(s(s(z')))\} \qquad \{a(x,0,x)\}$$

$$\downarrow \; sub_2=[x/s(s(s(0))),z'/s(s(s(0)))]$$

$$\{Antwort(s(s(s(s(s(0))))))\}$$

Abbildung 2.8: Resolution des Antwortprädikats für die Addition von 3 und 2.

Wir formalisieren nun die an den Beispielen demonstrierte Interpretation von Resolutionen als Berechnungen.

Definition 2.63

i) Eine Tatsachenklausel *ist eine einelementige positive Klausel* $\{P\}$.

ii) Eine Prozedurklausel *ist eine Klausel der Form* $\{P, \neg Q_1, \neg Q_2, \ldots, \neg Q_k\}$ *mit* $k \geq 1$; P *heißt* Prozedurkopf, *und* $Q_1, Q_2, \ldots, Q_k$ *bilden den* Prozedurkörper.

iii) Ein Logik-Programm *ist eine endliche Menge von Tatsachen- und Prozedurklauseln.*

iv) Eine Zielklausel *ist eine Klausel der Form* $\{\neg Q_1, \neg Q_2, \ldots, \neg Q_k\}$ *mit* $k \geq 1$.

In der logischen Programmierung wird eine modifizierte Notation berücksichtigt, so wird z. B. eine Prozedurklausel $\{P, \neg Q_1, \neg Q_2, \ldots, \neg Q_k\}$ durch

$$P :- Q_1, Q_2, \ldots, Q_k$$

angegeben, der an den dahinter stehenden Ausdruck $((Q_1 \wedge Q_2 \wedge \cdots \wedge Q_k) \rightarrow P)$ erinnert.

Definition 2.64 *Es sei F ein Logik-Programm.*

i) Eine Konfiguration *ist ein Paar (G, sub), wobei G eine Zielklausel und sub eine Substitution sind.*

ii) Wir sagen, dass die Konfiguration (G, sub) bez. F in die Konfiguration (G', sub') überführt wird *und schreiben $(G, sub) \vdash_F (G', sub')$, falls folgende Bedingungen erfüllt sind:*

- $G = \{\neg Q_1, \neg Q_2, \ldots, \neg Q_k\}$,
- *es gibt in F eine Klausel $K = \{P, \neg A_1, \neg A_2, \ldots, \neg A_n\}$, $n \geq 0$, und ein i, $1 \leq i \leq n$, so dass P (nach einigen Umbenennungen) mit Q_i unifizierbar ist,*
- $G' = s(\{\neg Q_1, \ldots, \neg Q_{i-1}, \neg A_1, \ldots, \neg A_n, \neg Q_{i+1}, \ldots, \neg Q_k\})$, *wobei s der allgemeinste Unifikator von P und Q_i ist,*
- $sub' = sub \circ s$.

Definition 2.65 *Es seien F ein Logik-Programm und $G = \{\neg Q_1, \ldots, \neg Q_k\}$ eine Zielklausel.*

i) Eine Berechnung *von F bei Eingabe von G ist eine Folge der Form*

$$(G, id) \vdash_F (G_1, sub_1) \vdash (G_2, sub_2) \vdash_F \cdots \vdash_F (G_n, sub_n) \vdash_F \cdots .$$

ii) Falls eine Berechnung endlich ist und für das letzte Glied (G_n, sub) der Folge $G_n = \emptyset$ gilt, so heißt die Berechnung erfolgreich *und $sub((Q_1 \wedge Q_2 \wedge \cdots \wedge Q_k))$ ist das* Ergebnis *der Berechnung. Die* Länge *der Berechnung ist durch n definiert.*

Wir wollen nun beweisen, dass diese Definitionen auch das leisten, was wir erwarten, d. h., dass die (variablenfreien) Grundinstanzen des Ergebnisses auch Folgerungen aus unseren Ausgangsausdrücken, also dem Logik-Programm sind. Dies leistet der folgende Satz.

Satz 2.66 *Es seien F ein Logik-Programm und G eine Zielklausel. Falls es eine erfolgreiche Berechnung von F bei Eingabe von G gibt, so ist jede Grundinstanz des Berechnungsergebnisses eine Folgerung von F.*

Beweis. Wir beweisen die Aussage mittels Induktion über die Länge der Berechnung.
Es sei $n = 0$. Dann ist G die leere Menge. Damit gilt die Behauptung offenbar.
Es seien nun $n > 0$ und

$$(G, id) \vdash_F (G_1, sub_1) \vdash_F (G_2, sub_1 \circ sub_2) \vdash_F \cdots \vdash_F (\emptyset, sub_1 \circ sub_2 \circ \cdots \circ sub_n)$$

eine Berechnung der Länge n. Dann gelten

$$G = \{\neg A_1, \neg A_2, \ldots, \neg A_{i-1}, \neg A_i, \neg A_{i+1}, \neg A_{i+2}, \ldots, \neg A_r\},$$
$$\{B, \neg C_1, \neg C_2, \ldots, \neg C_t\} \in F,$$
A_i und B sind unifizierbar mit dem allgemeinsten Unifikator sub_1,
$$G_1 = sub_1(\{\neg A_1, \ldots, \neg A_{i-1}, \neg C_1, \ldots, \neg C_t, \neg A_{i+1}, \ldots, \neg A_r\}).$$

Wir setzen $s = sub_1 \circ sub_2 \circ \cdots \circ sub_n$ und $s' = sub_2 \circ sub_3 \circ \cdots \circ sub_n$ und betrachten die Berechnung

$$(G_1, id) \vdash_F (G_2, sub_2) \vdash_F \cdots \vdash_F (\emptyset, sub_2 \circ \cdots \circ sub_n)$$

der Länge $n-1$. Nach Induktionsannahme sind damit die Grundinstanzen von

$$s'(sub_1((A_1 \wedge \cdots \wedge A_{i-1} \wedge C_1 \wedge \cdots \wedge C_t \wedge A_{i+1} \wedge \cdots \wedge A_r)))$$

Folgerungen von F. Nach Definition von s' bedeutet dies, dass alle Grundinstanzen

$$s((A_1 \wedge \cdots \wedge A_{i-1} \wedge C_1 \wedge \cdots \wedge C_t \wedge A_{i+1} \wedge \cdots \wedge A_r))$$

Folgerungen von F sind. Damit sind zuerst einmal alle Grundinstanzen von

$$s((A_1 \wedge \cdots \wedge A_{i-1} \wedge A_{i+1} \wedge \cdots \wedge A_r)) \tag{2.11}$$

und

$$s((C_1 \wedge C_2 \wedge \cdots \wedge C_t))$$

Folgerungen von F. Da $\{B, \neg C_1, \neg C_2, \ldots, \neg C_t\} \in F$ gilt, sind die Grundinstanzen von $s(B)$ Folgerungen von F. Da $sub_1(B) = sub_1(A_i)$ gilt, haben wir auch $s(B) = s(A_i)$. Damit sind auch die Grundinstanzen von $s(A_i)$ Folgerungen von F. Mit (2.11) erhalten wir nun, dass alle Grundinstanzen von

$$s((A_1 \wedge \cdots \wedge A_{i-1} \wedge A_i \wedge A_{i+1} \wedge \cdots \wedge A_r))$$

Folgerungen von F sind, was zu beweisen war. □

Entsprechend Satz 2.66 wissen wir, dass wir bei unseren Berechnungen mittels Resolutionen und Grundinstanzen Folgerungen aus dem Logik-Programm erhalten. Wir wollen nun auch zeigen, dass aus der Existenz von Folgerungen auch die Existenz einer Berechnung mittels Resolutionen folgt, d. h., dass wir auch alle Folgerungen dadurch berechnen können.

Satz 2.67 *Es seien F ein Logik-Programm und $G = \{\neg Q_1, \neg Q_2, \ldots, \neg Q_k\}$ eine Zielklausel. Falls jede Grundinstanz von $sub((Q_1 \wedge Q_2 \wedge \cdots \wedge Q_k))$ eine Folgerung von F ist, so gibt es eine erfolgreiche Berechnung von F bei Eingabe von G mit dem Ergebnis $sub((Q_1 \wedge Q_2 \wedge \cdots \wedge Q_k))$, und für jede Grundinstanz $sub'((Q_1 \wedge Q_2 \wedge \cdots \wedge Q_k))$ gibt es eine Substitution s mit*

$$sub'((Q_1 \wedge Q_2 \wedge \cdots \wedge Q_k)) = s(sub((Q_1 \wedge Q_2 \wedge \cdots \wedge Q_k))).$$

Beweis. Es seien $x_1, x_2, \ldots, x_n$ die in $sub'(G)$ vorkommenden Variablen. Für jede dieser Variablen x_i, $1 \leq i \leq n$ wählen wir eine Konstante a_i, die in $sub'(G)$ nicht vorkommt. Wir setzen nun

$$G' = sub' \circ [x_1/a_1] \circ [x_2/a_2] \circ \cdots \circ [x_n/a_n](G).$$

Nach Voraussetzung ist G' als Grundinstanz eine Folgerung von F. Folglich ist $F \cup G'$ unerfüllbar. Nach Satz 2.61 gibt es eine erfolgreiche Berechnung

$$(G', id) \vdash_F \cdots \vdash_F (\emptyset, sub_1 \circ sub_2 \circ \cdots \circ sub_m) \tag{2.12}$$

von F. Offenbar gilt

$$G' = sub_1 \circ sub_2 \circ \cdots \circ sub_m(G'), \tag{2.13}$$

da in G' keine Variablen vorkommen. Nun machen wir die Substitutionen $[x_i/a_i]$ für $1 \leq i \leq n$ textuell wieder rückgängig, d. h. an jeder Stelle ersetzen wir ein Vorkommen von a_i durch x_i. Hierdurch erhalten wir aus (2.12) eine erfolgreiche Berechnung

$$(sub'(G), id) \vdash_F \cdots \vdash_F (\emptyset, sub'_1 \circ sub'_2 \circ \cdots \circ sub'_m), \tag{2.14}$$

wobei sich für $1 \leq i \leq m$ die Substitutionen sub'_i von sub_i nur durch die textuelle Änderung unterscheiden. Außerdem erhalten wir aus (2.13) noch

$$sub'(G) = sub' \circ sub'_1 \circ sub'_2 \circ \cdots \circ sub'_m(G). \tag{2.15}$$

Mit dem Lifting-Lemma 2.52 kann die Berechnung aus (2.14) in eine Berechnung

$$(G, id) \vdash_F \cdots \vdash_F (\emptyset, sub''_1 \circ sub''_2 \circ \cdots \circ sub''_m)$$

transformiert werden. Dabei sind sub''_i, $1 \leq i \leq m$, allgemeinste Unifikatoren. Daher gibt es eine Substitution s mit

$$sub' \circ sub'_1 \circ sub'_2 \circ \cdots \circ sub'_m = sub''_1 \circ sub''_2 \circ \cdots \circ sub''_m \circ s. \tag{2.16}$$

Wir setzen nun $sub = sub''_1 \circ sub''_2 \circ \cdots \circ sub''_m$ und erhalten aus (2.15) und (2.16)

$$\begin{aligned} sub'((Q_1 \wedge Q_2 \wedge \cdots \wedge Q_k)) &= sub' \circ sub'_1 \circ sub'_2 \circ \cdots \circ sub'_m((Q_1 \wedge Q_2 \wedge \cdots \wedge Q_k)) \\ &= sub''_1 \circ sub''_2 \circ \cdots \circ sub''_m \circ s((Q_1 \wedge Q_2 \wedge \cdots \wedge Q_k)) \\ &= s(sub((Q_1 \wedge Q_2 \wedge \cdots \wedge Q_k))). \end{aligned}$$

□

Wir wollen die in den vorstehenden Sätzen enthaltenen Fakten nutzen, um einige Anmerkungen zur Semantik von Logik-Programmen zu machen. Wir beginnen mit der Definition der prozeduralen Semantik, bei der die Berechnung (als Prozedur) und deren Ergebnis im Mittelpunkt stehen.

Definition 2.68 *Es seien F ein Logik-Programm und G eine Zielklausel. Die* prozedurale Semantik *von F und G ist die Menge $\mathcal{S}_{proz}(F, G)$ der Grundinstanzen der Ergebnisse erfolgreicher Berechnungen von F bei Eingabe von G.*

Eine weitere Möglichkeit zur Definition einer Semantik eines Logik-Programms besteht darin, dass man die Interpretationen (Modelle) in den Mittelpunkt stellt, die die Ausdrücke des Programms F und der Zielklausel erfüllen.

Definition 2.69 *Es seien F ein Logik-Programm und $G = \{\neg Q_1, \neg Q_2, \ldots, \neg Q_k\}$ eine Zielklausel. Die* modelltheoretische Semantik *von F und G ist die Menge $\mathcal{S}_{mod}(F, G)$ aller Grundinstanzen von $(Q_1 \wedge Q_2 \wedge \cdots \wedge Q_k)$, die Folgerungen von F sind.*

Wir zeigen nun, dass die nach Definition unterschiedlichen Semantiken übereinstimmen.

Satz 2.70 *Für alle Logik-Programme F und alle Zielklauseln G gilt*

$$\mathcal{S}_{proz}(F, G) = \mathcal{S}_{mod}(F, G).$$

Beweis. Es sei H zuerst ein Ausdruck aus $\mathcal{S}_{proz}(F,G)$. Dann gibt es eine erfolgreiche Berechnung $(G, id) \vdash_F \cdots \vdash_F (\emptyset, sub)$ von F, so dass H Grundinstanz des Ausdrucks $sub((Q_1 \wedge Q_2 \wedge \cdots \wedge Q_k))$ ist. Nach Satz 2.66 ist dann H eine Folgerung aus F. Somit gilt $H \in \mathcal{S}_{mod}(F,G)$.

Es sei nun $H \in \mathcal{S}_{mod}(F,G)$. Dann ist H eine Grundinstanz von $(Q_1 \wedge Q_2 \wedge \cdots \wedge Q_k)$, die aus F folgt. Damit gilt nach Satz 2.67, dass es eine Berechnung $(G, id) \vdash_F \cdots \vdash_F (\emptyset, sub)$ von F gibt und $H = sub((Q_1 \wedge Q_2 \wedge \cdots \wedge Q_k))$ gilt. Da H überdies Grundinstanz ist, erhalten wir $H \in \mathcal{S}_{proz}(F,G)$ □

2.3.2 Methoden zur Berechnung von Logik-Programmen

Wir betrachten das Logik-Programm mit den Klauseln

$$\{A, \neg D, \neg E\},\ \{A, \neg F, \neg G\},\ \{B, \neg D, \neg F\},\ \{B, \neg E\}$$

und der Zielklausel

$$\{\neg A, \neg B, \neg C\}.$$

Wenn wir nun eine Berechnung durchführen wollen, so müssen wir zwei Entscheidungen treffen, um den ersten Resolutionsschritt ausführen zu können. Die erste Entscheidung trifft eine Auswahl unter den Literalen der Zielklausel. Nehmen wir an, dass wir $\neg B$ wählen. Nun müssen wir aus dem Logik-Programm eine Klausel auswählen, in der B vorkommt (die dann mit der Zielklausel resolviert wird). Hierfür stehen uns im Beispiel die Möglichkeiten $\{B, \neg D, \neg F\}$, $\{B, \neg E\}$ zur Verfügung. Die Resolutionen führen dann auf die neuen Zielklauseln

$$\{\neg A, \neg C, \neg D, \neg F\} \text{ und } \{\neg A, \neg C, \neg E\}.$$

Um diese neuen Klauseln weiter zu bearbeiten, sind erneut analoge Entscheidungen notwendig. Jede dieser Entscheidungen beinhaltet einen Nichtdeterminismus, weil es entsprechend der Wahl mehrere Fortsetzungen der Berechnung gibt.

Andererseits sollen die Berechnungen aber von einem Computer durchgeführt werden, der in der Regel keine nichtdeterministischen Entscheidungen zulässt, sondern nur einen eindeutig definierten nächsten Schritt. Es ist daher notwendig, festzulegen, in welcher Reihenfolge der Computer die bestehenden Möglichkeiten abarbeitet. Dabei sind zwei Aspekte zu berücksichtigen. Wenn überhaupt eine erfolgreiche Berechnung existiert, so sollte auch eine erfolgreiche Berechnung durch den Computer gefunden werden; und dieses Finden sollte möglichst schnell erfolgen.

Wir werden in diesem Abschnitt einige Strategien für das Auflösen der nichtdeterministischen Auswahlen in deterministische Schritte behandeln. Dabei betrachten wir zuerst die erste oben genannte Entscheidung, die aus der Menge der Literale der Zielklausel eine Auswahl trifft.

Dazu stellen wir uns die Literale der Zielklauseln nicht als Mengen, sondern jeweils als geordnete Mengen vor. Wir betrachten $\{\neg A_1, \neg A_2, \ldots, \neg A_n\}$ folglich als eine Folge oder Liste $(\neg A_1, \neg A_2, \ldots, \neg A_n)$. Wir werden weiterhin die Mengenschreibweise benutzen und stets annehmen, dass die Elemente von links nach rechts entsprechend der Ordnung wachsen. Daher können wir vom ersten, zweiten usw. Literal entsprechend der Ordnung sprechen. Enthält eine geordnete Klausel ein positives Literal, so sei dieses stets das erste Element entsprechend der Ordnung.

Führen wir nun mit den (geordneten) Mengen

$$\{\neg A_1, \neg A_2, \dots, \neg A_n\} \text{ und } \{A_i, \neg B_1, \neg B_2, \dots, \neg B_m\}$$

eine Resolution durch, so sei das Ergebnis die geordnete Menge

$$\{\neg A_1, \neg A_2, \dots, \neg A_{i-1}, \neg B_1, \neg B_2, \dots, \neg B_m, \neg A_{i+1}, \neg A_{i+2}, \dots, \neg A_n\}.$$

Wir werden nun in jeder Konfigurationsüberführung stets das erste Element der Zielklausel für die Resolution nutzen. Dies führt zu der folgenden Definition.

Definition 2.71 *Es seien F ein Logik-Programm und G eine Zielklausel. Eine Berechnung von F bei Eingabe von G wird* kanonisch *genannt, falls in jeder Konfigurationsüberführung $(G', sub') \vdash_F (G'', sub'')$ der Berechnung nach dem ersten (d. h. dem am weitesten links stehenden) Literal von G' resolviert wird.*

Unser Ziel ist es nun, zu zeigen, dass die Beschränkung auf kanonische Berechnungen keine Einschränkung hinsichtlich der Gewinnung von erfolgreichen Berechnungen verursacht. Dafür benötigen wir das folgende Lemma.

Lemma 2.72 *Es seien*

$$C = \{\neg C_1, \neg C_2, \dots, \neg C_r\} \text{ und } E = \{\neg E_1, \neg E_2, \dots, \neg E_s\}$$

mit $r \geq 0$ und $s \geq 0$ und eine Resolution

$$\begin{array}{ll}
\{\neg A_1, \neg A_2, \dots, \neg A_n\} & \{B\} \cup C \\
\downarrow & \swarrow \\
sub_1(\{\neg A_1, \dots, \neg A_{i-1}, C, \neg A_{i+1}, \dots, \neg A_n\}) & \{D\} \cup E \\
\downarrow & \swarrow \\
sub_2(sub_1(\{\neg A_1, \dots, \neg A_{i-1}, C, \neg A_{i+1}, \dots, & \\
\quad \neg A_{j-1}, E, \neg A_{j+1}, \dots, \neg A_n\})) &
\end{array}$$

gegeben. Dann gibt es auch die Resolution

$$\begin{array}{ll}
\{\neg A_1, \neg A_2, \dots, \neg A_n\} & \{D\} \cup E \\
\downarrow & \swarrow \\
sub'_1(\{\neg A_1, \dots, \neg A_{j-1}, E, \neg A_{j+1}, \dots, \neg A_n\}) & \{B\} \cup C \\
\downarrow & \swarrow \\
sub'_2(sub'_1(\{\neg A_1, \dots, \neg A_{i-1}, C, \neg A_{i+1}, \dots, & \\
\quad \neg A_{j-1}, E, \neg A_{j+1}, \dots, \neg A_n\})), &
\end{array}$$

wobei sogar bis auf Variablenumbenennungen

$$sub'_1 \circ sub'_2 = sub_1 \circ sub_2$$

gilt.

Beweis. Wir zeigen zuerst, dass die Resolutionsschritte in der vertauschten Reihenfolge möglich sind.

Da bei den vorausgesetzten Resolutionen im ersten Schritt aus A_j der Ausdruck $sub_1(A_j)$ entsteht und im zweiten Schritt $sub_1(A_j)$ und D durch sub_2 unifiziert werden, gilt $sub_2(D) = sub_2(sub_1(A_j))$. Da die Substitution sub_1 keine der Variablen aus D betrifft, haben wir noch $sub_1(D) = D$ und damit

$$sub_2(sub_1(A_j)) = sub_2(sub_1(D)). \tag{2.17}$$

Somit sind A_j und D unifizierbar. Daher kann der erste Resolutionsschritt in der behaupteten Folge ausgeführt werden, wobei der allgemeinste Unifikator sub'_1 von A_j und D als Substitution verwendet wird.

Wegen (2.17) und der Definition des allgemeinsten Unifikators gibt es eine Substitution s mit

$$sub_1 \circ sub_2 = sub'_1 \circ s. \tag{2.18}$$

Ferner bemerken wir, dass die Substitution sub'_1 die Variablen von B nicht betrifft, also

$$sub'_1(B) = B \tag{2.19}$$

gilt. Damit ergibt sich

$$\begin{aligned} s(B) &= s(sub'_1(B)) \\ &= sub_2(sub_1(B)) \quad \text{(wegen (2.18))} \\ &= sub_2(sub_1(A_i)) \quad \text{(da } sub_1(A_i) = sub_1(B) \text{ nach Voraussetzung)} \\ &= s(sub'_1(A_i)) \quad \text{(wegen (2.18))}, \end{aligned}$$

womit gezeigt ist, dass $sub'_1(A_i)$ und B unifizierbar sind. Damit kann unter Verwendung des allgemeinsten Unifikators sub'_2 von $sub'_1(A_i)$ und B der zweite behauptete Resolutionsschritt ebenfalls ausgeführt werden.

Es bleibt zu zeigen, dass sich $sub_1 \circ sub_2$ und $sub'_1 \circ sub'_2$ nur durch Variablenumbenennungen unterscheiden, also im Wesentlichen identisch sind. Hierzu reicht es zu zeigen, dass es Substitutionen t und t' so gibt, dass

$$sub_1 \circ sub_2 \circ t = sub'_1 \circ sub'_2 \text{ und } sub'_1 \circ sub'_2 \circ t' = sub_1 \circ sub_2 \tag{2.20}$$

gelten. (Würde nämlich durch $sub_1 \circ sub_2$ eine Variable durch eine Konstante ersetzt werden, während diese bei $sub'_1 \circ sub'_2$ eine Variable bleibt, so kann eine Substitution t mit $sub_1 \circ sub_2 \circ t = sub'_1 \circ sub'_2$ nicht existieren, da t die Konstante in eine Variable überführen müsste.)

Da nach Obigem $s(B) = s(sub'_1(A_i))$ ist und sub'_2 der zugehörige allgemeinste Unifikator ist, gibt es eine Substitution t' mit $s = sub'_2 \circ t'$. Damit erhalten wir wegen (2.18)

$$sub_1 \circ sub_2 = sub'_1 \circ s = sub'_1 \circ sub'_2 \circ t',$$

womit die zweite Gleichheit aus (2.20) bewiesen ist.

Da sub'_1 der allgemeinste Unifikator von $sub'_1(A_i)$ und B ist, erhalten wir wegen (2.19) $sub'_2(sub'_1(A_i)) = sub'_2(sub'_1(B))$. Somit werden A_i und B durch $sub'_1 \circ sub'_2$ unifiziert.

Weil sub_1 nach Voraussetzung der allgemeinste Unifikator von A_i und B ist, gibt es eine Substitution s_0 mit

$$sub'_1 \circ sub'_2 = sub_1 \circ s_0. \tag{2.21}$$

Hieraus resultiert

$$\begin{aligned} s_0(sub_1(A_j)) &= sub'_2(sub'_1(A_j)) && \text{(wegen (2.21))} \\ &= sub'_2(sub'_1(D)) && \text{(wegen erster Resolution der Behauptung)} \\ &= s_0(sub_1(D)) && \text{(wegen (2.21))} \\ &= s_0(D) && (sub_1 \text{ betrifft Variablen von } D \text{ nicht}). \end{aligned}$$

Somit ist s_0 ein Unifikator von $sub_1(A_j)$ und D, deren allgemeinster Unifikator sub_2 ist. Folglich gibt es eine Substitution t mit $s_0 = sub_2 \circ t$. Damit erhalten wir aus (2.21)

$$sub'_1 \circ sub'_2 = sub_1 \circ s_0 = sub_1 \circ sub_2 \circ t,$$

womit auch die erste Gleichheit aus (2.20) bewiesen ist. □

Satz 2.73 *Es seien F ein Logik-Programm und G eine Zielklausel. Falls es eine erfolgreiche Berechnung $\mathcal{R}$ von F bei Eingabe von G gibt, so gibt es auch eine erfolgreiche kanonische Berechnung $\mathcal{R}'$ von F bei Eingabe von G, so dass $\mathcal{R}$ und $\mathcal{R}'$ die gleiche Länge haben und das gleiche Ergebnis liefern.*

Beweis. Es sei

$$(G, id) = (G_0, sub_0) \vdash_F (G_1, sub_1) \vdash_F (G_2, sub_2) \vdash_F \cdots \vdash_F (\emptyset, sub_n)$$

eine erfolgreiche Berechnung von F aus G. Wir nehmen an, dass für $0 \leq i < k$ die Schritte $(G_i, sub_i) \vdash_F (G_{i+1}, sub_{i+1})$ jeweils durch eine Resolution nach dem ersten Literal von G_i bewirkt werden, d. h., dass die Berechnung $(G, id) \vdash_F (G_1, sub_1) \vdash_F \cdots \vdash_F (G_k, sub_k)$ eine kanonische Berechnung ist. Ferner seien G_k die geordnete Menge $\{\neg A_1, \neg A_2, \ldots, \neg A_m\}$ und die Konfigurationsüberführung $(G_k, sub_k) \vdash_F (G_{k+1}, sub_{k+1})$ durch eine Resolution nach einem Literal A_u mit $u > 1$ hervorgerufen. Dann gibt es eine Konfigurationsüberführung $(G_j, sub_j) \vdash_F (G_{j+1}, sub_{j+1})$ mit $j > k$, bei der A_1 (genauer $s(A_1)$ für eine gewisse Substitution s) bei der Resolution verwendet wird. Wir vertauschen nun entsprechend Lemma 2.72 der Reihe nach die Resolutionsschritte

$$\begin{array}{rcl} (G_j, sub_j) \vdash_F (G_{j+1}, sub_{j+1}) & \text{mit} & (G_{j-1}, sub_{j-1}) \vdash_F (G_j, sub_j), \\ (G_{j-1}, sub_{j-1}) \vdash_F (G_j, sub_j) & \text{mit} & (G_{j-2}, sub_{j-2}) \vdash_F (G_{j-1}, sub_{j-1}), \\ (G_{j-2}, sub_{j-2}) \vdash_F (G_{j-1}, sub_{j-1}) & \text{mit} & (G_{j-3}, sub_{j-3}) \vdash_F (G_{j-2}, sub_{j-2}), \\ \vdots & \vdots & \vdots \\ (G_{k+2}, sub_{k+2}) \vdash_F (G_{k+3}, sub_{k+3}) & \text{mit} & (G_{k+1}, sub_{k+1}) \vdash_F (G_{k+2}, sub_{k+2}), \\ (G_{k+1}, sub_{k+1}) \vdash_F (G_{k+2}, sub_{k+2}) & \text{mit} & (G_k, sub_k) \vdash_F (G_{k+1}, sub_{k+1}). \end{array}$$

(Die Notation ist nicht völlig korrekt, da sich bei jeder Vertauschung auch die Überführungen ändern.) Im Ergebnis dieser Vertauschungen wird auf G_k eine Resolution bez. des ersten Literals angewendet. Damit haben wir jetzt eine erfolgreiche Berechnung von F aus G bei der die ersten $k+1$ Schritte bereits eine kanonische Resolution bilden.

Indem wir diese Methode auch auf die restlichen noch nicht kanonischen Schritte anwenden, erhalten wir eine erfolgreiche kanonische Berechnung. □

Dabei haben wir gezeigt, dass die Auswahl hinsichtlich des Literals in der Zielklausel einfach deterministisch gemacht werden kann, indem stets das erste Literal genommen wird.

Wir wenden uns nun der Auswahl der möglichen Klauseln aus F zu. Dazu betrachten wir das folgende Beispiel. Es bestehe F aus den Klauseln

$$\begin{aligned} K_1 &= \{P(x,y), \neg P(z,y), \neg Q(x,x)\}, \\ K_2 &= \{P(a,y)\}, \\ K_3 &= \{Q(z,c)\}, \end{aligned}$$

und die Zielklausel sei

$$K = \{\neg P(x,a)\}.$$

Wir wollen alle kanonischen Berechnungen gewinnen, d. h. wir werden stets nur Resolutionsschritte unter Einbeziehung des ersten Literals der Zielklausel vornehmen, aber uns hinsichtlich der Auswahl der Klauseln aus F nicht beschränken.

Wir wollen zuerst die Zielklausel mit K_1 resolvieren. Wir benennen dazu die Variablen in der Zielklausel um (auch im Folgenden werden wir stets so verfahren). Dann erhalten wir

$$R_1 = \{\neg P(z,a), \neg Q(x,x)\}.$$

Unter Benutzung von K_2 gewinnen wir die leere Menge mit der zugehörigen Substitution $[x/a, y/a]$, die zum Ergebnis $P(a,a)$ führt. Die Klausel K_3 kann mit der Zielklausel nicht resolviert werden.

Wir fahren nun mit R_1 fort und wenden darauf K_1 und K_2 an (es ist auch eine Resolution mit K_3 möglich, aber dabei wird nicht das erste Literal von R_1 benutzt). Wir erhalten dadurch[8]

$$R_{11} = \{\neg P(z,a), \neg Q(u,u), \neg Q(v,v)\} \text{ und } R_{12} = \{\neg Q(x,x)\}.$$

Mit R_{12} ist nur K_3 resolvierbar, wobei die leere Menge entsteht; das zugehörige Ergebnis ist ebenfalls $P(a,a)$, da y bei der Gewinnung von R_{12} durch a ersetzt wird.

Ausgehend von R_{11} gewinnen wir

$$\begin{aligned} R_{111} &= \{\neg P(z,a), \neg Q(w,w), \neg Q(u,u), \neg Q(v,v)\}, \\ R_{112} &= \{\neg Q(u,u), \neg Q(v,v)\}, \end{aligned}$$

wobei wir wieder nur kanonische Berechnungen betrachten. Die bisher gewonnenen Klauselmengen und die zugehörigen Berechnungen sind in der Abbildung 2.9 schematisch zusammengefasst.

Offenbar gibt es zu jedem Logik-Programm $\{K_1, K_2, \ldots, K_r\}$ und jeder Zielklausel $\neg A$ einen (unter Umständen unendlichen) Graphen, der alle (kanonischen) Berechnungen aus der Zielklausel enthält. Formal erhalten wir diesen Graphen $G = (V, E)$ auf folgende Weise.

[8]Die Indices geben die bisher benutzten Klauseln an.

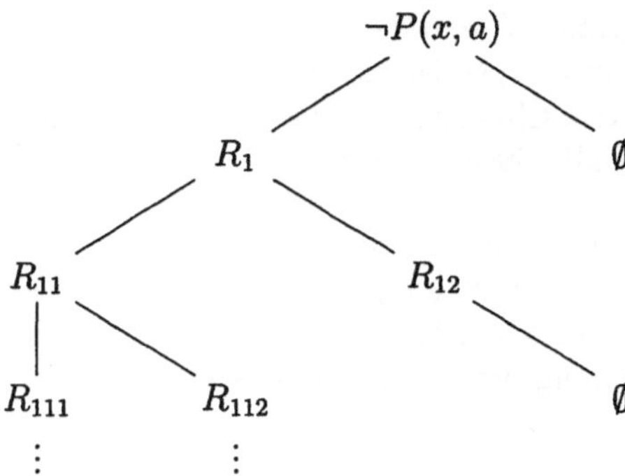

Abbildung 2.9: Einige Berechnungen von F bei Eingabe von $P(x,a)$

- Wir setzen zuerst $R_0 = \neg A$.

- Für $i \geq 1$, und $j_1, j_2, \ldots, j_i$ aus $\{1, 2, \ldots, r\}$ ist $R_{0j_1j_2\ldots j_i}$ die Klauselmenge, die aus der Klauselmenge $R_{0j_1j_2\ldots j_{i-1}}$ durch Resolution ihres ersten Literals mit K_{j_i} entsteht. Man beachte, dass $R_{0j_1j_2\ldots j_i}$ nur dann definiert ist, wenn bereits $R_{0j_1j_2\ldots j_{i-1}}$ definiert ist und die entsprechende Resolution möglich ist.

- Die Menge V der Knoten von G besteht nun aus allen derartig konstruierten Klauselmengen $R_{0j_1j_2\ldots j_i}$ mit $i \geq 0$.

- Die Menge E der Kanten von G enthält alle Paare $(R_{0j_1j_2\ldots j_{i-1}}, R_{0j_1j_2\ldots j_i})$, d. h. eine Kante existiert zwischen zwei Knoten, wenn der eine aus dem anderen durch Resolution des ersten Literals entstanden ist.

Wir müssen also eine Strategie entwickeln, die diesen Graphen möglichst günstig hinsichtlich des Aufwandes konstruiert. Es ist nicht erforderlich, den gesamten Graphen zu erzeugen, denn wir brauchen eigentlich nur einen Pfad, der einer erfolgreichen Berechnung entspricht. Dies führt zu der folgenden Definition.

Definition 2.74 *Eine Strategie heißt* vollständig, *wenn es für jedes Logik-Programm F und jede Zielklausel G, für die es eine erfolgreiche Berechnung von F bei Eingabe von G gibt, auch eine erfolgreiche Berechnung von F bei Eingabe von G mittels der Strategie gibt.*

Stellen wir uns einmal kurz vor, dass wir den (gesamten) Graphen schon hätten. Die Konstruktion dieses Graphen entspricht dann einem Verfahren zur Markierung bzw. zum Durchlaufen aller Knoten des Graphen. Wir können also die bekannten Verfahren Tiefensuche und Breitensuche (siehe Abschnitt A.1) zum Durchlaufen eines Graphen als Konstruktionsmethoden für den Graphen aller kanonischer Berechnungen für ein Logik-Programm und eine Zielklausel betrachten.

Satz 2.75 *Die Breitensuche ist eine vollständige Strategie.*

Beweis. Für das Logik-Programm F und die Zielklausel G sei eine erfolgreiche Berechnung vorhanden. Wenn deren Länge l ist, so ist die leere Menge eine Klauselmenge $R_{0j_1j_2\ldots j_l}$ für gewisse $j_1, j_2, \ldots, j_l$. Diese Klauselmenge wird bei der Breitensuche dann gefunden, wenn wir die Elemente der Tiefe l alle durchmustern. □

Es sei $F = \{K_1, K_2, \ldots, K_n\}$. Wenn jede Menge K_i mit dem ersten Literal von der Klauselmenge $R_{0j_1j_2\ldots j_k}$ unifizierbar ist, so gibt es n Nachfolgermengen für $R_{0j_1j_2\ldots j_k}$. Daher gibt es höchstens n Mengen der Tiefe 1, höchstens n^2 Mengen der Tiefe 2, usw. Folglich wird die existierende Berechnung der Länge l spätestens nach

$$1 + n + n^2 + \cdots + n^l = \frac{n^{l+1} - 1}{n - 1}$$

Schritten der Breitensuche gefunden. Der Aufwand ist somit exponentiell. Man beachte, dass wir bei dieser Abschätzung nicht den Aufwand betrachtet haben, den die Konstruktion von $R_{0j_1j_2\ldots j_i}$ aus $R_{0j_1j_2\ldots j_{i-1}}$ verursacht.

Satz 2.76 *Die Tiefensuche ist keine vollständige Strategie.*

Beweis. Wir betrachten unser obiges Beispiel. Dann ergibt sich bei einer Berechnung der Länge n, bei der stets die Klausel K_1 benutzt wird,

$$R_{011\ldots 1} = \neg P(z, a) \cup \{\neg Q(x_i, x_i) \mid 1 \leq i \leq n\}.$$

Da diese Mengen alle nicht leer sind, verfolgen wir diesen unendlichen Weg bei der Tiefensuche, ohne ein Ergebnis zu erhalten. □

Trotz dieses negativen Resultats wird in der logischen Programmierung häufig die Tiefensuche angewandt. Dies liegt daran, dass hier kein so großer Aufwand zu erwarten ist, wenn die erfolgreiche Berechnung in einem endlichen möglichst weit links liegenden Teil des zu konstruierenden Graphen liegt. So ist z. B. der Aufwand nur linear in der Länge, wenn die leere Menge in einer Schicht am weitesten links liegt.

Übungsaufgaben

1. Gegeben sei die Signatur $\mathcal{S}$ mit

$$R_1 = \{r\},\ F_2 = \{f\} \text{ und } K = F_1 = R_2 = R_i = F_i = \emptyset \text{ für } i \geq 3.$$

Bestimmen Sie alle Terme t über $\mathcal{S}$,

(a) deren Länge (als Wort betrachtet) höchstens 20 ist und die nur die Variable x enthalten,

(b) deren Länge (als Wort betrachtet) höchstens 12 ist und die nur die Variablen x und y enthalten,

und alle Ausdrücke A über $\mathcal{S}$,

(c) deren Länge (als Wort betrachtet) höchstens 10 ist und die nur die Variablen x und y enthalten.

2. Gegeben seien die Signatur $\mathcal{S}$ durch

$$K = \{c\},\ F_1 = \{f\},\ R_1 = \{r_1\},\ R_2 = \{r_2\},\ F_2 = R_i = F_i = \emptyset \text{ für } i \geq 3,$$

die Interpretation $I = (U, \tau)$ durch

$$\begin{aligned} U &= \mathbb{N}, \\ \tau(c) &= 2, \\ \tau(f) &= F : \mathbb{N} \to \mathbb{N} \quad \text{mit} \quad F(n) = n^2, \\ \tau(r_1) &= \{m \mid m \geq 10\}, \\ \tau(r_2) &= R_< = \{(n, m) \mid n < m\} \end{aligned}$$

und die Interpretation $I' = (U', \tau')$ durch

$$\begin{aligned} U' &= \{a, b\}^*, \\ \tau'(c) &= ab, \\ \tau'(f) &= F : \{a, b\}^* \to \{a, b\}^* \quad \text{mit} \quad F(u) = \begin{cases} aau' & \text{für } u = au', \\ u & \text{sonst,} \end{cases} \\ \tau'(r_1) &= \{u \mid u \text{ beginnt mit } a\}, \\ \tau'(r_2) &= \{(u, v) \mid |u| \leq |v|\} \end{aligned}$$

sowie die Belegungen α bez. I und α' bez. I' mit $\alpha(x) = 1$ und $\alpha'(x) = bb$. Bestimmen Sie die Werte $w_\alpha^I(A)$ und $w_{\alpha'}^{I'}(A)$ der Ausdrücke

(a) $A = (r_1(f(c)) \wedge r_2(x, f(x)))$,
(b) $A = (r_2(f(c), x) \vee r_2(c, f(x)))$,
(c) $A = \forall x(r_1(f(c)) \wedge r_2(x, f(x)))$,
(d) $A = \exists x(r_1(f(c)) \wedge r_2(x, f(x)))$.

3. Es sei $\mathcal{S}_1$ die Signatur aus Beispiel 2.4. Ferner seien

$$\begin{aligned} A_1 &= \forall x r(x, x), \\ A_2 &= \forall x \forall y (r(x, y) \to r(y, x)), \\ A_3 &= \forall x \forall y \forall z ((r(x, y) \wedge r(y, z)) \to r(x, z)). \end{aligned}$$

Geben Sie Modelle für die folgenden drei Mengen an:

(a) $\{A_1, A_2, \neg A_3\}$,
(b) $\{A_1, \neg A_2, A_3\}$,
(c) $\{\neg A_1, A_2, A_3\}$.

4. Geben Sie einen prädikatenlogischen Ausdruck A derart an, dass jedes Modell für A mindestens drei Elemente enthält.

5. Beweisen Sie Lemma 2.18 ii), iv), v), vi), viii), ix) und x).

6. Untersuchen Sie, welche der folgenden Ausdrücke Tautologien sind:

   (a) $(\forall x A \to \exists x A)$,
   (b) $(\exists x A \to \forall x A)$,
   (c) $(\forall x(A \wedge B) \leftrightarrow (\forall x A \wedge \forall x B))$,
   (d) $(\forall x(A \vee B) \leftrightarrow (\forall x A \vee \forall x B))$,
   (e) $(\exists x(A \wedge B) \leftrightarrow (\exists x A \wedge \exists x B))$,
   (f) $(\exists x(A \vee B) \leftrightarrow (\exists x A \vee \exists x B))$.

7. Beweisen Sie, dass der Ausdruck $(\exists u \forall v P(u,v) \to \forall x \exists y P(x,y))$ eine Tautologie ist und der Ausdruck $(\forall x \exists y P(x,y) \to \exists u \forall v P(u,v))$ keine Tautologie ist.

8. Ein prädikatenlogischer Ausdruck A heißt bereinigt, falls in ihm jede Variable entweder gebunden oder vollfrei vorkommt. Zeigen Sie, dass es zu jedem prädikatenlogischen Ausdruck einen semantisch äquivalenten bereinigten Ausdruck gibt. (*Zusatzaufgabe:* Führen Sie den Beweis mittels Induktion über den Aufbau von Ausdrücken.)

9. Geben Sie zu den folgenden Ausdrücken eine semantisch äquivalente pränexe Normalform an:

   (a) $((\forall x \exists y P(x, g(y, f(x))) \wedge \neg Q(x)) \vee \neg \forall x R(x,y))$,
   (b) $((\exists x \forall y P(x, g(y, f(x))) \wedge \neg Q(x)) \vee \neg \exists x R(x,y))$,
   (c) $((\exists x \exists y P(x, g(y, f(x))) \wedge \neg Q(x)) \vee \neg \forall x R(x,y))$.

10. Geben Sie eine Skolemform zu den Ausdrücken (a), (b) und (c) der vorstehenden Aufgabe an.

11. Beweisen Sie Lemma 2.31.

12. Wenden Sie den Semi-Algorithmus von GILMORE zur Entscheidung der Unerfüllbarkeit und den Grundresolutionsalgorithmus auf

    (a) $\forall x(P(x) \wedge \neg P(f(x)))$
    (b) $\forall x \forall y((\neg P(x) \vee \neg P(f(a)) \vee Q(y)) \wedge P(y) \wedge (\neg P(g(b,x)) \vee \neg Q(b)))$

    an.

13. Bestimmen Sie den allgemeinsten Unifikator für die Ausdrücke

    (a) $R(g(x,b), h(y, g(b,z)))$ und $R(g(a,u), h(g(b,a), v))$,
    (b) $R(g(x,b), h(y, g(b,z)))$ und $P(g(a,a), h(b,b))$,
    (c) $R(g(x,b), h(y, g(b,z)))$ und $R(g(x,b), h(y, h(b,z)))$.

14. Bestimmen Sie (bis auf Benennung der Variablen) alle Resolventen der Klauseln

    $$\{\neg P(x,y), \neg P(f(a), g(u,b)), Q(x,u)\} \text{ und } \{P(f(x), g(a,b)), \neg Q(f(a), b), \neg Q(a,b)\},$$

    wobei a, b Konstantensymbole und x, y, u Variablen, P, Q Relationssymbole und f, g Funktionssymbole sind.

15. Eine Resolution über einer Klauselmenge F heißt *Input-Resolution*, wenn bei jeder Bildung von Resolventen $Res(K_1, K_2)$ eine der Klauseln K_1 oder K_2 zur Menge F gehört.

    (a) Zeigen Sie, dass jede Input-Resolution linear ist.
    (b) Zeigen Sie, dass es eine Klauselmenge gibt, aus der die leere Menge resolvierbar ist, für die es aber keine Input-Resolution der leeren Menge gibt.
    (c) Man beweise, dass für die Klauselmenge eines unerfüllbaren Hornausdrucks eine Input-Resolution der leeren Menge existiert.

16. Christine, Stephan und Katja gehören dem Alpenverein an. Jedes Mitglied des Alpenvereins ist entweder Snowboarder oder Bergwanderer oder beides. Kein Bergwanderer liebt den Regen, und alle Snowboarder lieben Schnee. Stephan liebt alles, was Christine nicht liebt. Stephan und Katja lieben den Schnee. Gibt es ein Mitglied des Alpenvereins, das Bergwanderer und kein Snowboarder ist?

    Formulieren Sie dieses Rätsel in einer prädikatenlogischen Sprache, und verwenden Sie die Methode der Antwortklausel, um es zu lösen.

17. Gegeben seien das Logikprogramm

$$F = \{\{P(x,z), \neg Q(x,y), \neg P(y,z)\}, \{P(u,u)\}, \{Q(a,b)\}\},$$

    und die Zielklausel $G = \{\neg P(v,b)\}$, wobei x, y, z, u und v Variable sowie a und b Konstanten sind. Geben Sie zwei verschiedene Lösungen und eine Berechnung, die nicht erfolgreich ist, an.

Kapitel 3

Weitere Logiken

Die in den beiden ersten Abschnitten der Vorlesung behandelten Logiken sind die klassischen Logiken. Sie basieren auf der Zweiwertigkeit mit den Werten „wahr“ und „falsch“ und der alleinigen Verwendung der Operatoren $\neg, \wedge, \vee, \rightarrow, \leftrightarrow$ und den Quantoren $\forall$ und $\exists$. Zu weiteren Logiken kann man nun gelangen, indem man das Prinzip der Zweiwertigkeit aufgibt oder noch weitere Operatoren hinzunimmt. Beide Vorgehensweisen sind aus der Sicht der Informatik von Interesse und aus der Sicht einiger Anwendungen notwendig. Wir wollen in diesem Abschnitt einige mögliche weitere Logiken kurz behandeln. Für ein tieferes Studium dieser Logiken verweisen wir auf die Bücher bzw. Übersichtsartikel [Got88], [Boe93], [Haj98], [KGK95], [Kro87] und [HuCr78].

3.1 Logiken mit anderen Wertigkeiten

3.1.1 Dreiwertige Logik

Bisher sind wir immer davon ausgegangen, dass jede Aussage entweder wahr oder falsch ist. Dabei hat es keine Rolle gespielt, ob wir wirklich wissen, welchen Wahrheitswert die Aussage besitzt. Wir haben schon in den einleitenden Bemerkungen zu Kapitel 1 festgestellt, dass bis heute nicht bekannt ist, welchen Wahrheitswert die Aussage *Es gibt unendlich viele Primzahlzwillinge* besitzt. Dies legt es nahe, eine Logik aufzubauen, bei der es neben den Wahrheitswerten „wahr“ und „falsch“ noch „wir wissen nicht“ gibt, d. h. wir kommen zu einer dreiwertigen Logik.

Wir betrachten in diesem Abschnitt eine dreiwertige Aussagenlogik, die sich mit der oben angegebenen Interpretation des dritten Wahrheitswertes gut verträgt.

Zuerst müssen wir aussagenlogische Ausdrücke definieren. Hier gehen wir genauso wie bei der zweiwertigen klassischen Aussagenlogik vor, d. h. wir übernehmen Definition 1.1. Unterschiede ergeben sich erst bei der Berechnung von Werten.

In der dreiwertigen Logik ist eine Belegung α eine Abbildung von der Menge *var* der Variablen in die Menge $\{0, 1, \times\}$, wobei $\times$ die Bezeichnung des dritten Wahrheitswertes ist. Wir definieren nun für einen Ausdruck A und eine Belegung α den Wert $w_\alpha^d(A)$ (der obere Index d soll darauf hindeuten, dass wir eine dreiwertige Logik betrachten) induktiv in Analogie zu Definition 1.5 durch die folgenden Festlegungen:

- $w_\alpha^d(p) = \alpha(p)$ für jede Variable p.

- $w^d_\alpha(\neg A)$, $w^d_\alpha((A \wedge B))$, $w^d_\alpha((A \vee B))$ und $w^d_\alpha((A \rightarrow B))$ ergeben sich aus den Tabellen in Abbildung 3.1, wobei die drei letzten Tabellen so zu lesen sind, dass im Schnittpunkt der Zeile zum Wert $a = w^d_\alpha(A)$ und der Spalte zum Wert $b = w^d_\alpha(B)$ der Wert $w^d_\alpha((A \wedge B))$ bzw. $w^d_\alpha((A \vee B))$ bzw. $w^d_\alpha((A \rightarrow B))$ steht.

A	$\neg A$
0	1
×	×
1	0

Negation

$\wedge$	0	×	1
0	0	0	0
×	0	×	×
1	0	×	1

Konjunktion

$\vee$	0	×	1
0	0	×	1
×	×	×	1
1	1	1	1

Disjunktion

$\rightarrow$	0	×	1
0	1	1	1
×	×	1	1
1	0	×	1

Implikation

Abbildung 3.1: Wahrheitstafeln für Negation, Konjunktion, Disjunktion und Implikation

- $w^d_\alpha((A \leftrightarrow B)) = w^d_\alpha(((A \rightarrow B) \wedge (B \rightarrow A)))$. [1]

Wir bemerken zuerst, dass aufgrund dieser Festlegungen eine Beschränkung auf $\{0, 1\}$ zu den aus der klassischen zweiwertigen Aussagenlogik bekannten Werten führt. Somit haben wir es bei der dreiwertigen Logik tatsächlich mit einer Verallgemeinerung der zweiwertigen Logik zu tun.

Entsprechend der Definition des Wertes von $(A \leftrightarrow B)$ ist klar, dass $(A \leftrightarrow B)$ und $((A \rightarrow B) \wedge (B \rightarrow A))$ semantisch äquivalent sind, da auf gleichen Tupeln die gleichen Werte angenommen werden. Daher überträgt sich diese semantische Äquivalenz aus der zweiwertigen Aussagenlogik.

Jedoch lassen sich nicht alle Äquivalenzen, Tautologien usw. übertragen. Dazu betrachten wir den Ausdruck $(A \vee \neg A)$, der für jeden Ausdruck A in der klassischen zweiwertigen Logik eine Tautologie ist, also stets den Wert 1 annimmt. In der dreiwertigen Logik gilt dies aber nicht, wie Abbildung 3.2 zu entnehmen ist.

A	$\neg A$	$(A \vee \neg A)$
0	1	1
×	×	×
1	0	1

Abbildung 3.2: Wertetabelle für $(A \vee \neg A)$

Satz 3.1 *Für einen aussagenlogischen Ausdruck A der dreiwertigen Logik ist es entscheidbar, ob A eine Tautologie oder erfüllbar oder eine Kontradiktion ist.*

Beweis. Der Beweis kann völlig analog zum zweiwertigen Fall geführt werden, da dieser nur aus den Berechnungen der Wertetabellen besteht, die für den dreiwertigen Fall

[1] Während die Festlegungen für die Negation, Konjunktion und Alternative sich natürlich aus der Interpretation ergeben, sind für die Implikation und Äquivalenz auch andere Festsetzungen denkbar. So sind wir bei der Festlegung von w^d_α für die Implikation davon ausgegangen, dass eine Implikation $A \rightarrow B$ wahr wird, wenn B nicht falscher als A ist. Selbstverständlich sind hier auch andere Vorgehensweisen denkbar, so z. B. ist der Wert $\times = w^d_\alpha(\times \rightarrow \times)$ denkbar.

ebenfalls berechnet werden können, da es nur endlich viele verschiedene Belegungen der Variablen gibt. □

Die oben angegebene Interpretation für $\times$ liegt zwischen „wahr" und „falsch". Es ist daher nahe liegend, den dritten Wahrheitswert mit $\frac{1}{2}$ (statt mit $\times$) zu bezeichnen. Man erkennt dann sofort, dass sich folgende Beziehungen für beliebige Ausdrücke A und B ergeben:

$$\begin{aligned} w_\alpha^d(\neg A) &= 1 - w_\alpha^d(A), \\ w_\alpha^d((A \wedge B)) &= \min\{w_\alpha^d(A), w_\alpha^d(B)\}, \\ w_\alpha^d((A \vee B)) &= \max\{w_\alpha^d(A), w_\alpha^d(B)\}. \end{aligned}$$

3.1.2 Fuzzy-Logik

In der klassischen zweiwertigen Logik gehen wir davon aus, dass für ein gegebenes x und eine gegebene Menge M die Aussage $x \in M$ entweder wahr oder falsch ist. Falls zum Beispiel x eine natürliche Zahl und M die Menge der Primzahlen sind, so ist dies sicher ein gerechtfertigtes Vorgehen. Anders sieht die Situation aber aus, wenn die Menge M nicht so genau definiert ist, was in der Umgangssprache oder in praktischen Situationen oft der Fall ist. Es sei z. B. M die Menge der großen Menschen. Dann ist nicht mehr klar, ob ein 1,80 m großer Mensch dazu gehört oder nicht. So wird ein 2-m-Mann dies unter Umständen verneinen, während ein 8-jähriges Kind dies womöglich bejahen wird.

Um derartige Situationen zu beschreiben, führen wir nun für eine Menge M eine Zugehörigkeitsfunktion

$$\mu_M : G \to [0,1]$$

ein, die ein Element des Grundbereichs G auf eine reelle Zahl im Intervall $[0,1]$ abbildet. Der Wert $\mu_M(x)$ gibt an, wie stark ein Element x zu M gehört. Im oberen Beispiel würde man z. B. die Wahrscheinlichkeit, mit der ein Mensch der Größe x zur Menge M der großen Menschen gerechnet wird, als $\mu_M(x)$ nehmen können.[2] Als Spezialfälle ergeben sich die Werte 1 und 0, wenn $x \in M$ sicher bzw. garantiert nicht gilt. Zum Beispiel könnte man davon ausgehen, dass Leute über 220 cm stets als groß angesehen werden, während Personen unter 50 cm sicher nicht zur Menge großer Menschen gehören. Falls für jedes Element klar ist, dass es zu M gehört bzw. nicht gehört, so werden nur die beiden Extremfälle als Werte $\mu_M(x)$ vorkommen, womit Zweiwertigkeit vorliegt.

In analoger Weise können wir nun bei unscharfen Aussagen oder solchen Aussagen, deren Wahrheitswert wir z. Zt. noch nicht kennen, eine Funktion μ annehmen, die der Aussage einen „Wahrheitswert" im Intervall $[0,1]$ zuweist. Dies wird interpretiert als Zugehörigkeitsmaß von der gegebenen Aussage zur Menge der wahren Aussagen. Hierauf baut die Fuzzy-Logik auf.

Die (aussagenlogischen) Ausdrücke der Fuzzy-Logik werden erneut wie in Definition 1.1 definiert.

[2]Wir machen aber darauf aufmerksam, dass μ_M selbst kein Wahrscheinlichkeitsmaß ist, da die Summe aller Werte $\mu_M(x)$ mit $0 \leq x$ sicher größer 1 ist, während in der Wahrscheinlichkeitstheorie die Summe gleich 1 sein müsste.

Eine Belegung α ist in der Fuzzy-Logik eine (Zugehörigkeits-)Funktion, die jeder Variablen einen Wert aus dem Intervall $[0, 1]$ zuordnet.

Für einen Ausdruck A und eine Belegung α definieren wir den Wert $w^f_\alpha(A)$ (der obere Index f steht für fuzzy (deutsch: verschwommen)) erneut induktiv analog zu Definition 1.5 durch die folgenden Setzungen:

- $w^f_\alpha(p) = \alpha(p)$ für eine Variable p,
- $w^f_\alpha(\neg A) = 1 - w^f_\alpha(A)$,
- $w^f_\alpha((A \wedge B)) = \min\{w^f_\alpha(A), w^f_\alpha(B)\}$,
- $w^f_\alpha((A \vee B)) = \max\{w^f_\alpha(A), w^f_\alpha(B)\}$,
- $w^f_\alpha((A \rightarrow B)) = \min\{1, 1 + w^f_\alpha(B) - w^f_\alpha(A)\}$,
- $w^f_\alpha((A \leftrightarrow B)) = 1 - |w^f_\alpha(A) - w^f_\alpha(B)|$.

Man prüft leicht nach, dass bei $\alpha : var \rightarrow \{0, 1\}$ gerade die klassische zweiwertige Logik entsteht. Damit kann diese als Spezialfall der Fuzzy-Logik angesehen werden.

3.1.3 Konstruktive Logik

In der konstruktiven Logik streben wir keine Erweiterung der zweiwertigen Logik durch weitere Wahrheitswerte an. Wir bleiben bei zwei Wahrheitswerten, interpretieren diese aber anders. Wir akzeptieren eine Aussage nur dann als wahr, wenn es einen konstruktiven Nachweis (Beweis) der Wahrheit gibt. Dies wirkt sich insbesondere auf Existenzaussagen aus.

Wir betrachten zuerst die Aussage

Es gibt eine Primzahl, die größer als 10^{100000} *ist.*

oder formalisiert

$$\exists x(x \in P \wedge x > 10^{100000}),$$

wobei P die Menge aller Primzahlen sei und die Größer-Relation wie üblich festgelegt sei. Diese Aussage ist offenbar wahr, denn es ist bekannt, dass die Menge der Primzahlen unendlich ist, womit auch eine Primzahl größer als 10^{100000} ist (anderenfalls gibt es höchstens 10^{100000} Primzahlen). Wir wissen nun zwar, dass eine Primzahl größer als 10^{100000} existiert, kennen aber noch keine solche Zahl, d. h. der Beweis war nicht algorithmisch oder konstruktiv, sondern ein reiner Existenzbeweis. Wir würden aufgrund obiger Argumentation die Aussage im Sinn der konstruktiven Logik nicht als wahr gelten lassen.

Jedoch gibt es nun einen einfachen Algorithmus zur Bestimmung einer Primzahl, die größer als eine gegebene Zahl 10^{100000} ist. Er besteht einfach darin, die Zahlen größer als 10^{100000} [3] der Reihe nach zu prüfen, ob sie Primzahlen sind (das Testen, ob n eine Primzahl ist, kann dadurch erfolgen, dass geprüft wird, ob n durch eine Zahl zwischen 2 und $\lfloor\sqrt{n}\rfloor$ teilbar ist). Auf der Basis dieses Algorithmus ist die Aussage auch im konstruktiven Sinn wahr.

Schwieriger erweist sich die Situation bezüglich der Aussage

[3] Man beachte, dass jede solche Zahl mindestens 100000 Stellen hat, und damit ihre Angabe praktisch schon auf Schwierigkeiten stößt.

Es gibt irrationale Zahlen a und b so, dass a^b rational ist.

Der übliche mathematische Beweis dafür (auf der Basis der klassischen Logik) verläuft wie folgt: $\sqrt{2}$ ist bekanntlich irrational. Wir betrachten die Zahl $c = \sqrt{2}^{\sqrt{2}}$ und unterscheiden zwei Fälle:

Fall 1: c ist rational. Dann wählen wir $a = b = \sqrt{2}$ und $a^b = c$ ist rational.

Fall 2: c ist irrational. Dann gilt

$$(\sqrt{2}^{\sqrt{2}})^{\sqrt{2}} = \sqrt{2}^{\sqrt{2}\cdot\sqrt{2}} = \sqrt{2}^2 = 2.$$

Wir wählen $a = c$ und $b = \sqrt{2}$ und erhalten, dass $a^b = 2$ rational ist.

Im Fall der konstruktiven Logik sagt dieser Beweis nichts über den Wahrheitswert der Aussage aus, da er keine Zahlen a und b liefert, denn es ist (noch) unbekannt, ob c rational oder irrational ist.

Da der konstruktive Aspekt in der Informatik eine große Rolle spielt, z. B. suchen wir nach Algorithmen/Programmen zur Lösung eines Problems, könnte man glauben, dass die konstruktive Logik für die Informatik wichtiger als die klassische zweiwertige Logik ist. Dabei muss man aber beachten, dass wir zum Nachweis der Korrektheit der Algorithmen/Programme die klassische zweiwertige Logik benutzen.

3.2 Zusätzliche Operatoren

In diesem Abschnitt wollen wir einige Logiken kurz streifen, bei denen zu den Operatoren $\neg$, $\wedge$, $\vee$, $\rightarrow$ und $\leftrightarrow$ schon in der entsprechenden Aussagenlogik noch weitere Operatoren benutzt werden. Dies entspricht dem Vorgehen bei der Erweiterung der Aussagenlogik zur Prädikatenlogik.

3.2.1 Temporale Logik

Wir beginnen mit zwei motivierenden Beispielen. Zuerst betrachten wir das „Programm“ [4]

```
x = 1; y = 1;
while (x ≠ 0) if ((x + y)%3 == 0) x++; else y++;
```

in dem wir in Abhängigkeit vom Rest von $x + y$ bei (ganzzahliger) Division durch 3 die Variable x oder die Variable y um 1 erhöhen. In der folgenden Tabelle notieren wir die Werte der Variablen nach dem entsprechenden Durchlauf der bedingten Anweisung.

[4]Hierbei handelt es sich nicht wirklich um ein Programm, da es nicht terminiert, sondern unendlich lange läuft. Für die Zwecke dieses Abschnitts ist das aber gerade gewollt, da die temporale Logik auch für Systeme benutzt wird, bei denen unendliche Laufzeiten erwünscht sind. Zum Beispiel wird erwartet, dass ein Betriebssystem keine Schranken für seine Laufzeit hat und seine Arbeit nicht zu irgendeinem Zeitpunkt einstellt.

Durchlaufszahl	x	y	$x+y$
0	1	1	2
1	1	2	3
2	2	2	4
3	2	3	5
4	2	4	6
5	3	4	7
6	3	5	8
7	3	6	9
$\vdots$	$\vdots$	$\vdots$	$\vdots$

Bei dieser Beschreibung des Verhaltens kommt offensichtlich eine zeitliche Komponente ins Spiel. Wir können jeden Durchlauf der `if`-Anweisung mit dem Fortschreiten der Zeit um eine Einheit assoziieren. Anstelle der Tabelle reicht es natürlich, das Wertepaar (x, y) zu jedem Zeitpunkt anzugeben. Die daraus resultierende Beschreibung ist damit eine Folge von Paaren, die für unser Beispiel wie folgt aussieht:

$$\begin{aligned} K(0) &= (1,1) \\ K(1) &= (1,2) \\ K(2) &= (2,2) \\ K(3) &= (2,3) \\ K(4) &= (2,4) \\ K(5) &= (3,4) \\ K(6) &= (3,5) \\ K(7) &= (3,6) \\ &\vdots \end{aligned}$$

Mögliche Fragen, die sich bei obigem Programm ergeben, wären z. B.
Gibt es einen Zeitpunkt i, zu dem für $K(i) = (x, y)$ die Bedingung $y > 10000$ erfüllt ist?
Gilt für alle Zeitpunkte i, dass für $K(i) = (x, y)$ die Aussage $x \leq y$ gilt? [5]

Eine ähnliche Situation liegt bei der Turing-Maschine vor (zur Definition der Turing-Maschine siehe Abschnitt A.4). Deren Arbeitsweise wird durch eine Folge von Konfigurationen und jede Konfiguration durch ein Tripel beschrieben. Ferner könnte man eine Zeitskala einführen, bei der eine Überführung in genau einem Zeittakt ausgeführt wird.

Das gemeinsame der beiden Beispiele ist, dass eine Arbeit in diskreten Zeittakten erfolgt und dass die Beschreibung zu einem Zeitpunkt durch ein Tupel (mit zwei bzw. drei Komponenten) vorgenommen werden kann. Ferner gilt es, Aussagen zu untersuchen, bei denen der zeitliche Aspekt eine Rolle spielt.

Im Folgenden wollen wir eine Logik einführen, die zeitliche Aspekte mit berücksichtigt. Wir beschränken uns dabei auf die entsprechende Aussagenlogik. Wir geben zuerst die Syntax an.

[5] Der Leser mache sich klar, dass beide Fragen mit „ja" zu beantworten sind.

Definition 3.2 *Die Menge tausd der temporalen aussagenlogischen Ausdrücke wird induktiv als Menge von Wörtern über einer Menge var von Variablen*[6] *und den Symbolen* $\{(,),\neg,\wedge,\vee,\rightarrow,\leftrightarrow,F,G,F^{\infty},G^{\infty},U,B,X\}$ *wie folgt definiert.*

1. *Jede Variable* $p \in var$ *gehört zu tausd.*

2. *Sind* w *und* v *Wörter aus tausd, so gehören auch die Wörter*

$$\begin{array}{l}\neg w,\ (w\wedge v),\ (w\vee v),\ (w\rightarrow v),\ (w\leftrightarrow v),\\ Fw,\ Gw,\ F^{\infty}w,\ G^{\infty}w,\ (w\,U\,v),\ (w\,B\,v),\ Xw\end{array}$$

   zu tausd.

3. *Ein Wort gehört nur dann zu tausd, wenn dies aufgrund endlich oftmaliger Anwendung von 1. und 2. der Fall ist.*

Neben den Operatoren $\neg$, $\wedge$, $\vee$, $\rightarrow$ und $\leftrightarrow$ treten in der temporalen Logik also noch die Operatoren $F, G, F^{\infty}, G^{\infty}, U, B, X$ auf, denen im Folgenden eine Semantik gegeben wird, die zeitliche Momente reflektiert. Daher kann die Semantik nicht durch eine Belegung allein definiert werden, da dann zeitliche Aspekte keinen Einfluss haben können. Wir definieren daher zuerst eine Struktur, die dies leistet.

Definition 3.3 *Unter einer* Zeitlinie *verstehen wir ein Paar* $Z = (M, x)$, *wobei*

- M *ein Paar* (S, L) *ist mit*
  - *einer Menge* S, *deren Elemente wir Zustände nennen, und*
  - *einer Funktion* L *von* S *in* 2^{var} *und*
- x *eine Funktion von der Menge* $\mathbb{N}_0$ *in* S *ist.*

In den obigen Beispielen ist die Menge der Zustände durch die Menge der Paare $(x, y) \in \mathbb{N}_0 \times \mathbb{N}_0$ bzw. die Menge der möglichen Konfigurationen der Turing-Maschine gegeben. Ferner wird durch $L : S \rightarrow 2^{var}$ für jeden Zustand $s \in S$ eine Menge von Variablen festgelegt, die bei Eintreten des Zustands s wahr werden. Somit definiert L für jedes $s \in S$ durch

$$\alpha_s(p) = \begin{cases} 1 & \text{für } p \in L(s), \\ 0 & \text{für } p \notin L(s) \end{cases}$$

eine Belegung der Variablen. Anstelle von L können wir auch die Funktion $K : var \rightarrow 2^S$ betrachten, die durch

$$s \in K(p) \text{ genau dann, wenn } p \in L(s)$$

definiert ist.

Die Funktion $x : \mathbb{N}_0 \rightarrow S$ kann als (unendliche) Folge $(x(0), x(1), \ldots)$ über S aufgefasst werden, und wir werden daher zukünftig auch einfach $x = (x(0), x(1), \ldots, x(t), \ldots)$ schreiben. Der Argumentwert t entspricht dem Zeittakt.

[6] Wir beschränken uns hier auf den Fall von Variablen. Im Allgemeinen wird hier eine Menge von atomaren Ausdrücken zugrunde gelegt.

In unseren obigen motivierenden Beispielen liefert jede Anfangsbelegung der beiden Variablen des Programms (wir haben oben konkret $x = y = 1$ gewählt) bzw. jede Anfangskonfiguration der Turing-Maschine eine durch das Programm bzw. die Überführungsfunktion eindeutig bestimmte Folge von Zuständen. Jede dieser Folgen wird in einer Zeitlinie durch ein x repräsentiert.

Da durch x eine Folge $(x(0), x(1), x(2), \ldots)$ von Zuständen gegeben ist, ist mit x auch eindeutig eine Folge von Belegungen $(\alpha_{x(0)}, \alpha_{x(1)}, \alpha_{x(2)}, \ldots)$ verbunden. Diese Belegungen werden für die Wahrheitswertbestimmung für einen Ausdruck bez. einer Zeitlinie herangezogen.

Wir führen noch eine Bezeichnung ein. Für die Folge $x = (x(0), x(1), x(2), \ldots)$ bezeichnet x^j die Folge $(x(j), x(j+1), x(j+2), \ldots)$, d. h. die Folge x^j beginnt mit dem $(j+1)$-ten Element von x. Offenbar gilt $x = x^0$.

Definition 3.4 *Zu einem temporalen aussagenlogischen Ausdruck $u \in tausd$ bez. einer Zeitlinie (M, x) wird der Wert $w_x^M(u)$ induktiv über den Aufbau der Ausdrücke wie folgt definiert:*

- *Für eine Variable $p \in var$ gilt $w_x^M(p) = 1$ genau dann, wenn $p \in L(x(0))$ gilt.*
- *Sind $w_x^M(u)$ und $w_x^M(v)$ bereits definiert, so setzen wir*
  - *$w_x^M(\neg u) = 1$ gilt genau dann, wenn $w_x^M(u) = 0$ gilt,*
  - *$w_x^M((u \wedge v)) = 1$ gilt genau dann, wenn $w_x^M(u) = w_x^M(v) = 1$ gelten,*
  - *$w_x^M((u \vee v)) = 0$ gilt genau dann, wenn $w_x^M(u) = w_x^M(v) = 0$ gelten,*
  - *$w_x^M((u \rightarrow v)) = 0$ gilt genau dann, wenn $w_x^M(u) = 1$ und $w_x^M(v) = 0$ gelten,*
  - *$w_x^M((u \leftrightarrow v)) = 1$ gilt genau dann, wenn $w_x^M(u) = w_x^M(v)$ gilt,*
  - *$w_x^M(Fu) = 1$ gilt genau dann, wenn $w_{x^j}^M(u) = 1$ für ein $j \geq 0$ gilt,*
  - *$w_x^M(Gu) = 1$ gilt genau dann, wenn $w_{x^j}^M(u) = 1$ für alle $j \geq 0$ gilt,*
  - *$w_x^M(F^\infty u) = 1$ gilt genau dann, wenn es zu jedem $j \geq 0$ ein $k \geq j$ mit $w_{x^k}^M(u) = 1$ gibt,*
  - *$w_x^M(G^\infty u) = 1$ gilt genau dann, wenn es ein $j \geq 0$ gibt, so dass $w_{x^k}^M(u) = 1$ für alle $k \geq j$ gilt,*
  - *$w_x^M((u\, U\, v)) = 1$ gilt genau dann, wenn es ein $j \geq 0$ gibt, so dass $w_{x^j}^M(v) = 1$ und $w_{x^k}^M(u) = 1$ für $0 \leq k < j$ gelten,*
  - *$w_x^M((u\, B\, v)) = 1$ gilt genau dann, wenn es für jedes $j \geq 1$ mit $w_{x^j}^M(v) = 1$ ein $k < j$ mit $w_{x^k}^M(u) = 1$ gibt,*
  - *$w_x^M(Xu) = 1$ gilt genau dann, wenn $w_{x^1}^M(u) = 1$ gilt.*

Für eine Variable p wird der Wert als 1 festgelegt, wenn zu Beginn der Zeitlinie p bei der zu $x(0)$ gehörenden Belegung mit 1 belegt wird, d. h. wenn p zum aktuellen Zeitpunkt wahr ist.

Für die „klassischen“ Operatoren $\neg$, $\wedge$, $\vee$, $\rightarrow$, $\leftrightarrow$ werden die Werte wie in der „klassischen“ Aussagenlogik festgelegt.

- Der Operator F drückt aus, dass u *irgendwann* einmal wahr wird (F steht für zukünftig (engl. in future), da u jetzt oder in der Zukunft wahr wird).
- Der Operator G drückt aus, dass u *immer* wahr ist (G steht für ständig (engl. in general)).
- Der Operator F^∞ drückt aus, dass u *unendlich oft* wahr wird. Dies ist wie folgt zu sehen: Wir wählen $j = 0$. Dann gibt es einen Moment $k_1 \geq 0$, in dem u wahr wird. Nun wählen wir $j = k_1 + 1$. Dann gibt es einen Moment $k_2 > k_1$, in dem u wahr wird. Zu $k_2 + 1$ gibt es einen Moment $k_3 > k_2$, in dem u wahr wird, usw. So konstruieren wir eine unendliche Folge von Momenten, in denen u wahr ist.
- Der Operator G^∞ drückt aus, dass u *von einem Moment an immer* wahr ist.
- Der Operator U drückt aus, dass u solange wahr ist, *bis* (engl. until) v wahr wird.
- Der Operator B drückt aus, dass u einmal wahr ist, *bevor* (engl. before) v wahr wird.
- Der Operator X drückt aus, dass u im nächsten Moment wahr wird.

Wir geben nun einige Beispiele zur Wertberechnung.

Beispiel 3.5 Wir definieren zuerst die drei Zeitlinien Z_1, Z_2 und Z_3 durch

$$Z_i = (M_i, x_i) \text{ und } M_i = (S_i, L_i) \quad \text{für} \quad 1 \leq i \leq 3,$$

$$S_1 = \{s_1, s_2\},$$
$$L_1(s_1) = \{p\}, \qquad L_1(s_2) = \{q\},$$
$$x_1(i) = \begin{cases} s_1 & \text{falls } i \text{ gerade ist,} \\ s_2 & \text{falls } i \text{ ungerade ist,} \end{cases}$$

$$S_2 = \{s_1, s_2, s_3\},$$
$$L_2(s_1) = \{p\}, \quad L_2(s_2) = \{p, q\}, \quad L_2(s_3) = \{q\},$$
$$x_2(i) = \begin{cases} s_3 & \text{für } i = 0, \\ s_2 & \text{für } i = 1, \\ s_1 & \text{für } i \geq 2, \end{cases}$$

$$S_3 = \{s_1, s_2\},$$
$$L_3(s_1) = L_3(s_2) = \{p\},$$
$$x_3(i) = \begin{cases} s_1 & \text{falls } i \text{ gerade ist,} \\ s_2 & \text{falls } i \text{ ungerade ist.} \end{cases}$$

Es sind x_1 und x_3 also die Folge $(s_1, s_2, s_1, s_2, s_1, s_2, \ldots)$, bei der mit s_1 begonnen wird und die beiden Zustände s_1 und s_2 alternieren. Weiterhin ist x_2 die Folge $(s_3, s_2, s_1, s_1, s_1, \ldots)$, die mit s_3 und s_2 beginnt und dann stationär mit dem Zustand s_1 wird.

Wir berechnen nun für die Ausdrücke

$$u = (p \to Fq) \quad \text{und} \quad v = G(p \to Fq)$$

ihre Werte bez. (M_i, x_i), $1 \le i \le 3$.

Es gilt genau dann $w_{x_i}^{M_i}(u) = 0$, wenn $w_{x_i}^{M_i}(p) = 1$ und $w_{x_i}^{M_i}(Fq) = 0$ ist. Nach Definition der Semantik von F bedeutet letzteres, dass $w_{x_i^j}^{M_i}(q) = 0$ für alle j gilt. Nun gelten

$$\begin{aligned}
&w_{x_1}^{M_1}(p) = 1, \text{ da } p \in L_1(s_1),\\
&w_{x_1^1}^{M_1}(q) = 1, \text{ da } q \in L_1(s_2),\\
&w_{x_2}^{M_2}(p) = 0, \text{ da } p \notin L_2(s_3),\\
&w_{x_2^1}^{M_2}(q) = 1, \text{ da } q \in L_2(s_2),\\
&w_{x_3}^{M_3}(p) = 1, \text{ da } p \in L_3(s_1),\\
&w_{x_3^j}^{M_3}(q) = 0 \text{ für } j \ge 0, \text{ da } q \notin L_3(s_1) = L_3(s_2),
\end{aligned}$$

woraus dann

$$w_{x_1}^{M_1}(u) = 1,\ w_{x_2}^{M_2}(u) = 1 \text{ und } w_{x_3}^{M_3}(u) = 0 \tag{3.1}$$

folgen. Es gilt genau dann $w_{x_i}^{M_i}(v) = 1$, wenn $w_{x_i^j}^{M_i}(u) = 1$ für alle $j \ge 0$ gilt. Aus (3.1) ergibt sich wegen

$$w_{x_3^0}^{M_3}(u) = w_{x_3}^{M_3}(u) = 0$$

sofort

$$w_{x_3}^{M_3}(v) = 0.$$

Ferner gelten

$$w_{x_2^2}^{M_2}(p) = 1 \text{ und } w_{x_2^2}^{M_2}(Fq) = 0,$$

da $w_{x_2^k}^{M_2}(q) = 0$ für $k \ge 2$ gilt. Somit erhalten wir

$$w_{x_2}^{M_2}(v) = 0.$$

Es sei $j \ge 0$ gerade. Dann sind $w_{x_1^j}^{M_1}(p) = 1$ und $w_{x_1^{j+1}}^{M_1}(q) = 1$ erfüllt, da $p \in L_1(s_1)$ und $q \in L_1(s_2)$ gelten. Damit gilt $w_{x_1^j}^{M_1}(u) = 1$. Ist dagegen $j \ge 0$ ungerade, so gilt $w_{x_1^j}^{M_1}(p) = 0$, da p nicht in $L_1(s_2)$ liegt. Damit ist erneut $w_{x_1^j}^{M_1}(u) = 1$ gültig. Hieraus ergibt sich

$$w_{x_1}^{M_1}(v) = 1.$$

Definition 3.6

i) Zwei Ausdrücke $u \in$ tausd und $v \in$ tausd heißen semantisch äquivalent *in der temporalen Aussagenlogik, wenn $w_x^M(u) = w_x^M(v)$ für alle Zeitlinien (M, x) gilt.*

ii) Ein Ausdruck $u \in$ tausd der temporalen Aussagenlogik heißt erfüllbar, *wenn es eine Zeitlinie (M, x) mit $w_x^M(u) = 1$ gibt.*

iii) Ein Ausdruck $u \in$ tausd heißt Tautologie *in der temporalen Aussagenlogik, wenn $w_x^M(u) = 1$ für alle Zeitlinien (M, x) gilt.*

Wir schreiben $u \equiv_t v$, falls u und v in der temporalen Aussagenlogik semantisch äquivalent sind.

Wir wissen aus der Aussagenlogik, dass einige Operatoren durch andere ausgedrückt werden können, so z. B. $\vee$, $\rightarrow$ und $\leftrightarrow$ durch $\neg$ und $\wedge$ vermöge der semantischen Äquivalenzen $(u \vee v) \equiv_t \neg(\neg u \wedge \neg v)$, $(u \rightarrow v) \equiv_t (\neg u \vee v)$ und $(u \leftrightarrow v) \equiv_t ((u \rightarrow v) \wedge (v \rightarrow u))$, die natürlich auch in der temporalen Aussagenlogik gelten.

Wir geben nun derartige Ersetzungsmöglichkeiten für die typischen Operatoren der temporalen Aussagenlogik.

Satz 3.7 *Für beliebige $u \in tausd$ und $v \in tausd$ gelten die folgenden semantischen Äquivalenzen:*

i) $Fu \equiv_t ((u \vee \neg u)\, U\, u)$,
ii) $Gu \equiv_t \neg F \neg u$,
iii) $F^\infty u \equiv_t GFu$,
iv) $G^\infty u \equiv_t \neg F^\infty \neg u$,
v) $(u\, B\, v) \equiv_t \neg(\neg u\, U\, v)$.

Beweis. Wir beweisen nur i) und ii).

i) Es sei (M, x) eine beliebige Zeitlinie. Dann gilt $w_{x^j}^M((u \vee \neg u)) = 1$ für alle $j \geq 0$, da $(u \vee \neg u)$ auch in der temporalen Logik eine Tautologie ist. Somit ergibt sich aus der Semantik von U, dass $w_x^M(((u \vee \neg u)\, U\, u)) = 1$ genau dann gilt, wenn $w_{x^k}^M(u) = 1$ für ein $k \geq 0$ erfüllt ist. Dies bedeutet aber nichts anderes als $w_x^M(Fu) = 1$.

ii) Wir erhalten folgende Beziehungen:

$$\begin{aligned} w_x^M(\neg F \neg u) = 1 &\text{ genau dann, wenn } w_x^M(F\neg u) = 0 \\ &\text{ genau dann, wenn } w_{x^j}^M(\neg u) = 0 \text{ für alle } j \geq 0 \\ &\text{ genau dann, wenn } w_{x^j}^M(u) = 1 \text{ für alle } j \geq 0 \\ &\text{ genau dann, wenn } w_x^M(Gu) = 1. \end{aligned}$$

□

Aus den temporalen semantischen Äquivalenzen in Satz 3.7 und den „klassischen" semantischen Äquivalenzen folgt durch sukzessives Ersetzen der Operatoren, dass es folgende Normalform für Ausdrücke der temporalen Aussagenlogik gibt.

Satz 3.8 *Zu jedem Ausdruck A der temporalen Aussagenlogik gibt es einen Ausdruck C der temporalen Aussagenlogik, der $A \equiv_t C$ erfüllt und nur die Operatoren $\neg$, $\wedge$, U und X enthält.* □

Wir geben noch einige weitere temporale semantische Äquivalenzen an.

Satz 3.9 *Für beliebige $u \in tausd$, $v \in tausd$ und $w \in tausd$ gelten die folgenden Äquivalenzen:*

i) $HHu \equiv_t Hu$ *für* $H \in \{F, G, F^\infty, G^\infty\}$,
ii) $XHu \equiv_t HXu$ *für* $H \in \{F, G, F^\infty, G^\infty\}$,
iii) $X(u\, U\, v) \equiv_t (Xu\, U\, Xv)$,
iv) $H(u \vee v) \equiv_t (Hu \vee Hv)$ *für* $H \in \{F, F^\infty\}$,

v) $H(u \wedge v) \equiv_t (Hu \wedge Hv)$ *für* $H \in \{G, G^\infty\}$,

vi) $\neg Xu \equiv_t X\neg u$,

vii) $X(u \circ v) \equiv_t (Xu \circ Xv)$ *für* $\circ \in \{\wedge, \vee, \rightarrow, \leftrightarrow\}$,

viii) $((u \wedge v)\, U\, w) \equiv_t ((u\, U\, w) \wedge (v\, U\, w))$,

ix) $(u\, U\, (v \vee w)) \equiv_t ((u\, U\, v) \vee (u\, U\, w))$.

Beweis. Wir beweisen nur i) für $H = F$, ii) für $H = G$ und viii).

i) $FFu \equiv_t Fu$. Es sei (M, x) eine beliebige Zeitlinie. Dann gelten folgende Beziehungen:

$$\begin{aligned} w_x^M(FFu) = 1 \ & \text{impliziert es gibt ein } j \geq 0 \text{ mit } w_{x^j}^M(Fu) = 1 \\ & \text{impliziert es gibt } j \geq 0 \text{ und } k \geq 0 \text{ mit } w_{(x^j)^k}^M(u) = 1 \\ & \text{impliziert es gibt } j \geq 0 \text{ und } k \geq 0 \text{ mit } w_{x^{j+k}}^M(u) = 1 \\ & \text{impliziert } w_x^M(Fu) = 1. \end{aligned}$$

Damit ist gezeigt, dass aus $w_x^M(FFu) = 1$ auch $w_x^M(Fu) = 1$ folgt.

Die umgekehrte Richtung folgt aus folgenden Relationen:

$$\begin{aligned} w_x^M(Fu) = 1 \ & \text{impliziert es gibt ein } j \geq 0 \text{ mit } w_{x^j}^M(u) = 1 \\ & \text{impliziert es gibt } j \geq 0 \text{ mit } w_{(x^j)^0}^M(u) = 1 \\ & \text{impliziert es gibt } j \geq 0 \text{ mit } w_{x^j}^M(Fu) = 1 \ (k = 0) \\ & \text{impliziert } w_x^M(FFu) = 1. \end{aligned}$$

ii) $XGu \equiv_t GXu$ folgt wegen

$$\begin{aligned} w_x^M(XGu) = 1 \ & \text{genau dann, wenn } w_{x^1}^M(Gu) = 1 \\ & \text{genau dann, wenn } w_{x^j}^M(u) = 1 \text{ für } j \geq 1 \\ & \text{genau dann, wenn } w_{x^{j+1}}^M(u) = 1 \text{ für } j \geq 0 \\ & \text{genau dann, wenn } w_{x^j}^M(Xu) = 1 \text{ für } j \geq 0 \\ & \text{genau dann, wenn } w_x^M(GXu) = 1. \end{aligned}$$

viii) $((u \wedge v)\, U\, w) \equiv_t ((u\, U\, w) \wedge (v\, U\, w))$ folgt aus

$$\begin{aligned} w_x^M(((u\, U\, w) \wedge (v\, U\, w))) = 1 \ & \text{impliziert } w_x^M((u\, U\, w)) = w_x^M((v\, U\, w)) = 1 \\ & \text{impliziert es gibt ein } j_1 \geq 0 \text{ mit } w_{x^{j_1}}^M(w) = 1 \\ & \qquad\qquad \text{und } w_{x^k}^M(u) = 1 \text{ für } k < j_1 \text{ und} \\ & \qquad \text{es gibt ein } j_2 \geq 0 \text{ mit } w_{x^{j_2}}^M(w) = 1 \text{ und} \\ & \qquad\qquad w_{x^k}^M(v) = 1 \text{ für } k < j_2 \\ & \text{impliziert es gibt ein } j = \min\{j_1, j_2\} \text{ mit } w_{x^j}^M(w) = 1 \text{ und} \\ & \qquad\qquad w_{x^k}^M(u) = w_{x^k}^M(v) = 1 \text{ für } k < j \\ & \text{impliziert es gibt ein } j = \min\{j_1, j_2\} \text{ mit } w_{x^j}^M(w) = 1 \text{ und} \\ & \qquad\qquad w_{x^k}^M((u \wedge v)) = 1 \text{ für } k < j \\ & \text{impliziert } w_x^M(((u \wedge v)\, U\, w)) = 1. \end{aligned}$$

Umgekehrt ergibt sich

$$\begin{aligned}
w_x^M(((u \wedge v)\, U\, w)) = 1 \text{ impliziert } & \text{es gibt ein } j \text{ mit } w_{x^j}^M(w) = 1 \text{ und} \\
& w_{x^k}^M((u \wedge v)) = 1 \text{ für } k < j \\
\text{impliziert } & \text{es gibt ein } j \text{ mit } w_{x^j}^M(w) = 1 \text{ und} \\
& w_{x^k}^M(u) = w_{x^k}^M(v) = 1 \text{ für } k < j \\
\text{impliziert } & \text{es gibt ein } j_1 = j \geq 0 \text{ mit } w_{x^{j_1}}^M(w) = 1 \\
& \text{und } w_{x^k}^M(u) = 1 \text{ für } k < j_1 \text{ und} \\
& \text{es gibt ein } j_2 = j \geq 0 \text{ mit } w_{x^{j_2}}^M(w) = 1 \text{ und} \\
& w_{x^k}^M(v) = 1 \text{ für } k < j_2 \\
\text{impliziert } & w_x^M(((u\, U\, w) \wedge (v\, U\, w))) = 1.
\end{aligned}$$
□

Abschließend geben wir noch einige typische temporale Tautologien.

Satz 3.10 *Für beliebige Ausdrücke $u \in tausd$ und $v \in tausd$ sind die folgenden Ausdrücke Tautologien der temporalen Aussagenlogik:*

i) $(u \rightarrow Fu)$ *und* $(Gu \rightarrow u)$ *und* $(Gu \rightarrow Fu)$,
ii) $(Xu \rightarrow Fu)$ *und* $(Gu \rightarrow Xu)$ *und* $(Gu \rightarrow XGu)$,
iii) $((u\, U\, v) \rightarrow Fv)$,
iv) $((Gu \vee Gv) \rightarrow G(u \vee v))$ *und* $(F(u \wedge v) \rightarrow (Fp \wedge Fq))$,
v) $(((u\, U\, w) \vee (v\, U\, w)) \rightarrow ((u \vee v)\, U\, w))$ *und* $((u\, U\, (v \wedge w)) \rightarrow ((u\, U\, v) \wedge (u\, U\, w)))$,
vi) $((u \wedge G(u \rightarrow Xu)) \rightarrow Gu)$.

Beweis. Wir beweisen nur $(Xu \rightarrow Fu)$ aus ii), iii) und vi).

$(Xu \rightarrow Fu)$. Es sei $w_x^M(Xu) = 1$. Dann gilt $w_{x^1}^M(u) = 1$. Somit gilt auch $w_x^M(Fu) = 1$, da es ein $j \geq 0$, genauer $j = 1$, mit $w_{x^j}^M(u) = 1$ gibt. Daher kann $w_x^M(Xu) = 1$ und $w_x^M(Fu) = 0$ nicht eintreten, womit $w_x^M((Xu \rightarrow Fu)) = 1$ für alle Zeitlinien (M, x) bewiesen ist. Also ist $(Xu \rightarrow Fu)$ eine Tautologie der temporalen Aussagenlogik.

$((u\, U\, v) \rightarrow Fv)$. Es sei $w_x^M((u\, U\, v)) = 1$. Dann gibt es ein $j \geq 0$ mit $w_{x^j}^M(v) = 1$ und $w_{x^k}^M(u) = 1$ für $k < j$. Aus der Existenz von $j \geq 0$ mit $w_{x^j}^M(v) = 1$ ergibt sich $w_x^M(Fv) = 1$ sofort. Hieraus folgt dann wie oben, dass $w_x^M(((u\, U\, v) \rightarrow Fv)) = 1$ für alle (M, x) gilt.

$((u \wedge G(u \rightarrow Xu)) \rightarrow Gu)$ ist das Induktionsprinzip über die Zeittakte. Die Gültigkeit von u entspricht dem Induktionsanfang, die von $G(u \rightarrow Xu)$ dem Induktionsschritt. □

Die Tautologien aus Satz 3.10 sind alle Implikationen. Der Leser mache sich klar, dass die Umkehrung der Richtung der Implikation im allgemeinen für i) – v) nicht gilt. Zum Beispiel gilt $(u \rightarrow Fu)$, da wegen der Wahrheit von u zum Zeitpunkt 0 auch die Wahrheit von u zu einem Zeitpunkt und damit die von Fu folgt. Die umgekehrte Richtung würde aber bedeuten, dass aus der Wahrheit von u zu einem Zeitpunkt auch die zum Zeitpunkt 0 folgt. Dies gilt offenbar nicht.

Hinsichtlich der Entscheidbarkeit besitzt die temporale Aussagenlogik bessere Eigenschaften als die Prädikatenlogik (und ist daher aus algorithmischer Sicht, die in der Informatik wichtig ist, vorteilhafter als die Prädikatenlogik). Dies zeigt der folgende Satz.

Satz 3.11 *Das Erfüllbarkeitsproblem der temporalen Aussagenlogik*

Gegeben: *Ausdruck $u \in$ tausd der temporalen Aussagenlogik*
Frage: *Ist u erfüllbar?*

ist entscheidbar.

Beweis. Wir geben hier nur die Idee eines Beweises. Sie beruht im Wesentlichen darauf, dass die Existenz einer Zeitlinie (M, x) mit $w_x^M(u) = 1$ auch die Existenz einer Zeitlinie (M', x') mit $w_{x'}^{M'}(u) = 1$ nach sich zieht, wobei die Zustandsmenge von M' höchstens $2^{|u|}$ Elemente enthält. Außerdem erfordert die Berechnung von $w_{x'}^{M'}(u)$ nur die Betrachtung der ersten k Elemente von x', wobei k eine von $|u|$ abhängige Konstante ist. Damit sind zur Entscheidung der Erfüllbarkeit nur endlich viele Zeitlinien (M', x') zu testen. □

3.2.2 Dynamische Logik

Die Semantik einer temporalen Logik besteht darin, Zeitlinien (d. h. im Wesentlichen unendliche Folgen $x = (x(0), x(1), x(2), \ldots)$ über einer Menge von Zuständen oder Konfigurationen) zu betrachten. Jede solche Folge entspricht einer Abarbeitung eines Programms oder einem Lauf einer Turing-Maschine usw. Wir wollen nun die dynamische Logik betrachten, bei der nicht nur ein Lauf eines Programms oder einer Maschine, sondern das Verhalten der einzelnen Befehle und damit das Programm selbst bzw. die Turingmaschine selbst zur Basis der Semantik gemacht wird.

Die Einbeziehung von Programmen erfordert, dass wir bei der Definition der Syntax der dynamischen Aussagenlogik neben Ausdrücken auch Programme definieren müssen. Daher gehen wir nicht nur von einer Menge *var* von Variablen, sondern auch von einer Menge *anw* von Grundanweisungen, wie $x{+}{+}$, $z = x + y$ usw. aus.

Definition 3.12 *Die Menge dausd der Ausdrücke der dynamischen Aussagenlogik und die Menge P der Programme der dynamischen Aussagenlogik über der Menge var von Variablen, der Menge anw von Grundanweisungen und den Symbolen* (,), {, }, ⟨, ⟩, ¬, ∧, ∨, →, ↔, ∪, ;, *, ? *sind induktiv wie folgt definiert.*

1. *Jede Variable aus var ist ein Element von dausd.*
   Jede Anweisung aus anw ist ein Programm aus P.
2. *Sind A und B Ausdrücke aus dausd und p und q Programme aus P, so sind auch*

   $\{p; q\}$, $(p \cup q)$, p^* *und* $A?$ *Programme in P*

   und

   $\neg A$, $(A \wedge B)$, $(A \vee B)$, $(A \rightarrow B)$, $(A \leftrightarrow B)$ *und* $\langle p \rangle A$ *Ausdrücke in dausd.*
3. *Ein Wort gehört nur dann zu dausd oder P, wenn dies aufgrund endlich oftmaliger Anwendung von 1. und 2. der Fall ist.*

Intuitiv bedeuten

- $\{p; q\}$, dass zuerst p und dann q ausgeführt wird,
- $(p \cup q)$, dass eines der Programme nichtdeterministisch gewählt und dann ausgeführt wird,
- p^*, dass das Programm p t-mal hintereinander ausgeführt wird, wobei t eine beliebige natürlich Zahl aus $\mathbb{N}_0$ ist,
- $A?$ den Test, ob A wahr ist,
- $\langle p \rangle A$, dass der Ausdruck A nach Abarbeitung von p wahr wird, und
- $\neg A$ und $(A \circ B)$, $\circ \in \{\wedge, \vee, \rightarrow, \leftrightarrow\}$, die üblichen aussagenlogischen Verknüpfungen.

Damit wird das Programmstück

$$\texttt{while}\ (A)\ p$$

mit einer Bedingung A und einem Programm p durch

$$\{\{A?; p\}^*; \neg A?\}$$

beschrieben.

Wir geben nun eine formale Beschreibung der intuitiven Semantik. Dazu geben wir zuerst den Begriff des Kripke-Modells[7].

Definition 3.13 *Ein* Kripke-Modell *der dynamischen Logik ist ein Tripel* $M = (S, K, R)$, *wobei*

- S *eine beliebige Menge (von Zuständen) ist,*
- $K : var \rightarrow 2^S$ *eine Funktion ist, die jeder Variablen eine Menge von Zuständen zuordnet,*
- $R : anw \rightarrow 2^{S \times S}$ *eine Funktion ist, die jeder Anweisung eine binäre Relation über* S *zuordnet.*

Die Funktion K entspricht der Funktion K bei Zeitlinien in der temporalen Logik, d. h. $K(x)$ gibt die Zustände an, in denen die Variable x wahr wird, also mit dem Wert 1 belegt wird.

Wird im Zustand $s \in S$ die Anweisung $a \in anw$ ausgeführt, so wird ein Zustand s' mit $(s, s') \in R(a)$ erreicht. Folglich beschreibt $R(a)$ die Zustandsüberführungen, die durch a bewirkt werden.

Wir erweitern nun die Funktionen K und R von Variablen und Grundanweisungen auf beliebige Ausdrücke und Programme.

---

[7]benannt nach dem amerikanischen Philosophen und Logiker SAUL AARON KRIPKE (*1940)

Definition 3.14 *Es seien die Funktion K für A ∈ dausd und B ∈ dausd und die Funktion R für p ∈ P und q ∈ P definiert. Dann setzen wir*

$$\begin{aligned}
K(\neg A) &= S \setminus K(A), \\
K((A \vee B)) &= K(A) \cup K(B), \\
K((A \wedge B)) &= K(A) \cap K(B), \\
K((A \rightarrow B)) &= (S \setminus K(A)) \cup K(B), \\
K((A \leftrightarrow B)) &= ((S \setminus K(A)) \cup K(B)) \cap ((S \setminus K(B)) \cup K(A)), \\
K(\langle p \rangle A) &= \{s \mid (s, s') \in R(p), s' \in K(A)\}, \\
R(\{p; q\}) &= R(p) \circ R(q) = \{(s, s') \mid (s, s'') \in R(p), (s'', s') \in R(q)\}, \\
R((p \cup q)) &= R(p) \cup R(q), \\
R(p^*) &= \{(s, s) \mid s \in S\} \cup R(p) \cup (R(p) \circ R(p)) \cup (R(p) \circ R(p) \circ R(p)) \cup \cdots \\
&= \bigcup_{i \geq 0} R(p)^i \textit{ (transitiver und reflexiver Abschluss von } R(p)\textit{)}, \\
R(A?) &= \{(s, s) \mid s \in K(A)\}.
\end{aligned}$$

Dies entspricht den Intuitionen. Zum Beispiel wird $(A \vee B)$ in den Zuständen wahr, in denen A oder B wahr werden. Für die restlichen klassischen Operatoren ergeben sich die Ausdrücke durch Reduktion auf $\vee$ und $\neg$. Der Ausdruck $\langle p \rangle A$ wird im Zustand s wahr, wenn nach Ausführung von p ein Zustand s' erreicht wird, in dem A wahr wird. Das Programm $\{p; q\}$ überführt den Zustand s in s', falls es einen Zustand s'' gibt, in den s bei Ausführung von p überführt wird und der bei Abarbeitung von q in s' überführt wird. Bei Ausführung von $A?$ wird der Zustand s nicht geändert, aber der Zustand nach Abarbeitung des Testes ist nur definiert, falls A in s wahr ist, d. h. wenn A falsch ist, erfolgt ein Abbruch.

Als Beispiel betrachten wir

$$A = (\langle a \rangle x \wedge \langle a \rangle \neg x) \in \textit{dausd} \quad \text{und} \quad \{\{x?; a\}^*; \neg x?\} \in P$$

(man erinnere sich, dass das angegebene Programm die `while`-Schleife darstellt) und das Kripke-Modell (S, K, R) mit

$$S = \{r, s, t\}, \quad K(x) = \{r, s\} \quad \text{und} \quad R(a) = \{(r, s), (r, t), (s, t), (t, s)\}.$$

Dann ergibt sich zuerst $K(\langle a \rangle x) = \{r, t\}$, da $(r, s) \in R(a)$, $(t, s) \in R(a)$ und $s \in K(x)$ gelten und es in $R(a)$ kein Paar mit zweiter Komponente $r \in K(x)$ gibt. Weiterhin ist $K(\neg x) = S \setminus K(x) = \{t\}$ und damit $K(\langle a \rangle \neg x) = \{r, s\}$ wegen $(r, t) \in R(a)$ und $(s, t) \in R(a)$. Folglich ergibt sich

$$K((\langle a \rangle x \wedge \langle a \rangle \neg x)) = K(\langle a \rangle x) \cap K(\langle a \rangle \neg x) = \{r\}.$$

Wegen $K(x) = \{r, s\}$ haben wir

$$R(x?) = \{(r, r), (s, s)\} \quad \text{und} \quad R(\neg x?) = \{(t, t)\}.$$

Damit gelten

$$\begin{aligned} R(\{x?;a\}) &= \{(r,s),(r,t),(s,t)\}, \\ R(\{x?;a\}) \circ R(\{x?;a\}) &= \{(r,t)\}, \\ R(\{x?;a\}^j) &= \emptyset \text{ für } j \geq 3, \\ R(\{x?;a\}^*) &= \{(r,r),(s,s),(t,t),(r,s),(r,t),(s,t)\}, \\ R(\{\{x?;a\}^*;\neg x?\}) &= \{(t,t),(r,t),(s,t)\}. \end{aligned}$$

Definition 3.15

i) Zwei Ausdrücke A und B aus dausd heißen semantisch äquivalent *in der dynamischen Aussagenlogik, wenn $K(A) = K(B)$ für alle Kripke-Modelle (S, K, R) gilt.*

ii) Ein Ausdruck $A \in$ dausd der dynamischen Aussagenlogik heißt erfüllbar, *wenn es ein Kripke-Modell (S, K, R) mit $K(A) \neq \emptyset$ gibt.*

Wir schreiben $A \equiv_d B$, wenn die Ausdrücke A und B der dynamischen Aussagenlogik semantisch äquivalent sind.

Satz 3.16 *Für beliebige Ausdrücke A und B aus dausd und beliebige Programme p und q gelten die folgenden semantischen Äquivalenzen:*

i) $\langle p\rangle(A \vee B) \equiv_d (\langle p\rangle A \vee \langle p\rangle B)$,

ii) $\langle(p \cup q)\rangle A \equiv_d (\langle p\rangle A \vee \langle q\rangle A)$,

iii) $\langle\{p;q\}\rangle A \equiv_d \langle p\rangle\langle q\rangle A$,

iv) $\langle A?\rangle B \equiv_d (A \wedge B)$.

Beweis. i) Es gelten folgende Gleichheiten:

$$\begin{aligned} K(\langle p\rangle(A \vee B)) &= \{s \mid (s,s') \in R(p),\ s' \in K((A \vee B))\} \\ &= \{s \mid (s,s') \in R(p),\ s' \in K(A) \cup K(B)\} \\ &= \{s \mid (s,s') \in R(p),\ s' \in K(A)\} \cup \{s \mid (s,s') \in R(p),\ s' \in K(B)\} \\ &= K(\langle p\rangle A) \cup K(\langle p\rangle B) \\ &= K((\langle p\rangle A \vee \langle p\rangle B)). \end{aligned}$$

ii) Es gelten folgende Gleichheiten:

$$\begin{aligned} K(\langle(p \cup q)\rangle A) &= \{s \mid (s,s') \in R((p \cup q)),\ s' \in K(A)\} \\ &= \{s \mid (s,s') \in R(p) \cup R(q),\ s' \in K(A)\} \\ &= \{s \mid (s,s') \in R(p),\ s' \in K(A)\} \cup \{s \mid (s,s') \in R(q),\ s' \in K(A)\} \\ &= K(\langle p\rangle A) \cup K(\langle p\rangle B) \\ &= K((\langle p\rangle A \vee \langle p\rangle B)). \end{aligned}$$

iii) Es gelten folgende Gleichheiten:

$$\begin{aligned} K(\langle\{p;q\}\rangle A) &= \{s \mid (s,s') \in R(\{p;q\}),\ s' \in K(A)\} \\ &= \{s \mid (s,s'') \in R(p),\ (s'',s') \in R(q),\ s' \in K(A)\} \\ &= \{s \mid (s,s'') \in R(p),\ s'' \in K(\langle q\rangle A)\} \\ &= \{s \mid s \in K(\langle p\rangle\langle q\rangle A)\} \\ &= K(\langle p\rangle\langle q\rangle A). \end{aligned}$$

iv) Zuerst einmal gilt

$$K(\langle A?\rangle B) = \{s \mid (s,s') \in R(A?),\ s' \in K(B)\}.$$

Da $R(A?)$ nur aus den Paaren (s,s) mit $s \in K(A)$ besteht, muss auch $s = s'$ gelten, woraus

$$\begin{aligned} K(\langle A?\rangle B) &= \{s \mid (s,s) \in R(A?),\ s \in K(A),\ s \in K(B)\} \\ &= K((A \wedge B)) \end{aligned}$$

folgt. □

Auch für die dynamische Logik ergibt sich hinsichtlich der Erfüllbarkeit ein positives Entscheidbarkeitsresultat.

Satz 3.17 *Das Erfüllbarkeitsproblem der dynamischen Aussagenlogik*

Gegeben:	*Ausdruck $A \in$ dausd der dynamischen Aussagenlogik*
Frage:	*Ist A erfüllbar?*

ist entscheidbar.

Beweis. Wir geben hier nur die Idee eines Beweises. Sie beruht erneut im Wesentlichen darauf, dass die Existenz eines Kripke-Modells (S,K,R) mit $K(A) \neq \emptyset$ auch die Existenz eines Kripke-Modells (S',K',R') mit $K'(A) \neq \emptyset$ nach sich zieht, wobei S' höchstens $2^{|A|}$ Elemente enthält. Damit sind zum Testen der Erfüllbarkeit nur endlich viele Kripke-Modelle zu testen. □

3.2.3 Modale Logik

In der temporalen Logik haben wir das Verhalten der Wahrheitswerte von Aussagen bei einer zeitlichen Änderung von Situationen (Zuständen, Konfigurationen, usw.) untersucht. Natürlich kann die Änderung von Situationen nicht nur durch die Zeit hervorgerufen werden; eine andere Ursache könnten räumliche Veränderungen sein. In der modalen Logik betrachten wir nun den allgemeinen Fall, dass verschiedene Situationen eintreten können und der Wahrheitswert der Aussage von der Situation abhängig ist.

Damit lassen sich dann auch Aussagen wie

Das nächste Haus ist weniger als 100 m von mir entfernt.

behandeln. Dieser Satz ist keine Aussage, da ihm kein eindeutiger Wahrheitswert unabhängig vom Standort (d. h. von der Situation, in der sich die Person befindet) zugewiesen werden kann. Der Wahrheitswert ist aber nicht nur vom Standort sondern auch vom Zeitpunkt abhängig (wo in einer Neubausiedlung heute Häuser stehen, standen vor 100 Jahren meist noch keine Häuser).

Darüber hinaus gibt es Aussagen, die in allen zur Diskussion stehenden Situationen wahr sind, und Aussagen, die in mindestens einer Situation wahr werden. Hierdurch ist eine Analogie zum All- und zum Existenzquantor der Prädikatenlogik gegeben. (Natürlich gibt es auch Aussagen, die in keiner Situation wahr werden, aber dafür gibt es keine Entsprechung in der Prädikatenlogik.) Im Rahmen der modalen Logik wird dieser Sachverhalt dadurch beschrieben, dass eine Aussage *notwendigerweise* oder *möglicherweise* wahr wird. Hierbei werden aber nicht alle Situationen betrachtet, sondern ausgehend von einer Situation nur diejenigen, die von der Ausgangssituation aus erreichbar sind, d. h. mit der Ausgangssituation in einer Beziehung stehen.

Wir definieren nun die Ausdrücke der modalen Logik.

Definition 3.18 *Die Menge mausd der modalen aussagenlogischen Ausdrücke wird induktiv als Menge von Wörtern über einer Menge von Variablen aus var und den Symbolen* (,), $\neg$, $\wedge$, $\vee$, $\rightarrow$, $\leftrightarrow$, $\Diamond$, $\Box$ *wie folgt definiert:*

1. *Jede Variable* $p \in var$ *gehört zu mausd.*

2. *Sind* A *und* B *Wörter aus mausd, so gehören auch die Wörter*

$$\neg A,\ (A \wedge B),\ (A \vee B),\ (A \rightarrow B),\ (A \leftrightarrow B),\ \Diamond A,\ \Box A$$

   zu mausd.

3. *Ein Wort gehört nur dann zu mausd, wenn dies aufgrund endlich oftmaliger Anwendung von 1. und 2. der Fall ist.*

Dabei wird $\Diamond w$ als *möglicherweise* w und $\Box w$ als *notwendigerweise* w gelesen bzw. gesprochen. Offensichtlich gilt stets $ausd \subseteq mausd$.

Entsprechend dieser Definition sind

$$A = \Box((p \rightarrow q) \wedge q) \quad \text{und} \quad B = \Diamond((p \leftrightarrow q) \vee p) \tag{3.2}$$

Ausdrücke der modalen Logik in den Variablen p und q.

Um die Semantik der modalen Ausdrücke festzulegen, ist es notwendig, zuerst Situationen und die Beziehungen zwischen Situationen zu beschreiben und dann den Wahrheitswert eines Ausdrucks in einer Situation festzulegen.

Unter einem *Rahmen* $\mathcal{R}$ verstehen wir einen (gerichteten) Graphen $\mathcal{R} = (S, R)$ (siehe Abschnitt A.1). Die Elemente der Menge S nennen wir *Situationen* (manchmal werden die Elemente aus S auch Welten genannt). Durch R werden die Beziehungen zwischen den Situationen aus S beschrieben. Falls $(s,t) \in R$, so nennen wir die Situation t von s aus *erreichbar*.

Definition 3.19 *Es seien eine Menge var von Variablen und ein Rahmen* $\mathcal{R} = (S, R)$ *gegeben. Eine Belegung* α *der Variablen aus var ist eine Funktion* $\alpha : S \times var \rightarrow \{0,1\}$, *die jeder Situation und jeder Variablen einen Wahrheitswert aus* $\{0,1\}$ *zuordnet.*

Es sei $\mathcal{R} = (S, R)$ ein Rahmen. Für eine Belegung α und eine Situation $s \in S$ definieren wir die Belegung α_s bez. s als Funktion $\alpha_s : var \rightarrow \{0,1\}$ vermöge der Setzung $\alpha_s(p) = \alpha(s,p)$ für $p \in var$. Offenbar bestimmt eine Belegung α eindeutig die zugehörigen Funktionen α_s mit $s \in S$, und umgekehrt ist durch die Funktionen α_s mit $s \in S$ auch eindeutig eine Belegung α gegeben.

Definition 3.20 *Es seien ein Rahmen $\mathcal{R} = (S, R)$ und eine Belegung α gegeben. Den Wert $w_\alpha^{\mathcal{R},s}(A)$ eines Ausdrucks $A \in mausd$ bez. eines Rahmens $\mathcal{R} = (S, R)$, einer Belegung α und einer Situation $s \in S$ definieren wir induktiv durch folgende Setzungen:*
- *$w_\alpha^{\mathcal{R},s}(p) = \alpha_s(p)$ für eine Variable $p \in var$.*
- *$w_\alpha^{\mathcal{R},s}(\neg A) = 0$ gilt genau dann, wenn $w_\alpha^{\mathcal{R},s}(A) = 1$ ist.*
- *$w_\alpha^{\mathcal{R},s}((A \wedge B)) = 1$ gilt genau dann, wenn $w_\alpha^{\mathcal{R},s}(A) = w_\alpha^{\mathcal{R},s}(B) = 1$ erfüllt ist.*
- *$w_\alpha^{\mathcal{R},s}((A \vee B)) = 0$ gilt genau dann, wenn $w_\alpha^{\mathcal{R},s}(A) = w_\alpha^{\mathcal{R},s}(B) = 0$ erfüllt ist.*
- *$w_\alpha^{\mathcal{R},s}((A \to B)) = 0$ gilt genau dann, wenn $w_\alpha^{\mathcal{R},s}(A) = 1$ und $w_\alpha^{\mathcal{R},s}(B) = 0$ erfüllt sind.*
- *$w_\alpha^{\mathcal{R},s}((A \leftrightarrow B)) = 1$ gilt genau dann, wenn $w_\alpha^{\mathcal{R},s}(A) = w_\alpha^{\mathcal{R},s}(B)$ erfüllt ist.*
- *$w_\alpha^{\mathcal{R},s}(\Diamond A) = 1$ gilt genau dann, wenn es ein $r \in S$ mit $(s, r) \in R$ so gibt, dass $w_\alpha^{\mathcal{R},r}(A) = 1$ ist.*
- *$w_\alpha^{\mathcal{R},s}(\Box A) = 1$ gilt genau dann, wenn für alle $r \in S$ mit $(s, r) \in R$ die Beziehung $w_\alpha^{\mathcal{R},r}(A) = 1$ erfüllt ist.*

Wir betrachten als Beispiel den Rahmen $\mathcal{R} = (\{r, s, t\}, R)$, der in Abbildung 3.3 angegeben ist, die Ausdrücke A und B aus (3.2) und die Belegung α mit

$$\alpha_r : var \to \{0,1\} \text{ mit } \alpha_r(p) = 0 \text{ und } \alpha_r(q) = 1,$$
$$\alpha_s : var \to \{0,1\} \text{ mit } \alpha_s(p) = 1 \text{ und } \alpha_s(q) = 1,$$
$$\alpha_t : var \to \{0,1\} \text{ mit } \alpha_t(p) = 0 \text{ und } \alpha_t(q) = 0.$$

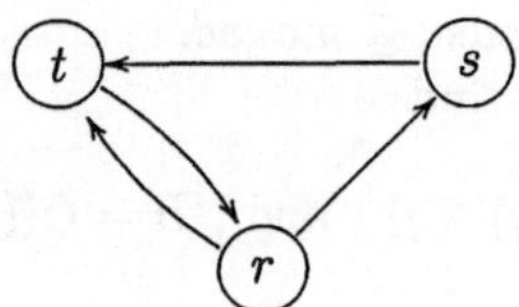

Abbildung 3.3: Rahmen $\mathcal{R} = (\{r, s, t\}, R)$

Dann erhalten wir (wie in der Aussagenlogik) mit

$$A' = ((p \to q) \wedge q) \quad \text{und} \quad B' = ((p \leftrightarrow q) \vee p)$$

die Werte

$$w_\alpha^{\mathcal{R},r}(A') = 1,\ w_\alpha^{\mathcal{R},s}(A') = 1,\ w_\alpha^{\mathcal{R},t}(A') = 0$$

und

$$w_\alpha^{\mathcal{R},r}(B') = 0,\ w_\alpha^{\mathcal{R},s}(B') = 1,\ w_\alpha^{\mathcal{R},t}(B') = 0.$$

Unter Beachtung von $A = \Box A'$ und $B = \Diamond B'$ sowie der Tatsache, dass von r aus sowohl s als auch t erreichbar sind, ergeben sich die Werte

$$w_\alpha^{\mathcal{R},r}(A) = 0 \quad \text{und} \quad w_\alpha^{\mathcal{R},r}(B) = 1.$$

Analog erhalten wir für die Situation t, von der aus nur r erreichbar ist, und für s, von der aus nur t erreichbar ist,

$$w_\alpha^{\mathcal{R},t}(A) = 1,\ w_\alpha^{\mathcal{R},t}(B) = 0 \quad \text{und} \quad w_\alpha^{\mathcal{R},s}(A) = 0,\ w_\alpha^{\mathcal{R},s}(B) = 0.$$

Definition 3.21

i) Zwei Ausdrücke A und B aus mausd heißen semantisch äquivalent, wenn für jeden Rahmen $\mathcal{R} = (S, R)$*, jede Belegung* α *und jede Situation* $s \in S$ *die Beziehung* $w_\alpha^{\mathcal{R},s}(A) = w_\alpha^{\mathcal{R},s}(B)$ *gilt.*

ii) Ein Ausdruck A aus mausd heißt Tautologie, wenn für jeden Rahmen $\mathcal{R} = (S, R)$*, jede Belegung* α *und jede Situation* $s \in S$ *die Beziehung* $w_\alpha^{\mathcal{R},s}(A) = 1$ *erfüllt ist.*

Offensichtlich gilt wie schon in den anderen Logiken auch in der Modallogik, dass A und B aus *mausd* genau dann semantisch äquivalent sind, wenn $(A \leftrightarrow B)$ eine Tautologie ist.

Wir zeigen nun einige Tautologien der modalen Logik an. Dabei beschränken wir uns auf solche, die typisch für die Modallogik sind. Selbstverständlich übertragen sich die Tautologien und semantischen Äquivalenzen aus der Aussagenlogik auch auf die modale Logik.

Satz 3.22

i) Für modallogische Ausdrücke A und B aus mausd sind die folgenden Ausdrücke Tautologien:

(a) $(\Diamond A \leftrightarrow \neg\Box\neg A)$,
(b) $(\Box A \leftrightarrow \neg\Diamond\neg A)$,
(c) $(\Box(A \wedge B) \leftrightarrow (\Box A \wedge \Box B))$,
(d) $(\Diamond(A \vee B) \leftrightarrow (\Diamond A \vee \Diamond B))$,
(e) $(\Box(A \to B) \to (\Box A \to \Box B))$.

ii) Wenn A eine modallogische Tautologie ist, so ist auch $\Box A$ *eine modallogische Tautologie.*

Beweis. i) Wir weisen nur (a), (c) und (e) nach. Die Beweise für die anderen Aussagen können analog geführt werden.

(a) Es gelten die folgenden Beziehungen

$$\begin{aligned} w_\alpha^{\mathcal{R},s}(\neg\Box\neg A) = 1 \quad & \text{genau dann, wenn} \quad w_\alpha^{\mathcal{R},s}(\Box\neg A) = 0 \\ & \text{genau dann, wenn} \quad \text{es gibt ein } r \in S \text{ mit } (s,r) \in R \text{ und } w_\alpha^{\mathcal{R},r}(\neg A) = 0 \\ & \text{genau dann, wenn} \quad \text{es gibt ein } r \in S \text{ mit } (s,r) \in R \text{ und } w_\alpha^{\mathcal{R},r}(A) = 1 \\ & \text{genau dann, wenn} \quad w_\alpha^{\mathcal{R},s}(\Diamond A) = 1. \end{aligned}$$

(c) Es gelten die folgenden Beziehungen

$$\begin{aligned} w_\alpha^{\mathcal{R},s}(\Box(A \wedge B)) = 1 \quad & \text{genau dann, wenn} \quad w_\alpha^{\mathcal{R},r}((A \wedge B)) = 1 \text{ für alle } r \in S \text{ mit } (s,r) \in R \\ & \text{genau dann, wenn} \quad w_\alpha^{\mathcal{R},r}(A) = 1 \text{ für alle } r \in S \text{ mit } (s,r) \in R \\ & \qquad\qquad \text{und } w_\alpha^{\mathcal{R},r}(B) = 1 \text{ für alle } r \in S \text{ mit } (s,r) \in R \\ & \text{genau dann, wenn} \quad w_\alpha^{\mathcal{R},s}(\Box A) = 1 \text{ und } w_\alpha^{\mathcal{R},s}(\Box B) = 1 \\ & \text{genau dann, wenn} \quad w_\alpha^{\mathcal{R},s}((\Box A \wedge \Box B)) = 1. \end{aligned}$$

(e) Es sei $w_\alpha^{\mathcal{R},s}(\Box(A \to B)) = 1$. Das bedeutet, dass

$$w_\alpha^{\mathcal{R},r}((A \to B)) = 1 \text{ für alle } r \in S \text{ mit } (s,r) \in R \tag{3.3}$$

gilt. Wir haben zu zeigen, dass auch $w_\alpha^{\mathcal{R},s}((\Box A \to \Box B)) = 1$ gültig ist. Falls $w_\alpha^{\mathcal{R},s}(\Box A) = 0$ ist, so gilt auch $w_\alpha^{\mathcal{R},s}((\Box A \to \Box B)) = 1$. Es sei deshalb nun $w_\alpha^{\mathcal{R},s}(\Box A) = 1$. Dann gilt $w_\alpha^{\mathcal{R},r}(A) = 1$ für alle $r \in S$ mit $(s,r) \in R$. Wegen (3.3) ergibt sich damit auch $w_\alpha^{\mathcal{R},r}(B) = 1$ für alle $r \in S$ mit $(s,r) \in R$. Hieraus folgt $w_\alpha^{\mathcal{R},s}(\Box B) = 1$. Damit haben wir auch $w_\alpha^{\mathcal{R},s}((\Box A \to \Box B)) = 1$.

ii) Es sei A eine Tautologie. Dann gilt $w_\alpha^{\mathcal{R},r}(A) = 1$ für jeden Rahmen $\mathcal{R} = (S,R)$, jede Belegung α und jede Situation $r \in S$. Insbesondere gilt $w_\alpha^{\mathcal{R},r}(A) = 1$ damit für alle Rahmen $\mathcal{R} = (S,R)$, alle Belegungen α und alle Situationen r mit $(s,r) \in R$. Damit gilt $w_\alpha^{\mathcal{R},s}(\Box A) = 1$ für jeden Rahmen $\mathcal{R}$, jede Belegung α und jede Situation $s \in S$. Somit ist $\Box A$ eine Tautologie. □

Der Beweis des folgenden Satzes basiert – wie schon in den beiden zuvor behandelten Logiken – darauf, dass man zeigt, dass Erfüllbarkeit in einem Rahmen die Erfüllbarkeit in einem Rahmen (S,R) mit einer endlichen Menge S nach sich zieht, wobei die Anzahl der Elemente von S aus der Länge des Ausdrucks berechnet werden kann.

Satz 3.23 *Es gibt einen Algorithmus, der entscheidet, ob ein gegebener modallogischer Ausdruck erfüllbar ist oder nicht.* □

Abschließend wollen wir noch einen speziellen Rahmen

$$\mathcal{Z} = (\{s_0, s_1, s_2, \ldots\}, \{(s_i, s_j) \mid i \leq j\})$$

diskutieren. Wir interpretieren die Situation s_i, $i \in \mathbb{N}_0$, als Situation zum Zeitpunkt i, d. h. wir stellen uns eine zeitliche Abfolge von Situationen (zu diskreten Zeitmomenten) vor. Dann bedeutet $w_\alpha^{R,s_0}(\Box A) = 1$ nichts anderes als $w_\alpha^{R,s_i}(A) = 1$ für alle $i \in \mathbb{N}_0$, d. h. zu allen Zeitpunkten ist A bei der Belegung α eine wahre Aussage. Damit entspricht der Operator $\Box$ in der Situation s_0, d. h. dem Zeitpunkt 0, genau dem Operator G der temporalen Logik. Es ist sehr einfach zu sehen, dass der Operator $\Diamond$ seine Entsprechung im Operator F der temporalen Logik hat. Analog lassen sich auch Entsprechungen für die anderen Operatoren der temporalen Logik finden. Die temporale Logik kann daher als Modallogik mit einem festen Rahmen aufgefasst werden.

Übungsaufgaben

1. Geben Sie die Wahrheitstafel für $(A \leftrightarrow B)$ in der dreiwertigen Logik an.
2. Bestimmen Sie in der dreiwertigen Logik den Wert der folgenden Ausdrücke für die Belegungen
   - α mit $\alpha(p) = \alpha(q) = 1$ und $\alpha(r) = \alpha(s) = \times$ sowie
   - β mit $\beta(p) = \beta(q) = \times$, $\beta(r) = 1$ und $\beta(s) = 0$.

   (a) $(((p \to q) \to r) \to s)$,
   (b) $(((s \to r) \to q) \to p)$,
   (c) $(((p \vee \neg q) \wedge (\neg r \leftrightarrow \neg s)) \to \neg p)$.

3. Bestimmen Sie die Werte von $(A \rightarrow B)$ und $(A \leftrightarrow B)$, wenn der dritte Wahrheitswert als $\frac{1}{2}$ interpretiert wird.

4. Offensichtlich induziert jeder aussagenlogische Ausdruck A mit n Variablen eine Funktion $f_A : \{0, 1, \times\}^n \rightarrow \{0, 1, \times\}$.

   (a) Bestimmen Sie alle einstelligen Funktionen, die von Ausdrücken induziert werden.
   (b) Zeigen Sie, dass es für jedes $n \geq 1$ eine Funktion $f : \{0, 1, \times\}^n \rightarrow \{0, 1, \times\}$ gibt, die nicht von einem Ausdruck induziert werden kann.

5. Bestimmen Sie in der Fuzzy-Logik den Wert der folgenden Ausdrücke für die Belegungen

   - α mit $\alpha(p) = 0.80$, $\alpha(q) = 1$, $\alpha(r) = 0.20$ und $\alpha(s) = \times$ sowie
   - β mit $\beta(p) = \beta(q) = 0.50$, $\beta(r) = 0.30$ und $\beta(s) = 0.70$.

   (a) $(((p \rightarrow q) \rightarrow r) \rightarrow s)$,
   (b) $(((s \rightarrow r) \rightarrow q) \rightarrow p)$,
   (c) $(((p \vee \neg q) \wedge (\neg r \leftrightarrow \neg s)) \rightarrow \neg p)$.

6. Zwei Ausdrücke A und B der Fuzzy-Logik heißen semantisch äquivalent, wenn für jede Belegung α die Gleichheit $w_\alpha(A) = w_\alpha(B)$ gilt. Untersuchen Sie, ob die folgenden Ausdrücke der Fuzzy-Logik semantisch äquivalent sind.

   (a) $(p \rightarrow q)$ und $(\neg p \vee q)$,
   (b) $(p \leftrightarrow q)$ und $((p \rightarrow q) \wedge (q \rightarrow p))$.

7. Bestimmen Sie für die Zeitlinien (M_1, x_1), (M_2, x_2) und (M_3, x_3) aus Beispiel 3.5 die Werte der folgenden Ausdrücke

   (a) $(Fp \wedge (q \, U \, p))$,
   (b) $(G^\infty p \rightarrow (Fp \leftrightarrow Gq))$.

8. Beweisen Sie die semantischen Äquivalenzen aus Satz 3.7 iii), iv) und v).

9. Beweisen Sie die semantischen Äquivalenzen aus Satz 3.9 iii), iv) für $H = F$, v) für $H = G$, vi), vii) und ix).

10. Beweisen Sie die semantischen Äquivalenzen aus Satz 3.10 i), iv) und v).

11. Geben Sie eine Beschreibung des Programmstücks `if` (A) p `else` q in der Notation der dynamischen Logik.

12. Berechnen Sie für das Kripke-Modell (S, K, R) mit

$$S = \{r, s, t\}, \;\; K(x) = \{r, s\}, \;\; K(y) = \{s, t\}, \;\; R(a) = \{(t, s), (s, r)\}$$

   die Mengen $K(\langle\{a; a\}\rangle(x \wedge y))$ und $R(\{\{(x \wedge y)?; a\}; a\})$.

13. Beweisen Sie die semantische Äquivalenz $\langle p\rangle(A \wedge B) \equiv_d (\langle p\rangle A \wedge \langle p\rangle B)$.

14. Gegeben seien der Rahmen $\mathcal{R}$ durch den Graphen

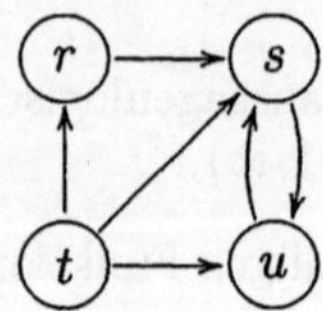

und die Belegung α durch

$$\alpha_r(p) = 1,\ \alpha_r(q) = 0, \qquad \alpha_s(p) = 0,\ \alpha_s(q) = 1,$$
$$\alpha_t(p) = 1,\ \alpha_t(q) = 1, \qquad \alpha_u(p) = 0,\ \alpha_u(q) = 0.$$

Berechnen Sie

(a) $w_\alpha^{\mathcal{R},x}(\Diamond(\neg p \wedge q))$ für $x \in \{r, u\}$,

(b) $w_\alpha^{\mathcal{R},y}(\Box(\neg p \rightarrow \neg q))$ für $y \in \{t, u\}$.

15. Zeigen Sie, dass aus der Erfüllbarkeit von A nicht die Erfüllbarkeit von $\Diamond A$ folgt.

16. Beweisen Sie die Aussagen (b) und (d) aus Satz 3.22.

Anhang A

Grundlagen

In diesem Teil des Anhangs behandeln wir nur einige Begriffe und Grundkenntnisse aus der Mathematik und der Theoretischen Informatik, die zum Verständnis der vorhergehenden Kapitel nützlich sind. Dabei verzichten wir auf eine ausführliche Darstellung und auf aufwändige Beweise. Für detaillierte Informationen sei auf die Lehrbücher [Den03], [Lau04], [Gue92], [Sed90], [Hro01], [Sch92], [Wag03] und [Weg99] verwiesen.

A.1 Mengen, Relationen, Graphen

Mit $\mathbb{N}_0$ bzw. $\mathbb{N}$ bezeichnen wir die Menge aller natürlichen Zahlen (einschließlich der Zahl 0) bzw. aller positiven natürlichen Zahlen. Damit gelten

$$\mathbb{N}_0 = \{0, 1, 2, 3, \ldots\} \quad \text{und} \quad \mathbb{N} = \{1, 2, 3, \ldots\}.$$

Die Anzahl der Elemente einer endlichen Menge M bezeichnen wir mit $\#(M)$.

Das *kartesische Produkt* $X_1 \times X_2 \times \cdots \times X_n$ der Mengen $X_1, X_2, \ldots, X_n$ besteht aus allen n-Tupeln, in deren i-ter Koordinate ein Element aus X_i steht, d. h.

$$X_1 \times X_2 \times \cdots \times X_n = \{(x_1, x_2, \ldots, x_n) \mid x_i \in X_i \text{ für } 1 \leq i \leq n\}.$$

Die Elemente von $X_1 \times X_2$ nennen wir Paare. Falls $X_i = X$ für $1 \leq i \leq n$ gilt, so schreiben wir kurz X^n anstelle von $\underbrace{X \times X \times \cdots \times X}_{n\text{-mal}}$.

Eine *n-stellige Relation* ist eine Teilmenge eines kartesischen Produkts von n Mengen. Falls $n = 2$ ist, sprechen wir auch von binären Relationen. Bei binären Relationen wird häufig auch xRy anstelle von $(x, y) \in R$ geschrieben. Eine binäre Relation $R \subseteq X \times X$ heißt

- *reflexiv*, falls $(x, x) \in R$ für alle $x \in X$ gilt,
- *irreflexiv*, falls $(x, x) \notin R$ für alle $x \in X$ gilt,
- *symmetrisch*, falls für alle $x, y \in X$ mit $(x, y) \in R$ auch $(y, x) \in R$ gilt,
- *antisymmetrisch*, falls für alle $x, y \in X$ aus $(x, y) \in R$ und $(y, x) \in R$ die Gleichheit von x und y folgt,
- *transitiv*, falls für alle $x, y, z \in X$ aus $(x, y) \in R$ und $(y, z) \in R$ die Beziehung $(x, z) \in R$ folgt,

- *Äquivalenzrelation*, falls R reflexiv, symmetrisch und transitiv ist,
- *Ordnung*, falls R irreflexiv, transitiv und antisymmetrisch ist und für je zwei Elemente $x, y \in X$ entweder $(x, y) \in R$ oder $(y, x) \in R$ gilt.

Eine *Funktion* F aus X in Y ist eine Teilmenge von $X \times Y$, bei der für jedes $x \in X$ höchstens ein $y \in Y$ mit $(x, y) \in F$ existiert. Wir definieren den

- *Definitionsbereich* von F als die Menge aller $x \in X$, für die es ein $y \in Y$ mit $(x, y) \in F$ gibt,
- *Wertevorrat* von F als die Menge aller $y \in Y$, für die es ein $x \in X$ mit $(x, y) \in F$ gibt.

Wir nennen F eine Funktion *von* X in Y, falls der Definitionsbereich von F mit X übereinstimmt; und F ist eine Funktion aus X *auf* Y, falls der Wertevorrat von F mit Y übereinstimmt. Eine Funktion F aus X in Y heißt *eineindeutig*, falls es zu jedem $y \in Y$ höchstens ein $x \in X$ mit $(x, y) \in F$ gibt.

Intuitiv soll bei einer Funktion den Elementen aus X (genauer, aus dem Definitionsbereich von F) ein Element aus Y zugeordnet werden. Deshalb vereinbaren wir, anstelle von $F \subseteq X \times Y$ auch $F : X \to Y$ zu schreiben.

Unter einer n-stelligen Funktion F über X verstehen wir eine Funktion $F : X^n \to X$. Falls eine n-stellige Funktion eine Funktion von X^n in X ist, so sprechen wir auch von einer n-stelligen *Operation*.

Eine Menge M heißt *abzählbar*, wenn es eine eineindeutige Funktion von $\mathbb{N}_0$ oder einer endlichen Teilmenge von $\mathbb{N}_0$ auf M gibt.

Eine *algebraische Struktur* mit n Operationen ist ein $(n+1)$-Tupel $(M, o_1, o_2, \ldots, o_n)$, wobei

- M eine nichtleere Menge ist, und
- für jedes i, $1 \leq i \leq n$, o_i eine Operation über M ist.

Eine algebraische Struktur $(M, \circ)$ mit einer zweistelligen Operation $\circ$ heißt *Gruppe*, falls die folgenden Bedingungen erfüllt sind:

- es gilt das Assoziativgesetz, d. h. für alle $x, y, z \in M$ gilt $x \circ (y \circ z) = (x \circ y) \circ z$,
- es gibt ein neutrales Element $e \in M$, so dass $e \circ x = x \circ e = x$ für alle $x \in M$ erfüllt ist,
- zu jedem $x \in M$ gibt es ein $x^{-1} \in M$ mit $x \circ x^{-1} = x^{-1} \circ x = e$.

Ein (gerichteter) *Graph* ist ein Paar $G = (V, E)$, wobei E eine Teilmenge von $V \times V$ ist. Die Elemente von V heißen Knoten und die von E Kanten des Graphen. Zur Darstellung eines Graphen repräsentieren wir die Knoten durch Punkte (Kreise), und eine Kante $\{x, y\}$ wird durch eine Pfeil zwischen den Punkten veranschaulicht. Eine Darstellung des Graphen

$$G = (\{1,2,3,4,5,6,7\}, \{\{1,2\}, \{1,4\}, \{1,5\}, \{2,3\}, \{4,5\}, \{4,6\}, \{5,7\}, \{6,7\}\})$$

ist in Abbildung A.1 angegeben.

In vielen Fällen, bei denen Graphen zur Beschreibung des Sachverhalts benutzt werden, ist es wichtig, eine Prozedur zu haben, die ausgehend von einem Knoten entlang

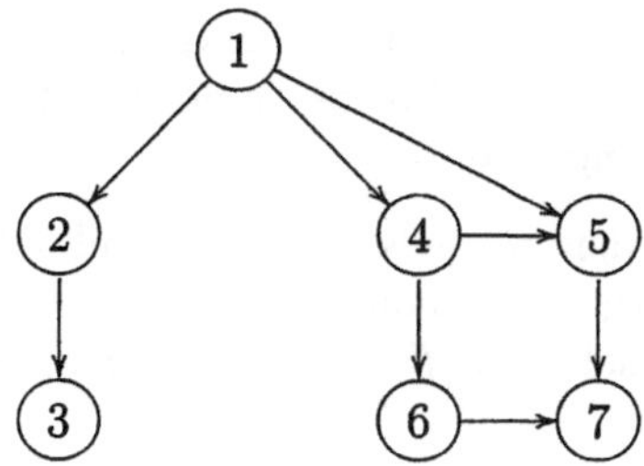

Abbildung A.1: Darstellung des Graphen G

der Kanten alle Knoten „besucht“ (und markiert). Es geht also darum, den Graphen vollständig zu durchlaufen. Wir wollen hier zwei Methoden dafür in Erinnerung rufen.

Das erste Verfahren zum Durchlauf eines Graphen ist die *Tiefensuche*. Der Name kommt daher, dass wir uns – solange wie möglich – entlang Kanten bewegen, die uns vom Ausgangsknoten entfernen, also in die Tiefe gehen. Bei einem Baum und Anfang in der Wurzel würden wir also mit jeder Kante die Tiefe erhöhen. Es sei *tiefensuche*(G, v) ein Algorithmus, der zu einem gegebenen Graphen $G = (V, E)$ und einem Knoten $v \in V$ die Markierung aller Knoten von G vornimmt, wobei mit v angefangen wird, und bei dem wie folgt vorgegangen wird:

1. Markiere v.
2. Für jeden Knoten w mit $(v, w) \in E$, der noch nicht markiert ist,
   führe *tiefensuche*(G, w) aus.

Als Beispiel betrachten wir *tiefensuche*$(G, 1)$ für den Graphen G (aus Abbildung A.1). Gehen wir bei den rekursiven Aufrufen bei der Auswahl der mit einem Knoten verbundenen Knoten immer entsprechend der Ordnung der natürlichen Zahlen vor, so werden die Knoten in der Reihenfolge

$$1,\ 2,\ 3,\ 4,\ 6,\ 7,\ 5$$

durchlaufen und markiert.

Die Anzahl der „Programmschritte“ für die Tiefensuche zur Markierung aller Knoten eines zusammenhängenden endlichen Graphen $G = (V, E)$ beträgt höchstens $k \cdot (\#(V) + \#(E))$, wobei k eine Konstante ist. Dies folgt daraus, dass während der Abarbeitung des Algorithmus jeder Knoten einmal markiert wird und dass jede Kante von jedem Endpunkt aus einmal betrachtet wird.

Neben der Tiefensuche gibt es noch ein weiteres Verfahren zum Durchlaufen eines Graphen, bei dem man die Knoten entsprechend ihrem Abstand zu einem festen Knoten durchläuft (d. h. zuerst den Knoten, dann die, die mit dem Knoten durch eine Kante verbunden sind, dann die, die mit dem Knoten durch einen Weg der Länge 2 verbunden sind, usw.). Dies Verfahren heißt Breitensuche.

Für den Algorithmus *breitensuche*(G, v), der alle Knoten des Graphen G markiert, wobei mit v begonnen wird, wird eine Schlange benutzt, die der Reihe nach die markierten Knoten aufnimmt. Folgende Schritte sind bei *breitensuche*(G, v) vorzunehmen:

1. Markiere v und füge v in die Schlange ein.
2. Solange die Schlange nicht leer ist, führe folgendes aus:

(a) Entnimm der Schlange ihr erstes Element (dieses sei w).
(b) Für alle Kanten $(w,x) \in E$, bei denen x noch nicht markiert ist, markiere x und füge x in die Schlange ein.

Auch bei der Breitensuche werden mit jedem Knoten und jeder Kante jeweils nur eine endliche Anzahl von Schritten ausgeführt. Folglich ergibt sich auch für die Breitensuche, dass die Anzahl der „Schritte" höchstens $k'(\#(V)+\#(E))$ mit einer passenden Konstanten k' ist.

Für den Graphen G aus Abbildung A.1 werden die Knoten in der folgenden Reihenfolge markiert und in die Schlange gegeben:

$$1,\ 2,\ 4,\ 5,\ 3,\ 6,\ 7.$$

A.2 Wörter über einer Menge

In diesem Abschnitt geben wir einige Grundbegriffe zu Wörtern über Mengen. Im Folgenden sei dabei V stets eine nichtleere Menge. Falls die Menge V endlich ist, werden wir sie auch als *Alphabet* bezeichnen, wenn sie als Basis für Wörter dient. Die Elemente aus V werden wir auch Buchstaben nennen.

Ein *Wort* über einer Menge V ist eine endliche Folge von Elementen aus V. Dabei notieren wir eine Folge durch einfaches Hintereinanderschreiben der Elemente. Man beachte, dass z. B. das Wort ab über der Menge $\{a,b\}$ vom Wort ba verschieden ist, da bei einer Folge die Reihenfolge der Elemente bedeutsam ist und der erste Buchstabe a von ab vom ersten Buchstaben b von ba verschieden ist.

Da wir von beliebigen Mengen (und nicht notwendigerweise der Menge der uns vertrauten kleinen lateinischen Buchstaben $a, b, c, \dots, z$ und ihrer großen Varianten) ausgehen, sind Wörter nicht unbedingt „sinnerfüllt". Zum Beispiel ist $\pi;a{*}xxx$ ein Wort über der Menge $\{a, x, \pi, *, ;\}$. Genauso ist $abccabcb$ ein Wort über $\{a,b,c\}$.

Jedes Wort w über V lässt sich als $w = a_1a_2\dots a_n$ mit $a_i \in V$ für $1 \leq i \leq n$ schreiben; n ist dabei die *Länge* des Wortes w. Intuitiv ist die Länge eines Wortes also die Anzahl der Buchstaben in dem Wort, wobei mehrfach auftretende Buchstaben entsprechend mehrfach gezählt werden. Wir bezeichnen die Länge eines Wortes w mit $|w|$. Offenbar haben wir

$$|\pi;a{*}xxx| = 7 \text{ und } |abccabcb| = 8.$$

Das *leere* Wort, das aus keinem Buchstaben besteht, bezeichnen wir mit λ. (Die Sinnhaftigkeit der Einführung eines leeren Wortes wird an folgender Überlegung sichtbar: Wir betrachten die Funktion, die jedem Wort w über $\{a,b\}$ das Wort $f(w)$ zuordnet, das aus w entsteht, indem man alle Vorkommen von a streicht. Für $abab$ ergibt sich offenbar $f(abab) = bb$. Bei aaa werden offensichtlich alle Buchstaben gestrichen, so dass sich $f(aaa) = \lambda$ ergibt. Ohne das leere Wort wäre im letzten Fall kein Ergebnis definiert. Man beachte die Analogie zur leeren Menge, die als Durchschnitt elementfremder Mengen entsteht.) Wir setzen $|\lambda| = 0$.

Mit V^* bzw. V^+ bezeichnen wir die Menge aller Wörter über V bzw. aller nichtleeren Wörter über V. Es gilt also $V^* = V^+ \cup \{\lambda\}$.

Unter einer *Sprache* über V verstehen wir eine Teilmenge von V^*.

In der Menge V^* aller Wörter über der Menge V definieren wir das *Produkt* der Wörter $w \in V^*$ und $u \in V^*$ durch Hintereinanderschreiben von w und u. Für die Wörter

$$w_1 = \pi{*}a, \quad w_2 = abba \text{ und } w_3 = acdc$$

über der Menge $\{a, b, c, d, \pi, *\}$ ergeben sich u. a. die Produkte

$$w_1 \cdot w_2 = \pi{*}aabba, \quad w_2 \cdot w_3 = abbaacdc \text{ und } w_3 \cdot w_2 = acdcabba.$$

Man beachte, dass $w_2 \cdot w_3 \neq w_3 \cdot w_2$ gilt. Das Produkt von Wörtern ist also keine kommutative Operation. Dagegen gelten die folgenden Relationen für alle Wörter u, u_1, u_2, u_3 über einer Menge V:

$$\begin{array}{ll} (u_1 \cdot u_2) \cdot u_3 = u_1 \cdot (u_2 \cdot u_3) & \text{(Assoziativgesetz)} \\ u \cdot \lambda = \lambda \cdot u = u & \text{(das leere Wort ist neutrales Element)} \end{array}$$

Damit ist V^+ eine Halbgruppe, und V^* ist eine Halbgruppe mit neutralem Element.

Wie auch in der Arithmetik üblich, lassen wir das Operationszeichen $\cdot$ meist fort. Anstelle von $\underbrace{aa\ldots a}_{n\text{-mal}}$ schreiben wir (ebenfalls in Analogie zur Arithmetik) kurz a^n.

Wir definieren nun für eine Menge V die Menge $ind(V)$ durch die folgenden drei Eigenschaften:

(1) $\lambda \in ind(V)$.
(2) Sind $w \in ind(V)$ und $a \in V$, so ist auch $w \cdot a = wa \in ind(V)$.
(3) Ein Wort liegt nur dann in $ind(V)$, wenn dies aufgrund endlich oftmaliger Anwendung von (1) und (2) der Fall ist.

Für die Menge $V = \{a, b\}$ erhalten wir für $ind(V)$ der Reihe nach die Wörter:

(a) λ (aufgrund von (1)),
(b) a und b wegen (a) und (2) ($\lambda \cdot a = a, \ \lambda \cdot b = b$),
(c) aa und ab wegen (b) und (2) ($a \cdot a = aa = a^2, \ a \cdot b = ab$),
(d) ba und bb (wegen $b \cdot a = ba, \ b \cdot b = bb = b^2$),
(e) baa (wegen $ba \cdot a = baa$),

usw. Wir wollen nun zeigen, dass $ind(V) = V^*$ gilt.

Es sei $w = a_1 a_2 \ldots a_n$ ein beliebiges Wort aus V^*. Ist $n = 0$, so ist w das leere Wort und nach (1) ist $w \in ind(V)$. Ist $n \geq 1$, so erhalten wir w wegen

$$w = a_1 a_2 \ldots a_n = (\ldots((\lambda \cdot a_1) \cdot a_2) \cdot \cdots \cdot a_{n-1}) \cdot a_n$$

aus λ durch n-malige Anwendung von (2). Damit haben wir ebenfalls $w \in ind(V)$. Daher gilt $V^* \subseteq ind(V)$.

Wir nehmen nun an, dass $V^* \subset ind(V)$ gilt. Dann gibt es mindestens ein Element w_0 in $ind(V)$, das nicht zu V^* gehört. Da $\lambda \in V^*$ gilt, kann w_0 nicht durch Anwendung von (1), sondern muss durch Anwendung von (2) entstanden sein, d. h. es gilt $w_0 = w_1 a_1$ für ein $w_1 \in ind(V)$ und ein $a_1 \in V$. Falls $w_1 \in V^*$ ist, so erhalten wir $w_0 = w_1 a_1 \in V^*$ im Widerspruch zur Wahl von w_0. Folglich ist $w_1 \notin V^*$. Analog zum gerade ausgeführten Schluss, ergibt sich die Existenz eines $w_2 \in ind(V)$ mit $w_1 = w_2 a_2$. Dann gilt natürlich auch $w_0 = w_2a_2a_1$. Wiederum muss $w_2 \notin V^*$ gelten. So fortfahrend erhalten wir nun eine unendliche Folge von Elementen w_i mit $w_0 = w_ia_ia_{i-1}\dots a_2a_1$. Dies widerspricht aber Bedingung (3), nach der w_0 nur durch endlich oftmalige Anwendung von (2) erzeugt wird. Damit muss unsere Annahme falsch sein, womit $ind(V) = V^*$ gezeigt ist.

Für eine Menge $M \subseteq V$ und ein Wort w über V bezeichnen wir mit $\#_M(w)$ die Anzahl der Vorkommen von Buchstaben aus M in w. Besteht M nur aus einem Buchstaben a, so schreiben wir kurz $\#_a(w)$ anstelle von $\#_{\{a\}}(w)$. Somit gelten

$$\#_x(\pi;a{*}xxx) = 3 \quad \text{und} \quad \#_a(\pi;a{*}xxx) = 1.$$

Wir sagen, dass u ein *Teilwort* von w ist, wenn es Wörter u_1 und u_2 derart gibt, dass $w = u_1uu_2$ gilt. Offenbar ist w immer Teilwort von w (es sind dann u_1 und u_2 jeweils das leere Wort). Genauso ist λ Teilwort eines jeden Wortes w, da die Zerlegung $w = w\lambda\lambda$ möglich ist. Ist $u_1 = \lambda$, so nennen wir das Teilwort u auch *Anfangsstück* von w. Analog nennen wir u *Endstück* von w, falls $u_2 = \lambda$ ist. Man überlegt sich leicht, dass für jedes Wort w wiederum w und λ sowohl Anfangs- als auch Endstücke sind. Ein Teilwort, Anfangs- oder Endstück von w heißt *echt*, falls es von w verschieden ist.

Es sei V eine geordnete Menge (mit der Ordnungsrelation $\prec$). Wir wollen nun die Ordnungsrelation auf die Menge aller Wörter über V fortsetzen. Dafür setzen wir $u \prec w$ für zwei Wörter u und w aus V^*, wenn eine der folgenden Bedingungen erfüllt ist:

- $|u| < |w|$,
- $|u| = |w|$, $u = zxu'$ und $w = zyw'$ für ein Wort $z \in V^*$ und $x, y \in V$ mit $x \prec y$

(d. h. das kleinere Wort u ist entweder das kürzere der beiden Wörter oder bei gleicher Länge ist der erste Buchstabe x, in dem sich u von w unterscheidet, kleiner als der entsprechende Buchstabe y in w; wir sortieren die Wörter also erst der Länge nach und bei gleicher Länge entsprechend dem Vorgehen in Lexika). Für den Fall, dass $V = \{a, b\}$ ist und $a \prec b$ gilt, erhalten wir die folgende Ordnung auf V^*:

$$\lambda \prec a \prec b \prec aa \prec ab \prec ba \prec bb \prec aaa \prec aab \prec aba \prec abb \prec baa \prec \cdots$$

A.3 Mathematische Induktion

Eine der wesentlichen Beweismethoden in der Theorie der natürlichen Zahlen ist die mathematische oder vollständige Induktion. Sie basiert auf einem der Axiome zur Charakterisierung der Menge $\mathbb{N}_0$ der natürlichen Zahlen durch den italienischen Mathematiker GIUSEPPE PEANO (1858 – 1932). Dieses Axiom lautet:

> *Gehören zu einer Menge M von natürlichen Zahlen die Zahl 0 und mit jeder Zahl n auch die Zahl $n + 1$, so gilt $M = \mathbb{N}_0$.*

Bei Beweisen wird die folgende Variante des Axioms benutzt:

> *Erfüllt die Zahl 0 eine Eigenschaft E und folgt aus der Gültigkeit von E für eine beliebige natürliche Zahl n auch die Gültigkeit für $n + 1$, so haben alle natürlichen Zahlen aus $\mathbb{N}_0$ die Eigenschaft E.*

Die Korrektheit dieser Formulierung folgt aus dem Axiom, indem man M als die Menge der natürlichen Zahlen wählt, die die Eigenschaft E haben. Um zu beweisen, dass alle natürlichen Zahlen eine gewisse Eigenschaft haben, reicht es daher zu prüfen,

- ob 0 diese Eigenschaft hat und
- ob $n+1$ diese Eigenschaft hat, wenn n die Eigenschaft hat.

Den ersten Teil dieses Tests nennt man dabei den Induktionsanfang (oder die Induktionsbasis) und den zweiten Teil den Induktionsschritt (oder Induktionsschluss). Die Voraussetzung, dass n die Eigenschaft hat, heißt Induktionsvoraussetzung, und die Aussage, dass $n+1$ die Eigenschaft hat, heißt Induktionsbehauptung. Wir erläutern dieses Beweisverfahren anhand eines einfachen Beispiels.

Wir wollen zeigen, dass für jede natürliche Zahl n die Beziehung

$$\sum_{i=0}^{n} i = \frac{n(n+1)}{2} \tag{A.1}$$

gilt. In obiger Notation sagen wir, dass eine natürlich Zahl n die Eigenschaft E hat, falls (A.1) gilt bzw. M ist die Menge aller Zahlen $n \in \mathbb{N}_0$, für die (A.1) erfüllt ist. Zum Beweis reichen dann die folgenden beiden Schritte:

1. *Induktionsanfang:* (A.1) gilt für $n = 0$.

Dies folgt durch einfaches Ausrechnen beider Seiten. Offenbar gelten

$$\sum_{i=0}^{0} i = 0 \quad \text{und} \quad \frac{0(0+1)}{2} = 0.$$

2. *Induktionsschritt:* Aus der Gültigkeit von (A.1) für eine beliebige natürliche Zahl n (*Induktionsvoraussetzung*) folgt die Gültigkeit von (A.1) für $n+1$ (*Induktionsbehauptung*). Dies folgt aus den Gleichheiten

$$\begin{aligned}\sum_{i=0}^{n+1} i &= \left(\sum_{i=0}^{n} i\right) + n + 1 \\ &= \frac{n(n+1)}{2} + n + 1 \quad \text{(nach Induktionsvoraussetzung)} \\ &= \frac{(n+1)(n+2)}{2},\end{aligned}$$

womit die Induktionsbehauptung gezeigt ist.

Um die Grundidee dieser Beweismethode abstrakter (d. h. für allgemeinere Strukturen als natürliche Zahlen) formulieren zu können, geben wir kurz einige Begriffe aus der allgemeinen Algebra.

Es sei eine algebraische Struktur $(N, o_1, o_2, \ldots, o_r)$ mit der Trägermenge N und den Operationen o_i, $1 \le i \le r$, gegeben. Für $1 \le i \le r$ möge o_i eine t_i-stellige Operation sein.

Definition A.1

i) Für eine Teilmenge I von N definieren wir die von I erzeugte Menge $E(I)$ *durch die folgenden drei Bedingungen:*

(1) I ist eine Teilmenge von $E(I)$.

(2) Für $1 \leq i \leq r$ und $x_1, x_2, \ldots, x_{t_i}$ aus $E(I)$ ist auch $o_i(x_1, x_2, \ldots, x_{t_i}) \in E(I)$.

(3) Ein Element aus N gehört genau dann zu $E(I)$, wenn dies aufgrund endlich oftmaliger Anwendung von (1) und (2) der Fall ist.

ii) Eine Teilmenge I von N heißt Erzeugendensystem *für N, falls $E(I) = N$ gilt, d. h. wenn jedes Element aus N durch endlich oftmalige Anwendung der Operationen $o_1, o_2, \ldots, o_r$ auf Elemente aus I gewonnen werden kann.*

Dann ergibt sich folgende Aussage: *Wenn für eine Menge $M \subseteq N$*

- *$I \subseteq M$ für ein Erzeugendensystem I für N gilt, und*
- *für $1 \leq i \leq r$ aus $x_1, x_2, \ldots x_{t_i} \in M$ auch $o_i(x_1, x_2, \ldots, x_{t_i}) \in M$ folgt,*

so gilt $M = N$. Dies folgt einfach daraus, dass aufgrund der Voraussetzungen alle endlich oftmaligen Anwendungen der Operationen auf Elemente aus I Elemente von M liefern. Da I ein Erzeugendensystem für N ist, folgt hieraus $N \subseteq M$. Nach Voraussetzung gilt auch die umgekehrte Inklusion. Offenbar bildet obige Aussage die Grundlage für Induktionsbeweise in N, wobei die erste Bedingung dem Induktionsanfang entspricht und die zweite Bedingung den Induktionsschritt bildet.

Im Fall des Peano-Axioms haben wir die Situation, dass $N = \mathbb{N}_0$ gilt, die Addition von 1 die einzige Operation ist, und $I = \{0\}$ ein Erzeugendensystem bildet.

Bei der Betrachtung von Wörtern haben wir nachgewiesen, dass für die Menge aller Wörter über V mit den Operationen $o_a(w) = wa$ für $a \in V$, die Menge $\{\lambda\}$, die nur aus dem Leerwort besteht, ein Erzeugendensystem ist. Folglich reicht es, um eine Aussage für alle Wörter zu beweisen, diese für λ zu zeigen und nachzuweisen, dass aus der Gültigkeit für ein beliebiges Wort w auch die Gültigkeit für alle Wörter wa mit $a \in V$ folgt.

Wir demonstrieren dieses Vorgehen für die Aussage, dass *für alle Wörter w über einer endlichen Menge V*

$$|w| = \sum_{a \in V} \#_a(w) \tag{A.2}$$

gilt.

1. *Induktionsanfang:* (A.2) gilt für λ.
Offensichtlich gelten

$$|\lambda| = 0 \text{ und } \sum_{a \in V} \#_a(\lambda) = \sum_{a \in V} 0 = 0$$

(da $\#_a(\lambda) = 0$ für alle $a \in V$), womit der Induktionsanfang als gültig gezeigt ist.

2. *Induktionsschritt:* Aus (A.2) für ein (beliebiges) Wort w folgt (A.2) für alle Wörter wb mit $b \in V$.
Offensichtlich gilt

$$|wb| = |w| + 1.$$

Andererseits haben wir die Gleichheiten

$$\begin{aligned}\sum_{a\in V} \#_a(wb) &= \Big(\sum_{\substack{a\in V\\ a\neq b}} \#_a(wb)\Big) + \#_b(wb)\\ &= \Big(\sum_{\substack{a\in V\\ a\neq b}} \#_a(w)\Big) + \#_b(w) + 1\\ &= \Big(\sum_{a\in V} \#_a(w)\Big) + 1\\ &= |w| + 1 \quad \text{(nach Induktionsvoraussetzung)},\end{aligned}$$

womit auch die Induktionsbehauptung $|wb| = \sum_{a\in V} \#_a(wb)$ gezeigt ist.

Definition A.2 *Es sei* $(N, o_1, o_2, \ldots, o_r)$ *eine algebraische Struktur. Wir sagen, dass* $M \subseteq N$ *eine* induktive Struktur *von* N *bildet, wenn* $M = E(I)$ *für eine Teilmenge* $I \subseteq N$ *ist.*

Nach dieser Definition ist M erst einmal nur eine Menge, die jedoch mit den Operationen $o_1, o_2, \ldots, o_r$ eine algebraische Struktur bildet.

Nach den bisherigen Ausführungen ist klar, dass eine Aussage für alle Elemente der induktiven Struktur M mit $M = E(I)$ gilt, wenn

- die Aussage für alle Elemente aus I gilt, und
- wenn für $1 \leq i \leq r$ aus der Gültigkeit der Aussage für $x_1, x_2, \ldots, x_{t_i}$ auch die Gültigkeit für $o_i(x_1, x_2, \ldots, x_{t_i})$ folgt.

A.4 Berechenbarkeit und NP-Vollständigkeit

Zur Formalisierung der Begriffe Algorithmus bzw. Berechenbarkeit gibt es viele Möglichkeiten. So kann man die Konstrukte einer Programmiersprache formal beschreiben und die dazu gehörigen „Programme“ als Algorithmen ansehen; eine andere Methode besteht darin, einige elementare Funktionen als berechenbar anzusehen und dann auch die Funktionen, die daraus mittels elementarer Operationen gewonnen werden können, für berechenbar zu halten; ein dritter Ansatz versucht, eine computerähnliche Struktur und die davon berechneten Funktionen zu definieren und diese als berechenbare Funktionen anzusehen.

Wir wollen hier eine Formalisierung entsprechend dem dritten Weg auf der Basis von Turing-Maschinen[1] behandeln. Hierbei wird versucht, eine Maschine zu konstruieren, die nur sehr elementare Schritte ausführen kann (um abzusichern, dass diese auch möglichst maschinell im eigentlichen Wortsinn ausgeführt werden können). Intuitiv handelt es sich um ein in Zellen aufgeteiltes (unendliches) Band, dessen Zellen gelesen und überschrieben werden können. Dies entspricht dem Ändern eines Buchstaben in einem Wort. Eine (natürliche) Zahl kann als Folge von Ziffern interpretiert werden, die in aufeinanderfolgenden Zellen stehen. Durch schrittweises Verändern der Ziffern wird eine neue Zahl erzeugt,

[1] benannt nach dem englischen Mathematiker ALAN TURING (1912–1954)

und diese dann als Ergebnis des Berechnungsprozesses angesehen. Für die Realisierung der Addition benötigt man zwei Ziffernfolgen als Eingabe, die dann durch ein spezielles Trennsymbol voneinander getrennt werden. Daher kann der Grundbereich der Symbole auf dem Band nicht nur aus Ziffern bestehen. Es ist somit sinnvoll, beliebige endliche Mengen als Grundbereiche zuzulassen.

Wir geben nun die formale Definition einer Turing-Maschine.

Definition A.3 *Eine* Turing-Maschine *ist ein Quintupel*

$$M = (X, Z, z_0, Q, \delta),$$

wobei

- *X und Z Alphabete (d. h. endliche nichtleere Mengen) sind,*
- *$z_0 \in Z$ und $\emptyset \subset Q \subseteq Z$ gelten,*
- *δ eine Funktion von $(Z \setminus Q) \times (X \cup \{*\})$ in $Z \times (X \cup \{*\}) \times \{R, L, N\}$ ist,*

und $* \notin X$ gilt.

Um den Begriff „Maschine" zu rechtfertigen, geben wir folgende Interpretation. Eine Turing-Maschine besteht aus einem beidseitig unendlichen, in Zellen unterteilten Band und einem „Rechenwerk" mit einem Lese-/Schreibkopf. In jeder Zelle des Bandes steht entweder ein Element aus X oder das Symbol $*$; insgesamt stehen auf dem Band höchstens endlich viele Elemente aus X. Der Lese-/Schreibkopf ist in der Lage, das auf dem Band in einer Zelle stehende Element zu erkennen (zu lesen) und in eine Zelle ein neues Element einzutragen (zu schreiben). Das „Rechenwerk" kann intern Informationen in Form von Elementen der Menge Z, den Zuständen, speichern. Dabei bezeichnen z_0 den Anfangszustand, in dem sich die Maschine zu Beginn ihrer Arbeit befindet, und Q die Menge der Zustände, in denen die Maschine ihre Arbeit stoppt.

Ein Arbeitsschritt der Maschine besteht nun in Folgendem: Die Maschine befindet sich in einem Zustand z, ihr Kopf befindet sich über einer Zelle i und liest deren Inhalt x; hiervon ausgehend ermittelt die Maschine einen neuen Zustand z', schreibt in die Zelle i ein aus z und x ermitteltes Element x' und bewegt den Kopf um eine Zelle nach rechts (R) oder nach links (L) oder bewegt den Kopf nicht (N). Dies wird durch

$$\delta(z, x) = (z', x', r) \text{ mit } z \in Z \setminus Q,\ z' \in Z,\ x, x' \in X \cup \{*\},\ r \in \{R, L, N\}$$

beschrieben.

Die aktuelle Situation, in der sich eine Turing-Maschine befindet, wird also durch das Wort (die Wörter) über X auf dem Band, den internen Zustand und die Stelle, an der der Kopf steht, beschrieben. Formalisiert wird dies durch folgende Definition erfasst.

Definition A.4 *Es sei M eine Turing-Maschine. Eine* Konfiguration *der Turing-Maschine M ist ein Tripel*

$$K = (w_1, z, w_2),$$

wobei w_1 und w_2 Wörter über $X \cup \{*\}$ sind und $z \in Z$ gilt.

Eine Anfangskonfiguration *liegt vor, falls $w_1 = \lambda$ und $z = z_0$ gelten. Eine* Endkonfiguration *ist durch $w_1 = \lambda$ und $z \in Q$ gegeben.*

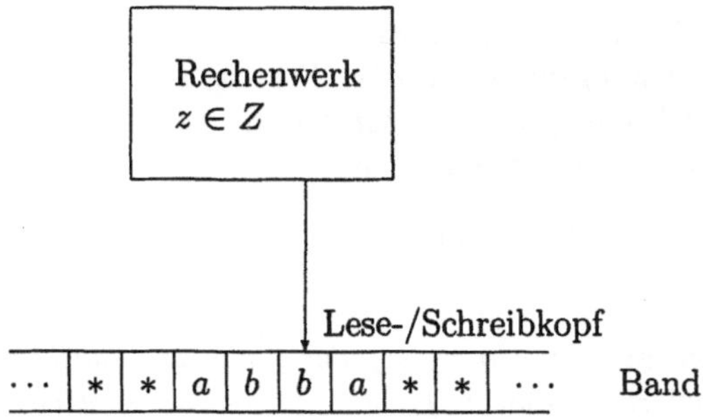

Abbildung A.2: Turing-Maschine

Wir interpretieren dies wie folgt: Auf dem Band steht das Wort w_1w_2; alle Zellen vor und hinter denjenigen, in denen w_1w_2 steht, sind mit $*$ belegt; der Kopf steht über der Zelle, in der der erste Buchstabe von w_2 steht; und die Maschine befindet sich im Zustand z.

Wir bemerken, dass eine Situation durch mehrere Konfigurationen beschrieben werden kann, z. B. beschreiben (λ, z, ab), $(*, z, ab)$ und $(**, z, ab*)$ alle die Situation, dass auf dem Band ab steht und der Kopf über a positioniert ist. Bei den nachfolgenden Definitionen und Beispielen wird jeweils unter den verschiedenen äquivalenten Konfigurationen eine geeignete Konfiguration ausgewählt.

Die folgende Definition formalisiert nun die Konfigurationsänderung, wenn die Maschine einen Schritt entsprechend δ ausführt.

Definition A.5 *Es seien M eine Turing-Maschine und K_1, K_2 zwei Konfigurationen von M mit $K_1 = (w_1, z, w_2)$ und $K_2 = (v_1, z', v_2)$. Wir sagen, dass K_1* durch M in K_2 überführt wird *(und schreiben dafür $K_1 \models K_2$), wenn eine der folgenden Bedingungen erfüllt ist:*

$$v_1 = w_1,\ w_2 = xu,\ v_2 = x'u,\ \delta(z,x) = (z', x', N)$$

oder

$$w_1 = v,\ v_1 = vx',\ w_2 = xu,\ v_2 = u,\ \delta(z,x) = (z', x', R)$$

oder

$$w_1 = vy,\ v_1 = v,\ w_2 = xu,\ v_2 = yx'u,\ \delta(z,x) = (z', x', L)$$

für gewisse $x, x', y \in X \cup \{*\}$ und $u, v \in (X \cup \{*\})^*$.

Entsprechend unserer Definition gibt es zu jeder Konfiguration – bis auf Äquivalenz – genau eine Nachfolgekonfiguration. Die Turing-Maschine zeigt also ein deterministisches Verhalten.

Offenbar kann eine Endkonfiguration in keine weitere Konfiguration überführt werden, da die Funktion δ für Zustände aus Q und beliebige $x \in X \cup \{*\}$ nicht definiert ist.

Definition A.6 *Es sei M eine Turing-Maschine.*

i) Unter einem Berechnungspfad *für ein Wort $w \in X^*$ verstehen wir eine Folge $K_0, K_1, \ldots, K_t$ von Konfigurationen, bei der $K_0 = (\lambda, z_0, w)$ eine Anfangskonfiguration ist, K_t eine Endkonfiguration ist und*

$$K = K_0 \models K_1 \models K_2 \models \cdots \models K_t$$

erfüllt ist.

Dabei heißt t Länge *des Berechnungspfades für w und wird mit $t_M(w)$ bezeichnet.*

ii) Die durch M induzierte Funktion *f_M aus X^* in X^* ist wie folgt definiert: $f_M(w) = v$ gilt genau dann, wenn für den Berechnungspfad $K_0, K_1, \ldots, K_t$ für w die Bedingung $K_t = (\lambda, q, v)$ erfüllt ist.*

Interpretiert bedeutet dies, dass sich durch mehrfache Anwendung von Überführungsschritten aus der Anfangskonfiguration, bei der w auf dem Band steht, eine Endkonfiguration ergibt, in der v auf dem Band steht.

Wir bemerken ferner, dass für solche Wörter w, bei denen die Maschine nie einen Stoppzustand aus Q erreicht, kein zugeordneter Funktionswert $f_M(w)$ definiert ist. Somit kann f_M auch eine partielle Funktion sein.

Beispiel A.7 Es sei

$$M = (\{a, b\}, \{z_0, q, z_a, z_b, z_1\}, z_0, \{q\}, \delta)$$

eine Turing-Maschine. Dabei ist die Überführungsfunktion δ in Tabelle A.1 gegeben, wobei im Schnittpunkt der zu $x \in (X \cup \{*\})$ gehörenden Zeile und der zu $z \in Z \setminus Q$ gehörenden Spalte das Tripel $\delta(z, x)$ steht.

δ	z_0	z_a	z_b	z_1
$*$	$(q, *, N)$	(z_1, a, N)	(z_1, b, N)	$(q, *, R)$
a	$(z_a, *, R)$	(z_a, a, R)	(z_b, a, R)	(z_1, a, L)
b	$(z_b, *, R)$	(z_a, b, R)	(z_b, b, R)	(z_1, b, L)

Tabelle A.1: Überführungsfunktion

Wir starten mit dem Wort *abba* auf dem Band. Dann ergeben sich die folgenden Konfigurationen mittels Überführungen (um Übereinstimmung mit Definition A.5 zu erreichen, wird die jeweilige Konfiguration immer in die Form umgewandelt, die benötigt wird):

$$\begin{aligned}(\lambda, z_0, abba) &\models (*, z_a, bba) \models (*b, z_a, ba) = (b, z_a, ba) \models (bb, z_a, a) = (bb, z_a, a*) \\ &\models (bba, z_a, *) \models (bba, z_1, a) \models (bb, z_1, aa) \models (b, z_1, baa) = (*b, z_1, baa) \\ &\models (*, z_1, bbaa) \models (*, z_1, *bbaa) \models (*, q, bbaa) = (\lambda, q, bbaa).\end{aligned}$$

Folglich gilt

$$f_M(abba) = bbaa.$$

Allgemein ergibt sich

$$f_M(x_1x_2 \ldots x_n) = x_2x_3 \ldots x_nx_1 \text{ für } n \geq 1 \quad \text{und} \quad f(\lambda) = \lambda.$$

Dies ist wie folgt zu sehen: Die Maschine merkt sich den zu Beginn gestrichenen Buchstaben x_1 in Form des Zustandes z_{x_1}, schreibt ihn an das Ende des Wortes und geht dann im Zustand z_1 an den Wortanfang zurück. Für ein Wort der Länge $n \geq 1$ muss die Maschine offensichtlich $2n + 2$ Überführungsschritte ausführen. Damit gilt $t_M(w) = 2|w| + 2$ für jedes Wort $w \in V^+$. Außerdem gilt $t_M(\lambda) = 1$.

Definition A.8 *Es seien X_1 und X_2 zwei Alphabete.*

i) Eine Funktion $f: X_1^* \to X_2^*$ heißt (Turing-)berechenbar, *wenn eine Turing-Maschine $M = (X, Z, z_0, Q, \delta)$ mit $X_1 \cup X_2 \subseteq X$ und*

$$f_M(x) = \begin{cases} f(x) & \text{für } x \in X_1^*, \\ \text{nicht definiert} & \text{sonst} \end{cases}$$

existiert.

ii) Eine berechenbare Funktion f heißt polynomial berechenbar, *wenn zusätzlich gilt, dass es ein Polynom p so gibt, dass für jedes w aus dem Definitionsbereich von f noch $t_M(w) \leq p(|w|)$ erfüllt ist.*

Entsprechend dieser Definition hat die Turing-Maschine ein Eingabealphabet, das sowohl X_1 als auch X_2 umfasst, d. h. Wörter über X_1 können als Eingabe von X verwendet werden und Wörter über X_2 können ausgegeben werden. Die zusätzlich zu den Buchstaben aus X_1 und X_2 verwendeten Buchstaben können z. B. für zusätzliche Markierungen usw. verwendet werden. Da wir an den Wörtern, die Buchstaben $a \notin X_1$ enthalten, nicht interessiert sind (hierfür ist f nicht definiert), verlangen wir, dass M hierfür auch keine Ausgabe liefert.

Bei der polynomialen Berechenbarkeit wird gefordert, dass die Turing-Maschine, die f berechnet, nach einer polynomialen Anzahl von Schritten das Ergebnis liefert.

Aus Beispiel A.7 wissen wir, dass die Funktion f mit $f(aw) = wa$ eine berechenbare Funktion, ja sogar eine polynomial berechenbare Funktion ist.

Da eine Turing-Maschine Wörter in Wörter überführt, haben wir die berechenbaren Funktionen als Abbildungen aus X_1^* in X_2^* für gewisse Alphabete X_1 und X_2 definiert. Wir werden aber zukünftig, wenn der Wertevorrat der Funktion nur eine Teilmenge Y von X_2^* ist, auch eine Einschränkung auf Wörter aus Y bei der Funktionsangabe vornehmen. Wenn wir z. B. nur feststellen wollen, ob ein Wort gerade oder ungerade Länge hat, so ist die Funktion $f : X^* \to \{0, 1\}$ mit

$$f(x) = \begin{cases} 1 & \text{falls } |x| \text{ gerade}, \\ 0 & \text{falls } |x| \text{ ungerade} \end{cases}$$

ausreichend. Deren Wertevorrat besteht aber nur aus den beiden Wörtern der Länge 1 über $\{0, 1\}$.

Satz A.9 *Es gibt eine nicht-berechenbare Funktion.*

Beweis. Dieser Satz folgt daraus, dass die Menge aller Turing-Maschinen und folglich auch die Menge aller berechenbaren Funktionen abzählbar sind, während die Menge der Funktionen, die von $\{0, 1\}^*$ in $\{0, 1\}$ abbilden, nicht abzählbar ist. □

Für eine Sprache L über dem Alphabet X (d. h. es ist $L \subseteq X^*$) definieren wir die *charakteristische Funktion* $\varphi_L : X^* \to \{0,1\}$ von L durch

$$\varphi_L(x) = \begin{cases} 1 & \text{für } x \in L \\ 0 & \text{für } x \notin L \end{cases}$$

Definition A.10 *Es sei L eine Sprache über X.*

i) Die Sprache L heißt entscheidbar, *wenn die charakteristische Funktion von L berechenbar ist.*

ii) Die Sprache L heißt polynomial entscheidbar, *wenn die charakteristische Funktion von L polynomial berechenbar ist.*

iii) Die Sprache L heißt semi-entscheidbar, *wenn die (partielle) Funktion $\varphi'_L : X^* \to \{1\}$ mit*

$$\varphi'_L(x) = \begin{cases} 1 & \textit{für } x \in L \\ \textit{nicht definiert} & \textit{für } x \notin L \end{cases}$$

berechenbar ist.

Im Fall der Berechenbarkeit liefert uns die Turing-Maschine die Auskunft, ob x zu L gehört oder nicht. Im Fall der Semi-Entscheidbarkeit antwortet die Turing-Maschine mit „ja“ (repräsentiert durch 1), wenn x zu L gehört, während sie anderenfalls keine Antwort gibt.

In der Definition A.10 haben wir bei der Definition von Entscheidbarkeit und Semi-Entscheidbarkeit verlangt, dass gewisse Funktionen von Turing-Maschinen berechnet werden können. Turing-Maschinen sind nun aber nur eine Variante zur Formalisierung des Berechenbarkeitsbegriffes. Wir sprechen daher von *Algorithmen* bzw. *Semi-Algorithmen*, falls das dahinterstehende Verfahren die charakteristische Funktion bzw. die entsprechend modifizierte Funktion berechnet.

Eine Sprache, die nicht entscheidbar ist, nennen wir *unentscheidbar*.

Satz A.11

i) Über jedem Alphabet gibt es unentscheidbare Sprachen.

ii) Über jedem Alphabet gibt es nicht semi-entscheidbare Sprachen.

Beweis. Die erste Aussage folgt direkt aus dem Beweis von Satz A.9, da die dort betrachteten Funktionen, deren Menge nicht abzählbar ist, gerade charakteristische Funktionen von Sprachen über $\{0,1\}$ sind und umgekehrt.

Die zweite Aussage kann mittels einer entsprechenden Modifikation des Beweises von Satz A.9 erbracht werden. □

Unser Beweis von Satz A.11 liefert kein Beispiel einer unentscheidbaren Sprache. Wir wollen nun ein solches Beispiel angeben, werden aber auf den Beweis der Unentscheidbarkeit verzichten.

Wir betrachten das *Postsche Korrespondenzproblem*[2]:

[2]benannt nach dem polnisch-amerikanischen Logiker EMIL L. POST (1897 - 1954)

Gegeben: Alphabet X mit mindestens zwei Buchstaben, $n \in \mathbb{N}$, Menge $\{(u_1, v_1), (u_2, v_2), \ldots, (u_n, v_n)\}$ von Paaren nichtleerer Wörter über X

Frage: Gibt es eine Folge $i_1 i_2 \ldots i_m$ mit $1 \leq i_j \leq n$ für $1 \leq j \leq m$ derart, dass

$$u_{i_1} u_{i_2} \ldots u_{i_m} = v_{i_1} v_{i_2} \ldots v_{i_m}$$

gilt?

Zur Illustration des Postschen Korrespondenzproblems betrachten wir zwei Beispiele.

(a) Es seien $n = 3$, $X = \{a, b, c\}$ und die Menge $\{(aa, a), (bc, ab), (c, cca)\}$ von Paaren gegeben. Dann ist $i_1 i_2 i_3 i_4 = 1231$ eine Folge der gesuchten Art, denn es gilt

$$u_1 u_2 u_3 u_1 = aa \cdot bc \cdot c \cdot aa = a \cdot ab \cdot cca \cdot a = v_1 v_2 v_3 v_1.$$

(b) Für $n = 2$, $X = \{a, b\}$ und die Menge $\{(aab, aa), (ab, ba)\}$ von Paaren gibt es dagegen keine derartige Folge. Dies ist wie folgt zu sehen: Wegen $|u_1| > |v_1|$ und $|u_2| = |v_2|$ kann es kein j mit $i_j = 1$ geben. Folglich muss $i_1 = 2$ gelten (wenn es eine derartige Folge gibt). Da u_2 mit a und v_2 mit b anfangen, beginnen die beiden zu der Folge gehörenden Wörter mit verschiedenen Buchstaben. Dies widerspricht der Forderung nach ihrer Gleichheit.

In der oben gegebenen Formulierung ist das Postsche Korrespondenzproblem natürlich keine Sprache. Wir können es aber so umformen, dass sich eine Sprache L_{Post} ergibt, deren charakteristische Funktion gerade 1 ist, wenn das Problem eine Lösung besitzt. Dazu betrachten wir das Alphabet

$$Y = X \cup \{(,), \$\},$$

wobei X das Alphabet aus der Formulierung des Postschen Korrespondenzproblems ist und setzen

$$\begin{aligned} L_{\text{Post}} = \{(u_1\$v_1)(u_2\$v_2)\ldots(u_n\$v_n) \mid\ & n \in \mathbb{N},\ u_i, v_i \in X^+ \text{ für } 1 \leq i \leq n \text{ und} \\ & \text{es gibt eine Folge } i_1 i_2 \ldots i_m \text{ mit } 1 \leq i_j \leq n \text{ für } 1 \leq j \leq m \\ & \text{derart, dass } u_{i_1} u_{i_2} \ldots u_{i_m} = v_{i_1} v_{i_2} \ldots v_{i_m}\} \end{aligned}$$

(wir haben hier \$ anstelle des Kommas verwendet, da sonst bei der Angabe von Y mehrere Kommata hintereinander mit unterschiedlicher Bedeutung vorkommen würden). Es ist sofort zu sehen, dass genau dann $\varphi_{L_{\text{Post}}}((u_1\$v_1)(u_2\$v_2)\ldots(u_n\$v_n)) = 1$ gilt, wenn das Postsche Korrespondenzproblem mit den Paaren $(u_1, v_1), (u_2, v_2), \ldots, (u_n, v_n)$ eine Lösung besitzt.

Es gilt nun der folgende Satz.

Satz A.12 *Die Sprache L_{Post} ist unentscheidbar.* □

Wie wir soeben gesehen haben, können wir Probleme, die mit „ja“ bzw. „nein“ zu beantworten sind – notfalls unter Verwendung geeigneter Kodierungen – durch Sprachen und deren jeweilige charakteristische Funktion beschreiben; und umgekehrt lassen sich die charakteristischen Funktionen von Sprachen als Probleme formulieren. Daher werden wir in Zukunft auch von entscheidbaren, unentscheidbaren, semi-entscheidbaren etc. Problemen sprechen.

So liefert Satz A.12 dann die folgende Aussage.

Satz A.12′ *Das Postsche Korrespondenzproblem ist unentscheidbar.* □

Definition A.13 *Es sei $\mathbb{P}$ die Menge der polynomial entscheidbaren Sprachen.*

Definition A.14 *Es seien $L_1 \subseteq X_1^*$ und $L_2 \subseteq X_2^*$ zwei Sprachen.*

i) Wir sagen, dass L_1 auf L_2 transformierbar *ist, wenn es eine berechenbare Funktion f von X_1^* in X_2^* gibt, für die $w \in L_1$ genau dann gilt, wenn $f(w) \in L_2$ gültig ist.*

ii) Wir sagen, dass L_1 polynomial *auf L_2* transformierbar *ist, wenn L_1 auf L_2 transformierbar ist und die Funktion, die L_1 auf L_2 transformiert, polynomial berechenbar ist.*

Lemma A.15 *Wenn die Sprache L_1 polynomial auf die Sprache $L_2 \in \mathbb{P}$ transformierbar ist, so liegt auch L_1 in $\mathbb{P}$.*

Beweis. Es seien M_1 eine Turing-Maschine, deren induzierte Funktion f_{M_1} die Sprache L_1 auf L_2 polynomial transformiert, und M_2 eine Turing-Maschine, die L_2 polynomial entscheidet. Es ist leicht zu sehen, dass zum einen die Komposition $f_{M_1} \circ f_{M_2}$ auch eine Turing-berechenbare Funktion ist, also von einer Turing-Maschine M_3 induziert wird, und zum anderen M_3 die Sprache L_1 polynomial entscheidet. □

Entsprechend dem Beweis von Lemma A.15 haben wir die Entscheidbarkeit von L_1 auf die Entscheidbarkeit von L_2 zurückgeführt. Man kann dies dahingehend interpretieren, dass die Entscheidbarkeit von L_1 nicht schwieriger als die von L_2 ist.

Der Determinismus einer Turing-Maschine rührt daher, dass bei der Definition der Überführungsfunktion δ für jedes Eingabesymbol und jeden Zustand genau eine Reaktion der Maschine definiert ist. Wir ändern diese Situation jetzt und kommen damit zum Begriff der nichtdeterministischen Turing-Maschine.

Definition A.16 *Eine* nichtdeterministische Turing-Maschine *M ist ein Quintupel*

$$M = (X, Z, z_0, Q, \tau),$$

wobei X, Z, z_0 und Q wie bei einer (deterministischen) Turing-Maschine definiert sind und τ eine Funktion

$$\tau : (Z \setminus Q) \times (X \cup \{*\}) \to 2^{Z \times (X \cup \{*\}) \times \{R,N,L\}}$$

ist.

Jedem Eingabesymbol und Zustand wird also eine Menge von Reaktionen zugeordnet. Die Maschine wählt eine dieser möglichen Reaktionen aus und führt sie dann aus.

Die Definition einer Nachfolgekonfiguration zu einer Konfiguration erfolgt deshalb dadurch, dass wir in Definition A.5 statt $(z', x', r) = \delta(z, x)$, einfach $(z', x', r) \in \tau(z, x)$ fordern. Die formale Definition überlassen wir dem Leser. Folglich gibt es zu einer Konfiguration so viele Nachfolgekonfigurationen, wie Elemente in $\tau(z, x)$ vorhanden sind.

Berechnungspfade für Wörter und ihre Länge definieren wir wie bei der (deterministischen) Turing-Maschine. Allerdings kann es bei einer nichtdeterministischen Turing-Maschine mehrere Berechnungspfade für ein Wort geben.

Beispiel A.17 Wir betrachten die Turing-Maschine

$$M = (\{a, 0, 1\}, \{z, z_0, z_1, z_0', z_1', z_2', q\}, z, \{q\}, \tau)$$

mit (wir geben bei der Angabe von $\tau(z, x)$ nicht die Menge selbst, sondern nur deren Elemente an)

τ	z	z_0	z_1	z_0'	z_1'	z_2'
$*$	$(q, N, 1)$	$(q, *, 1)$	$(q, *, 0)$	$(q, *, 1)$	$(q, *, 0)$	$(q, *, 0)$
a	$(z_0, a, N), (z_0', a, N)$	$(z_1, *, R)$	$(z_0, *, R)$	$(z_1', *, R)$	$(z_2', *, R)$	$(z_0', *, R)$
0	$(z, 0, N)$	$(z_0, 0, N)$	$(z_1, 0, N)$	$(z_0', 0, N)$	$(z_1', 0, N)$	$(z_2', 0, N)$
1	$(z, 1, N)$	$(z_0, 1, N)$	$(z_1, 1, N)$	$(z_0', 1, N)$	$(z_1', 1, N)$	$(z_2', 1, N)$

Falls kein Buchstabe auf dem Band steht, so gibt sie eine 1 aus und stoppt. Falls die Maschine einen der Buchstaben 0 oder 1 liest, so geht sie in eine Schleife und liefert folglich kein Ergebnis. Wir diskutieren daher nun den Fall, dass auf dem Band a^n für ein $n \geq 1$ steht. Ausgehend vom Anfangszustand z ändert die Maschine nur ihren Zustand in z_0 oder z_0'.

Wir nehmen nun an, dass M bereits m-mal den Buchstaben a gelesen hat und im Zustand z_0 ist (mit $m = 0$ erreichen wir diese Situation nach einem Schritt). Dann wird ein a gelöscht, der Kopf eine Zelle nach rechts bewegt und in den Zustand z_1 gewechselt. Dann wird erneut wieder ein a gestrichen, eine Zelle nach rechts gegangen und wieder der Zustand z_0 erreicht. Dies bedeutet, dass die Maschine der Reihe nach alle a löscht und im Zustand z_0 bzw. z_1 ist, wenn bis zu dem Moment eine gerade bzw. ungerade Anzahl von as gelesen wurde. Wird das Wortende erreicht, so wird eine 1 bzw. 0 ausgegeben, wenn die Maschine im Zustand z_0 bzw. z_1 ist. In beiden Fällen wird in den Stoppzustand gewechselt. Dies bedeutet, dass M eine 1 ausgibt, falls die Anzahl der auf dem Band stehenden as durch 2 teilbar ist, anderenfalls wird eine 0 ausgegeben.

Wurde im ersten Schritt in z_0' gegangen, so gibt M bei der Eingabe a^m eine 1 aus, falls m durch 3 teilbar ist und ansonsten eine 0. (Der Index beim Zustand gibt den Rest der Anzahl der schon gelesenen as bei Division durch 3 an.)

Offensichtlich gibt es für alle Wörter a^m mit $m \geq 1$ genau zwei Berechnungspfade, da im ersten Schritt nichtdeterministisch gewählt wird, ob die Teilbarkeit durch 2 (Zustand z_0) oder durch 3 (Zustand z_0') geprüft werden soll. Danach arbeitet die Maschine deterministisch, löscht alle Buchstaben und trägt in die folgende Zelle das Ergebnis ein. Daher haben alle Berechnungspfade die Länge $m + 2$. Den Berechnungspfad, bei dem Teilbarkeit durch 2 getestet wird, nennen wir ersten Pfad für a^m; den anderen nennen wir zweiten Pfad. Dann ergibt sich für das Ergebnis der Pfade folgende Tabelle (wobei wir die Fälle danach unterscheiden, welchen Rest die Wortlänge bei Division durch 6 lässt).

Wortlänge	erster Pfad	zweiter Pfad
$6n$ für ein $n \in \mathbb{N}$	1	1
$6n + 1$ für ein $n \in \mathbb{N}$	0	0
$6n + 2$ für ein $n \in \mathbb{N}$	1	0
$6n + 3$ für ein $n \in \mathbb{N}$	0	1
$6n + 4$ für ein $n \in \mathbb{N}$	1	0
$6n + 5$ für ein $n \in \mathbb{N}$	0	0

Wir sehen, dass jede mögliche Kombination der Ergebnisse der Berechnungspfade auftritt.

Wir definieren nun ein Gegenstück zur (polynomialen) Entscheidbarkeit von Sprachen durch (deterministische) Turing-Maschinen.

Definition A.18 *Es sei $L \subseteq X^*$ eine Sprache.*

i) Wir sagen, dass L von einer nichtdeterministischen Turing-Maschine M akzeptiert wird, wenn folgende Bedingungen erfüllt sind:

- *M stoppt nur auf Wörtern aus X^*,*
- *es gibt genau dann einen Berechnungspfad für $w \in X^*$ mit dem Ergebnis 1, wenn w zu L gehört.*

ii) Wir sagen, dass M die Sprache L polynomial akzeptiert, wenn L von M akzeptiert wird und es ein Polynom $p : \mathbb{N}_0 \longrightarrow \mathbb{N}_0$ derart gibt, dass für jedes Wort $w \in L$ ein Berechnungspfad der Länge $t(w) \leq p(|w|)$ mit dem Ergebnis 1 existiert.

Es folgt sofort, dass die nichtdeterministische Turing-Maschine aus Beispiel A.17 die Sprache $L_{2,3}$ aller Wörter a^m akzeptiert, für die m durch 2 oder 3 teilbar ist. Offenbar wird $L_{2,3}$ sogar polynomial akzeptiert.

Im Unterschied zur (polynomialen) Entscheidbarkeit fordern wir bei der (polynomialen) Akzeptierbarkeit zum einen nicht, dass nur die Werte 0 und 1 als Ausgabe möglich sind, sondern lassen auch andere Werte und sogar das Nichtstoppen der Maschine zu, und zum anderen kann es sein, dass für die Wörter aus der Sprache verschiedene Ausgaben bei verschiedenen Berechnungspfaden vorkommen (jedoch muss mindestens einer den Wert 1 liefern). Dass die hier als zweites genannte Abschwächung sinnvoll ist, haben wir schon bei unserem Beispiel gesehen.

Definition A.19 *Die Menge aller Sprachen, die polynomial von nichtdeterministischen Turing-Maschinen akzeptiert werden können, wird mit $\mathbb{NP}$ bezeichnet.*

Jede deterministische Turing-Maschine M kann als nichtdeterministische Turing-Maschine M' aufgefasst werden. Dazu hat man $\tau(z,x)$ als Menge zu wählen, die nur aus $\delta(z,x)$ besteht, d. h. wir setzen $\tau(z,x) = \{\delta(z,x)\}$. Dann stimmen die Berechnungspfade für w bei M und M' überein und haben jeweils gleiche Ergebnisse. Daraus ergibt sich sofort

$$\mathbb{P} \subseteq \mathbb{NP}. \tag{A.3}$$

Es ist bis heute ein offenes Problem, ob die Inklusion in (A.3) echt ist oder ob die Gleichheit der beiden Mengen gilt. Diese Frage ist aber von großer Bedeutung. Zur Illustration betrachten wir als Beispiel das Problem der Teilmengensumme:

Gegeben:	endliche Menge $A \subseteq \mathbb{N}$ und natürliche Zahl $b \in \mathbb{N}$
Frage:	Gibt es eine Teilmenge $A' \subseteq A$ derart, dass $\sum_{a \in A'} a = b$ gilt?

Wir bezeichnen mit $dec(n)$ die Dezimaldarstellung von n. Hierdurch wird jede Zahl als nichtleeres Wort über $\{0,1,2,3,4,5,6,7,8,9\}$ dargestellt. Nun können wir das Teilsummenproblem mit $A = \{n_1, n_2, \ldots, n_m\}$ durch die Sprache

$$L_{ts} = \{dec(n_1)\$dec(n_2)\$\ldots\$dec(n_m)\$dec(b) \mid \text{es gibt paarweise verschiedene } i_1, i_2, \ldots, i_r \in \{1, 2, \ldots, m\} \text{ derart, dass } \sum_{j=1}^{r} n_{i_j} = b\}$$

beschreiben.

Wir geben zuerst eine nichtdeterministische Turing-Maschine M an, die L_{ts} akzeptiert. Auf einem Eingabewort w der Länge l arbeitet M wie folgt: Wir überprüfen zuerst, ob w die Form der Wörter aus L_{ts} hat, wofür wir höchstens $2l + 2$ Schritte benötigen. Für die Wörter, die nicht von der richtigen Form sind, erfolgt eine Löschung des Wortes und die Ausgabe einer 0. Liegt w in der richtigen Form vor, so gehen wir der Reihe nach über die Wörter $dec(n_i)$ und entscheiden uns bei jedem Wort, ob wir es kopieren oder nicht. Dann löschen wir die Wörter $dec(n_i)$ der Eingabe und die zugehörigen Trennsymbole. Auf dem Band steht nun bei erneuter Verwendung des Trennsymbols \$

$$dec(b)\$dec(n_{i_1})\$dec(n_{i_2})\$\ldots\$dec(n_{i_r}),$$

wenn $n_{i_1}, n_{i_2}, \ldots, n_{i_r}$ die Zahlen sind, deren Dezimaldarstellungen kopiert wurden. Jetzt addieren wir (die Dezimaldarstellungen) der Zahlen $n_{i_1}, n_{i_2}, \ldots, n_{i_r}$, indem M die schriftliche Addition simuliert. Dann vergleichen wir das Ergebnis mit b und geben eine 1 bei Übereinstimmung und ansonsten eine 0 aus. Es ist leicht zu sehen, dass ein Berechnungspfad mit dem Ergebnis 1 höchstens die Länge $13\,l^2$ hat. Damit wird L_{ts} polynomial akzeptiert (genauer gesagt, sogar entschieden, da für die Wörter aus L_{ts} eine 1 und sonst eine 0 ausgegeben wird).

Zur (deterministischen) Entscheidung für L_{ts} gibt es folgendes intuitives Verfahren (das durch eine Turing-Maschine realisiert werden kann). Wir bestimmen der Reihe nach alle Teilmengen A' von A und testen jeweils, ob die Bedingung $\sum_{a \in A'} a = b$ erfüllt ist. Im nichtdeterministischen Fall haben wir alle Teilmengen – in gewisser Weise gleichzeitig – erzeugt; bei einer deterministischen Turing-Maschine müssen wir dies der Reihe nach tun. Wenn das Wort nicht in L_{ts} liegt, so müssen wir tatsächlich alle Teilmengen testen. Da es eine exponentielle Anzahl von Teilmengen von A gibt, müssen wir mindestens 2^m Schritte durchführen (genauer sind es mindestens $k \cdot l^2 \cdot 2^m$ Schritte, da für jede Menge im Wesentlichen die Arbeit der oben beschriebenen nichtdeterministischen Maschine geleistet werden muss). Wir haben also einen exponentiellen Aufwand. Bis heute sind keine Algorithmen bekannt, die mit polynomialem Aufwand bestimmen, ob ein Wort in L_{ts} liegt.

Wäre nun $\mathbb{P} = \mathbb{NP}$, so würde automatisch die Existenz eines deterministischen polynomialen Verfahrens für das Teilsummenproblem folgen.

Intuitiv wäre $\mathbb{P} = \mathbb{NP}$ gültig, wenn die schwierigen Probleme aus $\mathbb{NP}$ in $\mathbb{P}$ liegen würden. Dies führt zur folgenden Definition, die wegen Lemma A.15 die schwierigsten Probleme aus $\mathbb{NP}$ beschreibt.

Definition A.20 *Eine Sprache L heißt* $\mathbb{NP}$*-vollständig, wenn folgende Bedingungen erfüllt sind:*

i) $L \in \mathbb{NP}$.
ii) Jede Sprache $L' \in \mathbb{NP}$ *ist polynomial auf* L *transformierbar.*

Der folgende Satz zeigt, dass unsere Intuition wirklich zutrifft, d. h. die $\mathbb{NP}$-vollständigen Mengen entscheiden, ob $\mathbb{P} = \mathbb{NP}$ gilt oder nicht.

Satz A.21 *Die folgenden Aussagen sind gleichwertig:*

i) $\mathbb{P} = \mathbb{NP}$.
ii) $L \in \mathbb{P}$ *gilt für jede* $\mathbb{NP}$*-vollständige Sprache* L.
iii) $L \in \mathbb{P}$ *gilt für eine* $\mathbb{NP}$*-vollständige Sprache* L.

Beweis. i) $\Rightarrow$ ii). Es sei L eine $\mathbb{NP}$-vollständige Sprache. Da nach Definition A.20 i) $L \in \mathbb{NP}$ gilt, folgt aus $\mathbb{P} = \mathbb{NP}$ sofort $L \in \mathbb{P}$.

ii) $\Rightarrow$ iii). Diese Implikation ist trivial.

iii) $\Rightarrow$ i). Es seien L eine $\mathbb{NP}$-vollständige Sprache und L' eine Sprache aus $\mathbb{NP}$. Aus der Definition der $\mathbb{NP}$-Vollständigkeit folgt, dass L' polynomial auf L transformiert werden kann. Wegen Lemma A.15 gilt nun $L' \in \mathbb{P}$, da nach Voraussetzung $L \in \mathbb{P}$ liegt.

Damit ist die Inklusion $\mathbb{NP} \subseteq \mathbb{P}$ bewiesen. Wegen der Gültigkeit der umgekehrten Inklusion folgt die Behauptung. □

Wir kennen heute sehr viele $\mathbb{NP}$-vollständige Sprachen L, jedoch ist für alle noch offen, ob $L \in \mathbb{P}$ erfüllt ist. Allgemein wird heute davon ausgegangen, dass $\mathbb{P} \neq \mathbb{NP}$ gilt. Daher erwartet man nicht, dass es einen deterministischen Algorithmus zum Lösen eines $\mathbb{NP}$-vollständigen Problems gibt.

Anhang B

Lösungen ausgewählter Übungsaufgaben

In diesem Teil des Anhangs geben wir einige Hinweise zum Lösen der Übungsaufgaben; nur in wenigen Fällen geben wir eine vollständige Lösung. Außerdem beschränken wir uns auf die Übungsaufgaben, deren Lösen nicht analog zu Beispielen aus dem Buch erfolgt.

B.1 Zu Aufgaben des Kapitels 1

Zu Übungsaufgabe 5

Eine Variable ist ein Ausdruck der Länge 1. Hiervon ausgehend kann man durch (iterierte) Negationen Ausdrücke jeder beliebigen Länge erzeugen.

Zu Übungsaufgabe 10

In einer Äquivalenzklasse sind alle Ausdrücke semantisch äquivalent. Nach Lemma 1.13 sind zwei Ausdrücke über $\{p_1, p_2, \ldots, p_n\}$ genau dann semantisch äquivalent, wenn die von ihnen induzierten n-stelligen Booleschen Funktionen übereinstimmen. Folglich gibt es höchstens so viele Äquivalenzklassen, wie es n-stellige Boolesche Funktionen gibt.

Wegen Folgerung 1.31 gibt es zu jeder Booleschen Funktion auch einen Ausdruck, der diese Funktion induziert. Daher gibt es auch mindestens so viele Äquivalenzklassen semantisch äquivalenter Ausdrücke über $\{p_1, p_2, \ldots, p_n\}$ wie n-stellige Boolesche Funktionen.

Nach Satz 1.8 gibt es also genau 2^{2^n} Äquivalenzklassen.

Zu Übungsaufgabe 12

(a) Ausgehend vom Assoziativgesetz für die Konjunktion (Lemma 1.16 vii) erhalten wir für beliebige Ausdrücke A, B, C, D den Ausdruck

$$((A \wedge B) \wedge (C \wedge D)) \equiv (((A \wedge B) \wedge C) \wedge D).$$

Durch fortgesetzte Anwendung dieser semantischen Äquivalenz und des Assoziativgesetzes erhalten wir, dass der gegebene Ausdruck semantisch äquivalent in die Form

$$((\ldots((p_{i_1} \wedge p_{i_2}) \wedge p_{i_3}) \wedge \cdots) \wedge p_{i_k})$$

umgeformt werden kann, wobei $k \geq n$ und $1 \leq i_j \leq n$ für $1 \leq j \leq k$ gelten. Wegen

$$((A \wedge p) \wedge q) \equiv (A \wedge (p \wedge q)) \equiv (A \wedge (q \wedge p)) \equiv ((A \wedge q) \wedge p)$$

und des Kommutativgesetzes der Konjunktion können wir die Reihenfolge so ändern, dass stets $i_j \leq i_{j+1}$ für $1 \leq j \leq k-1$ gilt. Wegen der Idempotenz der Konjunktion erhalten wir noch

$$((A \wedge p) \wedge p) \equiv (A \wedge (p \wedge p)) \equiv (A \wedge p).$$

Somit kann erreicht werden, dass keine Variable mehrfach auftritt. Dies liefert dann die gewünschte Form.

(b) Für den Operator $\vee$ gilt die analoge Aussage; der Beweis kann analog zu dem in i) gegeben werden.

Für den Operator $\rightarrow$ gilt die analoge Aussage nicht, da die Ausdrücke $((p_1 \rightarrow p_2) \rightarrow p_3)$ und $((p_1 \rightarrow p_3) \rightarrow p_2)$ nicht semantisch äquivalent sind.

Für den Operator $\leftrightarrow$ gilt die analoge Aussage ebenfalls nicht; der einzige Ausdruck der gewünschten Form mit einer Variablen ist p_1, aber p_1 ist nicht semantisch äquivalent zu $(p_1 \leftrightarrow p_1)$.

Zu Übungsaufgabe 13

Für A gibt es zwei Möglichkeiten: A ist unerfüllbar, oder A ist erfüllbar. Im ersten Fall ist die Behauptung der Aufgabe gezeigt. Im zweiten Fall gibt es eine Belegung α mit $w_\alpha(A) = 1$.

Es sei nun β eine beliebige Belegung. Da nach Voraussetzung die Mengen $var(A)$ und $var(B)$ disjunkt sind, gibt es zu β eine Belegung γ mit $\gamma(q) = \beta(q)$ für $q \in var(B)$ und $\gamma(p) = \alpha(p)$ für $p \in var(A)$. Damit haben wir die Relationen $w_\gamma(A) = w_\alpha(A) = 1$ und $w_\beta(B) = w_\gamma(B)$. Da $(A \rightarrow B)$ eine Tautologie ist, also $w_\gamma((A \rightarrow B)) = 1$ gilt, ist dann auch $w_\gamma(B) = 1$. Damit haben wir auch $w_\beta(B) = 1$.

Zu Übungsaufgabe 15

Die disjunktive Normalform in Beispiel 1.30 enthält $(p_1 \wedge p_2 \wedge p_3) \vee (\neg p_1 \wedge p_2 \wedge p_3)$ als Teilwort. Unter Beachtung des Distributivgesetzes und des Lemmas 1.24 gilt

$$((p_1 \wedge p_2 \wedge p_3) \vee (\neg p_1 \wedge p_2 \wedge p_3)) \equiv ((p_1 \vee \neg p_1) \wedge p_2 \wedge p_3) \equiv (p_2 \wedge p_3).$$

Ersetzen wir nun $(p_1 \wedge p_2 \wedge p_3) \vee (\neg p_1 \wedge p_2 \wedge p_3)$ semantisch äquivalent durch $(p_2 \wedge p_3)$ in der gegebenen disjunktiven Normalform, so erhalten wir eine disjunktive Normalform der geforderten Form.

Zu Übungsaufgabe 16

(a) Nach Satz 1.27 gibt es zu jedem aussagenlogischen Ausdruck A einen semantisch äquivalenten Ausdruck B, der nur die Operatoren $\neg$, $\wedge$ und $\vee$ verwendet. Wenn B keine Vorkommen von $\vee$ hat, so sind wir fertig. Falls $\vee$ in B vorkommt, so gibt es einen Teilausdruck $(B_1 \vee B_2)$ von B derart, dass in B_1 und B_2 kein $\vee$ vorkommt. Ersetzen wir nun in B den Teilausdruck $(B_1 \vee B_2)$ durch den semantisch äquivalenten Ausdruck $\neg(\neg B_1 \wedge \neg B_2)$, so erhalten wir einen zu B (und damit auch zu A) semantischen äquivalenten Ausdruck B', der ein Vorkommen von $\vee$ weniger aufweist als B. Verfahren wir in dieser Weise fort, erhalten wir schließlich einen zu A semantisch äquivalenten Ausdruck, in dem $\vee$ nicht mehr vorkommt.

(b) Unter Verwendung von $(B_1 \wedge B_2) \equiv \neg(\neg B_1 \vee \neg B_2)$ können wir einen zu (a) analogen Beweis führen.

(c) Wir gehen von dem in (b) konstruierten Ausdruck B aus, der semantisch äquivalent zu A ist und neben Klammern und Variablen nur die Operatoren $\neg$ und $\vee$ erhält. Unter Verwendung der semantischen Äquivalenz von $(B_1 \vee B_2)$ und $((B_1 \rightarrow B_2) \rightarrow B_2)$ können wir analog zu (a) alle Vorkommen von $\vee$ beseitigen. Der so gewonnene Ausdruck enthält offensichtlich neben Klammern und Variablen nur noch $\neg$ und $\rightarrow$.

Zu Übungsaufgabe 17

Sei A ein Ausdruck, in dem nur Klammern, Variable, $\wedge$ und $\vee$ vorkommen. Ferner sei α die Belegung mit $\alpha(p) = 0$ für alle $p \in var$. Es ist nun mittels Induktion leicht nachzuweisen, dass dann $w_\alpha(A) = 0$ gilt. Da es aber Ausdrücke B mit $w_\alpha(B) = 1$ gibt, z. B. $B = (p_1 \rightarrow p_2)$, gibt es nicht zu jedem Ausdruck einen semantisch äquivalenten Ausdruck, in dem nur Klammern, Variable, $\wedge$ und $\vee$ vorkommen.

Zu Übungsaufgabe 18

Wir geben die Lösung nur für den Fall positiver Alternativen; für negative Alternativen ergibt sich die Lösung durch analoge Betrachtungen.

Wenn keine der Alternativen A_i, $1 \leq i \leq m$, positiv ist, so hat jede der Alternativen A_i, $1 \leq i \leq m$, eine der folgenden Formen

$$\begin{aligned} A_i &= \neg p_{j_i}, \\ A_i &= (\neg p_{j_i} \vee A_i'), \\ A_i &= (A_i' \vee \neg p_{j_i}), \\ A_i &= (A_i' \vee \neg p_{j_i} \vee A_i''), \end{aligned}$$

wobei p_{j_i} eine Variable ist und A_i' und A_i'' Alternativen sind. Für die Belegung α mit $\alpha(p) = 0$ für alle $p \in var$ und $1 \leq i \leq n$ gilt dann $w_\alpha(A_i) = 1$. Damit gilt auch $w_\alpha(A) = 1$, womit die Erfüllbarkeit von A gezeigt ist.

Zu Übungsaufgabe 21

Wir betrachten die Klauselmenge

$$K = \{\{p_1, p_2, \ldots, p_k\}, \{\neg p_1\}, \{\neg p_2\}, \ldots, \{\neg p_k\}\}.$$

Offensichtlich hat jede Resolvente, die aus Klauseln aus K gebildet werden kann, die Form

$$\{p_1, p_2, \ldots, p_{i-1}, p_{i+1}, p_{i+2}, \ldots, p_k\} \text{ mit } 1 \leq i \leq k.$$

Daher besteht $res^1(K)$ als Vereinigung von K und der Menge der Resolventen, die aus Elementen aus K gebildet werden können, aus allen Klauseln über $\{p_1, p_2, \ldots, p_k\}$, die entweder genau eine negierte Variable oder mindestens $k-1$ unnegierte Variable enthalten. Durch Induktion beweist man nun, dass $res^t(K)$ aus allen Klauseln besteht, die entweder genau eine negierte Variable oder mindestens $k-t$ (unnegierte) Variable enthalten (für $t \geq k$ heißt dies, dass die Klausel leer ist). Offensichtlich gilt dann

$$res^{k-1}(K) \neq res^{k}(K) = res^{k+s}(K) = res^{*}(K) \text{ für } s \geq 0.$$

Zu Übungsaufgabe 22

Man rechnet leicht nach, dass jede Resolvente zweier Klauseln, die jeweils höchstens zwei Literale enthalten, auch höchstens zwei Literale enthält. Daher kann $res^{*}(K)$ nur Klauseln enthalten, die höchstens zwei Literale enthalten. Bei n Variablen gibt es gerade $2n^2 + n + 1$ Klauseln mit höchstens zwei Literalen.

Zu Übungsaufgabe 24

Wenn es zu einem Ausdruck A keinen semantisch äquivalenten Hornausdruck geben soll, so muss jede konjunktive Normalform von A mindestens eine Alternative mit zwei unnegierten Variablen erhalten. Ein Kandidat wäre daher der Ausdruck $(p_1 \vee p_2)$, der schon in konjunktiver Normalform ist.

Bei einem Hornausdruck für A können nur die Alternativen p_1, p_2, $\neg p_1$, $\neg p_2$, $(\neg p_1 \vee \neg p_2)$, $(p_1 \vee \neg p_2)$ und $(\neg p_1 \vee p_2)$ auftreten. Sei B eine dieser Alternativen. Dann gibt es – wie man für jeden Fall leicht nachrechnet – eine Belegung α (von p_1 und p_2) mit $w_\alpha((p_1 \vee p_2)) = 1$ und $w_\alpha(B) = 0$. Dann gilt $w_\alpha(C) = 0$ auch für jeden Hornausdruck C, der die Alternative B enthält. Folglich kann kein Hornausdruck semantisch äquivalent zu $(p_1 \vee p_2)$ sein.

Zu Übungsaufgabe 25

(a) Wir erhalten

$$\begin{aligned}
A_2 &= (p_1 \wedge p_2),\\
A_3 &= (p_1 \wedge p_2 \wedge p_3),\\
A_4 &= (p_1 \wedge p_2 \wedge p_3 \wedge \neg p_4),\\
A_5 &= (p_1 \wedge p_2 \wedge p_3 \wedge p_4 \wedge p_5).
\end{aligned}$$

Angenommen, M ist erfüllbar und α ist eine erfüllende Belegung. Dann muss

$$w_\alpha(A_2) = w_\alpha(A_3) = w_\alpha(A_4) = w_\alpha(A_5) = 1$$

gelten. Wegen $w_\alpha(A_4) = 1$ muss $w_\alpha(\neg p_4) = 1$ und somit $\alpha(p_4) = 0$ sein. Wegen $w_\alpha(A_5) = 1$ muss $w_\alpha(p_4) = \alpha(p_4) = 1$ gelten. Dieser Widerspruch zeigt, dass unsere Annahme falsch sein muss. Folglich ist M nicht erfüllbar.

(b) Nach (a) erhalten wir für F der Reihe nach die Ausdrücke

$$\begin{aligned}
&(p_1 \wedge p_2),\\
&(p_1 \wedge p_2 \wedge p_3),\\
&(p_1 \wedge p_2 \wedge p_3 \wedge \neg p_4),\\
&(p_1 \wedge p_2 \wedge p_3 \wedge \neg p_4 \wedge p_4 \wedge p_5),
\end{aligned}$$

von denen die ersten drei durch die Belegung β mit $\beta(p_1) = \beta(p_2) = \beta(p_3) = 1$ und $\beta(p_4) = 0$ erfüllt werden. Der letzte Ausdruck ist unerfüllbar, da in ihm $\neg p_4$ und p_4 konjunktiv verknüpft werden. Die `while`-Schleife wird also nach dem vierten Durchlauf verlassen.

B.2 Zu Aufgaben des Kapitels 2

Zu Übungsaufgabe 1

Wir geben die Lösung nur für (c); (a) und (b) können analog gelöst werden.

Ausdrücke über der Signatur sind Basisausdrücke oder werden aus Basisausdrücken unter Verwendung der Operatoren $\neg$, $\wedge$, $\vee$, $\rightarrow$ und $\leftrightarrow$ und der Quantoren $\forall$ und $\exists$ aufgebaut. Die Basisausdrücke sind von der Form $r(t)$, wobei t ein Term ist. Für seine Länge gilt offensichtlich $|r(t)| = |t| + 3$. Da keine Konstanten vorhanden sind, nur die Variablen x und y verwendet werden sollen und die Länge des Terms höchstens 7 sein darf, muss t einer der folgenden Terme sein: $x,\ y,\ f(x,x),\ f(x,y),\ f(y,x),\ f(y,y)$. (Bei einer weiteren Anwendung von f würde die Länge 7 überschritten werden, da mindestens zwei Klammern, ein Komma und ein Symbol f hinzukommen.) Dies liefert die Ausdrücke

$$r(x),\ r(y),\ r(f(x,x)),\ r(f(x,y)),\ r(f(y,x)),\ r(f(y,y)).$$

Wenn t keine Variable ist, so hat $r(t)$ bereits die Länge 9 und kann daher nicht ohne Längenüberschreitung mit einem Operator $\circ \in \{\wedge, \vee, \rightarrow, \leftrightarrow\}$ oder einem Quantoren verknüpft werden. Wir erhalten also aus $r(t)$ mit $t \notin \{x,y\}$ nur noch die Ausdrücke

$$\neg r(f(x,x)),\ \neg r(f(x,y)),\ \neg r(f(y,x)),\ \neg r(f(y,y)).$$

Die Anwendung eines Operators $\circ \in \{\wedge, \vee, \rightarrow, \leftrightarrow\}$ auf zwei Ausdrücke der Form $r(t)$ mit $t \in \{x,y\}$ führt zu Ausdrücken, die mindestens die Länge 11 haben. Wir können daher auf $r(x)$ und $r(y)$ nur noch $\neg$ und die Quantoren anwenden. Dies liefert unter Verwendung von $\neg^s$ für das Wort der Länge s über $\{\neg\}$ noch die Ausdrücke

$$\neg^s r(z) \text{ mit } 1 \leq s \leq 6,\ z \in \{x,y\},$$
$$\neg^s Qz\neg^t r(z) \text{ mit } s \geq 0,\ t \geq 0,\ 0 \leq s+t \leq 4,\ Q \in \{\forall, \exists\},\ z \in \{x,y\}.$$

Zu Übungsaufgabe 3

Die drei angegebenen Ausdrücke beschreiben die Reflexivität, Symmetrie und Transitivität einer Relation.

(a) Wir betrachten die Interpretation $I = (U, \tau)$, bei der U die Menge der am 1. 1. 2005 auf der Erde lebenden Menschen ist und $(a,b) \in \tau(r)$ genau dann gilt, wenn $a = b$ gilt oder die (verschiedenen) Personen a und b miteinander verheiratet sind oder waren. Nach Definition ist $\tau(r)$ dann sowohl reflexiv als auch symmetrisch. Der deutsche Bundeskanzler Gerhard Schröder war mit Hillu Schröder und ist mit Doris Schröder-Köpf verheiratet. Folglich haben wir

(Hillu Schröder, Gerhard Schröder) $\in \tau(r)$ und
(Gerhard Schröder, Doris Schröder-Köpf) $\in \tau(r)$.

Offensichtlich gilt aber

(Hillu Schröder, Doris Schröder-Köpf) $\notin \tau(r)$,

womit $\tau(r)$ nicht transitiv ist.

(b) Wir nehmen die Menge $\mathbb{N}$ als Grundmenge und interpretieren r als Kleiner-gleich-Relation. Diese ist offensichtlich reflexiv und transitiv, aber nicht symmetrisch, da z. B. $2 \leq 3$ aber nicht $3 \leq 2$ gilt.

(c) Wir betrachten die Interpretation $I = (U, \tau)$ mit $U = \{a, b\}$ und $\tau(r) = \{(a, a)\}$. Offenbar gelten $w_\alpha^I(A_2) = w_\alpha^I(A_3) = 1$ für jede Belegung α. Dagegen ist $\tau(r)$ keine reflexive Relation, da $(b, b) \notin \tau(r)$.

Zu Übungsaufgabe 4

Der prädikatenlogische Ausdruck

$$A = (\forall x \neg r(x, x) \wedge \exists x \exists y \exists z (r(x, y) \wedge r(x, z) \wedge r(y, z)))$$

über der Signatur $\mathcal{S}$ mit $R_2 = \{r\}$ und $K = R_1 = F_1 = F_2 = F_i = R_i = \emptyset$ für $i \geq 3$ erfüllt die Forderungen der Aufgabe. (Intuitiv widerspiegelt A die Eigenschaften der Ungleichheit, womit der zweite Teil der Konjunktion drei verschiedene Elemente fordert.)

Sei $I = (U, \tau)$ ein Modell für A. Dann gilt

$$w_\alpha^I(\exists x \exists y \exists z (r(x, y) \wedge r(x, z) \wedge r(y, z))) = 1$$

für jede Belegung α. Somit gibt es a, b und c aus U derart, dass

$$(a, b) \in \tau(r), \ (a, c) \in \tau(r) \text{ und } (b, c) \in \tau(r)$$

gelten. Wäre nun $a = b$, so wäre $(a, a) \in \tau(r)$, was aber wegen $w_\alpha^I(\forall x \neg r(x, x)) = 1$ nicht gelten kann. Damit sind a und b verschieden. Analog beweist man, dass sowohl a und c als auch b und c verschieden sind. Damit gibt es in U mindestens die drei Elemente a, b und c.

Zu Übungsaufgabe 15

(a) Wir nehmen an, dass es eine Input-Resolution der leeren Menge gibt, die nicht linear ist. Ohne Beschränkung können wir annehmen, dass kein Resolutionsschritt dabei überflüssig ist. Da die Resolution nicht linear ist, gibt es eine erste nichtlineare Resolventenbildung. Bei dieser entstehe A. Ferner sei B der Ausdruck, der durch den vorhergehenden linearen Teil entstanden ist. Dann muss es einen Resolutionsschritt geben, bei dem die Resolvente aus A' und B' gebildet wird, wobei A' und B' aus A bzw. B durch Input-Resolutionen gewonnen werden. Es ist leicht zu sehen, dass weder A' noch B' aus F stammen können, da sonst Resolutionsschritte überflüssig wären. Damit ist die Resolventenbildung aus A' und B' bei Input-Resolutionen nicht zulässig.

(b) Es sei

$$F = \{\{A, B\}, \{A, \neg B\}, \{\neg A, B\}, \{\neg A, \neg B\}\}.$$

Bei der Bildung von Resolventen mittels Elementen aus F ergeben sich nur die einelementigen Klauseln $\{A\}$, $\{B\}$, $\{\neg A\}$, $\{\neg B\}$. Wenn wir diese Klauseln mit Elementen aus F resolvieren, ergeben sich wieder nur einelementige Klauseln. Folglich lässt sich die leere Menge nicht aus F durch Input-Resolutionen gewinnen. Andererseits wurde in Abschnitt 2.2.3 gezeigt, dass aus F mittels linearer Resolutionen die leere Menge gewonnen werden kann.

B.3 Zu Aufgaben des Kapitels 3

Zu Übungsaufgabe 4

(a) Wir stellen erst einmal fest, dass bei Beschränkung auf die Eingabewerte 0 und 1 eine Boolesche Funktion entstehen muss. Es gibt vier einstellige Boolesche Funktionen, die in der zweiwertigen Aussagenlogik der Variablen p, ihrer Negation und den Konstanten 0 und 1 entsprechen. Da der Funktionswert für $\times$ aus $\{0, 1, \times\}$ stammen muss, können also maximal $3 \cdot 4 = 12$ einstellige Funktionen induziert werden.

Sechs Funktionen können wie folgt erhalten werden (in der Kopfzeile geben wir einen Ausdruck, der die Funktion induziert):

p	p	$(p \to p)$	$(p \vee \neg p)$	$A_1 = (p \to \neg p)$	$A_2 = (p \leftrightarrow \neg p)$	$(A_1 \to A_2)$
0	0	1	1	1	0	0
$\times$	$\times$	1	$\times$	1	1	1
1	1	1	1	0	0	1

Die anderen sechs Funktionen entstehen durch Negation aus den Funktionen der Tabelle.

(b) Aus den Tabellen ersieht man, dass $w_\alpha(\neg A) = \times$ nur gilt, wenn $w_\alpha(A) = \times$ gilt. Außerdem impliziert $w_\alpha((A \circ B)) = \times$, für $\circ \in \{\wedge, \vee, \to, \leftrightarrow\}$, dass $w_\alpha(A) = \times$ oder $w_\alpha(B) = \times$ gilt. Wenn für einen Ausdruck C und eine Belegung β die Relation $w_\beta(C) = \times$ gilt, so muss eine Variable bei β mit $\times$ belegt werden. Folglich können alle Funktionen f mit $f(0, 0, \ldots, 0) = \times$ nicht induziert werden.

Zu Übungsaufgabe 11

Falls die Bedingung A erfüllt ist, so wird das Kommando p ausgeführt. Dies wird durch $\{A?; p\}$ erfasst. Falls A nicht gilt, also $\neg A$ wahr wird, so ist q auszuführen. Dies wird durch $\{\neg A?; q\}$ beschrieben. Das Programmstück wird also durch $(\{A?; p\} \cup \{\neg A?; q\})$ beschrieben.

Literaturverzeichnis

[Ass75] G. ASSER, *Einführung in die mathematische Logik I - III.* Teubner-Verlag Leipzig, 1975 - 1982.

[BaWi91] F. L. BAUER und M. WIRSING, *Elementare Aussagenlogik.* Springer-Verlag Berlin, 1991.

[Boe93] G. BÖHME, *Fuzzy-Logik.* Springer-Verlag Berlin, 1993.

[Boe85] E. BÖRGER, *Berechenbarkeit, Komplexität, Logik.* Vieweg-Verlag Braunschweig, 1985.

[Den03] K. DENECKE, *Algebra und Diskrete Mathematik für Informatiker.* B. G. Teubner Stuttgart, 2003.

[EFT92] H.-D. EBBINGHAUS, J. FLUM und W. THOMAS, *Einführung in die mathematische Logik.* B. I. Wissenschaftsverlag Mannheim, 1992.

[Got88] S. GOTTWALD, *Mehrwertige Logik.* Akademie-Verlag Berlin, 1988.

[Gue92] R. H. GÜTING, *Datenstrukturen und Algorithmen.* B. G. Teubner Stuttgart, 1992, 2003.

[Haj98] P. HÁJEK, *Metamathematics of Fuzzy Logic.* Kluwer Acad. Publ. Dordrecht, 1998.

[HeWe92] B. HEINEMANN und K. WEIHRAUCH, *Logik für Informatiker.* B. G. Teubner Stuttgart, 1992.

[HuCr78] G. E. HUGHES und M. J. CRESSWELL, *Einführung in die Modallogik.* de Gruyter Berlin, 1978.

[Hro01] J. HROMKOVIČ, *Algorithmische Konzepte der Informatik.* B. G. Teubner Stuttgart, 2001.

[Kel03] J. KELLY, *Logik im Klartext.* Pearson-Studium, 2003.

[KlLe94] H. KLEINE BÜNING und T. LETTMANN, *Aussagenlogik: Deduktion und Algorithmen.* B. G. Teubner Stuttgart, 1994.

[Kre91] H.-J. KREOWSKI, *Logische Grundlagen der Informatik.* Oldenbourg-Verlag München, 1991.

[Kro87] F. KRÖGER, *Temporal Logic of Programs.* EATCS Monographs on Theoretical Computer Science, Vol. 8, Springer-Verlag Berlin, 1987.

[KGK95] R. KRUSE, J. GEBHARDT und F. KLAWONN, *Fuzzy-Systeme.* B. G. Teubner Stuttgart, 1995.

[Lau04] D. LAU, *Algebra und Diskrete Mathematik.* Band 1 und 2, Springer-Verlag Berlin, 2004.

[Sed90] R. SEDGEWICK, *Algorithmen.* Addison-Wesley, 1990.

[Sch89] U. SCHÖNING, *Logik für Informatiker.* B. I. Wissenschaftsverlag Mannheim, 1989.

[Sch92] U. SCHÖNING, *Theoretische Informatik kurz gefaßt.* B. I. Wissenschaftsverlag Mannheim, 1992.

[Wag03] K. WAGNER, *Einführung in die Theoretische Informatik.* Springer-Verlag Berlin, 2003.

[Weg99] I. WEGENER, *Theoretische Informatik.* B. G. Teubner Stuttgart, 1999.

Index